Karen Duve · Thies Völker

Lexikon berühmter Pflanzen

Vom Adamsapfel zu den Peanuts

Sanssouci

1 2 3 4 5 03 02 01 00 99

ISBN 3-7254-1161-1

Satz: Fotosatz Reinhard Amann, Aichstetten
Druck und Bindung: Kösel, Kempten
Printed in Germany

Vorwort

Der englische Landedelmann Sir Tatton Sykes hatte eine unglückliche Kindheit. Sein Vater prügelte ihn mit der Peitsche, und seine Mutter, an der er abgöttisch hing, interessierte sich mehr für ihre Blumenzucht als für ihren Sohn. Als Sykes mit 37 Jahren das Anwesen seines Vaters rund um Sledmere Hall in Yorkshire erbte, ließ er die von seiner Mutter so innig geliebten Zierbeete und Gewächshäuser samt der Orangerie zerstören. Aber damit war seine Rachsucht noch nicht gestillt. Er verbot auch seinen Pächtern, Blumen zu pflanzen, schnauzte sie an, sie sollten statt dessen lieber Kohl anbauen, und wenn er im Dorf ein bescheidenes Veilchen entdeckte, das seinem Verbot zum Trotze blühte, schlug er ihm mit seinem Spazierstock den Kopf ab.

Sir Sykes, der 1914 starb, steht als Blumenhasser ziemlich allein in der Geschichte. Üblicherweise betrachten wir Menschen die Vegetation um uns herum eher wohlwollend. Schließlich sind wir von ihr abhängig. Pflanzen produzieren Sauerstoff und sind unsere wichtigste Nahrung – oder sollten es jedenfalls sein. Kräuter, Früchte, Rinden und Schoten dienen als Heilmittel; Hanf, Sisal und Baumwolle als Rohstoff für Textilien. Aus Bäumen bauen wir Möbel und ganze Häuser, und den Häusern packen wir Schilf aufs Dach. Über diese beträchtlichen Leistungen für unser physisches Dasein hinaus macht der Anblick von grünen Wiesen und Wäldern auch einfach Freude. Bereits im alten China wurden Pflanzen als positive Stimuli für die menschliche Psyche angesehen. Und wenn es sich auch erst zu Beginn des 19. Jahrhunderts allgemein eingebürgert hat, sie ausschließ-

lich wegen ihrer Schönheit in und ans Haus zu holen, so steigt der Bedarf an Zimmerpflanzen seitdem immer noch weiter und stetig.
Dekorativ auf der Fensterbank oder in der Landschaft herumzustehen und dabei die Luftqualität zu verbessern ist allerdings keine besonders spektakuläre Tätigkeit. Weil Pflanzen sich im allgemeinen nicht oder nicht wahrnehmbar bewegen und ihr Leben an ein und demselben Ort verbringen, wird ihr Anblick vom menschlichen Gehirn oft bloß als Hintergrund eingestuft. Bäume, Blumen und Gräser sind die Kulisse, vor der sich Menschen und Tiere tummeln. Ein Rudel Hirsche, das durchs Unterholz bricht, wird als bemerkenswertes Schauspiel empfunden. Das Unterholz selbst nehmen wir erst wahr, wenn wir mit der Jacke darin hängenbleiben.
1992 wurden Hamburger Oberstufenschüler im Rahmen einer kulturwissenschaftlichen Untersuchung gebeten, innerhalb von fünf Minuten die »ihnen bekannten Tier- und Pflanzenarten« aufzulisten. Während die befragten Schüler sich sogar in der asiatischen und afrikanischen Fauna durchweg gut auskannten, beschränkte sich das botanische Spontanwissen überwiegend auf »Rose«, »Tulpe«, »Eiche« und »Birke«. Bei einem Drittel der Großstadtjugend tauchten auf der Pflanzenseite sogar nur die Begriffe »Blume« und »Baum« auf. Iris, Veilchen, Holunder, Kastanie und Druckwurz können ja nicht mal bellen, herumhopsen oder mit den Blütenblättern schlenkern. Wie soll man sich da an sie erinnern? Selbst die Liebe dieser langweiligen Geschöpfe geht nur durch den Magen bzw. die Pollentasche der Biene, braucht den Wind oder beschränkt sich gar auf Ablegerbildung.
Andererseits werden Pflanzen gerade wegen dieser Zurückhaltung, wegen ihrer stillen Schönheit und ihres vegetabilischen Duldertums verehrt. Sie sind die einzigen Lebewesen, die wachsen und existieren, ohne dafür anderes pflanzliches oder tierisches Leben zerstören zu müssen. Unschuldige Lichtgeschöpfe, die sich im wesentlichen von Sonne, Luft und Wasser ernähren. Pflanzen gab es lange bevor der Mensch die Erde bevölkerte, und einige von ihnen erreichen ein

Alter, das das menschliche um ein Vielfaches übertrifft. Verwitterte Baumriesen, die *drei drei drei – bei Issos Keilerei* vielleicht nicht gerade dabei, aber doch schon existent waren, werfen ihre kühlen Schatten auch in unser heutiges Dasein und werden auch dann noch stehen und mit den Blättern rauschen, wenn schon lange niemand mehr die Pflegeverträge für unsere Gräber verlängern will.

Aufgrund ihrer Beständigkeit und ihrer passiven Tugenden haben Pflanzen, Pflanzennamen und Pflanzenbilder Einlaß in praktisch alle Bereiche der menschlichen Kultur gefunden. Sie begegnen uns in Gedichten und Liedern (»Heideröslein«), in der Malerei (van Goghs Sonnenblumen) und Architektur. Pflanzen und Pflanzenteile sind Symbole für Staaten und Dynastien (Kanadas Ahornblatt, Frankreichs Lilie, Englands Tudorrose), sie werden als Firmensignets und in der Werbung (Apple-Apfel, Pril-Blume) benutzt, erscheinen als Filmtitel (»Grüne Tomaten«, »Bitterer Reis«), spielen eine große Rolle in Religion, Mythologie und Aberglauben (brennender Dornbusch, Apfel des Paris, Glückspilz), sind Titelgeber in der Literatur (»Die Judenbuche«), haben ihren Platz in der politischen Satire (Birne, Zonengabys erste Banane) und bereichern den medizinischen Wortschatz (Gürtelrose, Adamsapfel).

Dadurch sind Pflanzen in aller Munde, und einige Exemplare haben es sogar zu einer gewissen Berühmtheit gebracht.

Solche Blumen, Sträucher, Bäume, Gemüse, Früchte, Blätter und Zweige sind in diesem Buch mit lexikalischen und nach dem Alphabet geordneten Artikeln gesammelt. Wir, die Autoren, haben dabei keinen Unterschied zwischen Hoch- und Alltagskultur gemacht. Und so finden sich ehrwürdige Baumpatriarchen neben im Trend liegenden Heilpflanzen, und der Weihnachtsbaum und Dornröschen sind ganz genauso anzutreffen wie die Killertomaten oder Panamas Ex-Diktator Manuel Noriega: Dessen Spitzname war nämlich »Ananas«.

Dies ist also kein botanisches Buch, wenngleich es einige botanische Informationen enthält. Statt dessen soll es die vielfältigen Rollen zeigen, die Pflanzen in unserem geistigen und seelischen Leben spielen;

es soll das Hintergrundwissen dazu liefern und erklären, wie es zu manch blumigem Ausdruck gekommen ist. Wir, die Autoren, hoffen, daß es nebenbei auch noch Spaß macht.

Hamburg, 18. April 1999 *Karen Duve Thies Völker*

Danksagung

Unser gebildeter Freundes-, Ex-Freundes- und Bekanntenkreis war bei der Entstehung dieses Buches eine große Hilfe. Wir bedanken uns bei: Jakob Degen, Olaf Dose, Nick Egeli, Felicitas Feilhauer, Dau Garang-Weber, Philipp Grieger, Alice Grimsmann, Dr. Wolfgang Matz, John von Mirbach, Pat Partenier, Helmut »Bücherhemul« Postel (doppelt und dreifach), Angela Rühmann, Marvin Säuberlich, Mark Schlemmermeyer (irgendwie auch), Friedemann Sittig, Petra Völker und Christa Wagner.

A

Adamsapfel

Schildknorpelteil

»Wo bist du?«

rief Gott, und Adam, der gerade gierig und schuldbewußt vom → **Baum der Erkenntnis** naschte, verschluckte sich vor Schreck, und ein Stück der verbotenen Frucht blieb ihm im Hals stecken. Anders als bei Normalsterblichen wurde der Fremdkörper nicht wieder herausgehustet, sondern blieb bei Adam (und später bei allen anderen Männern) als hervorstehender Teil des Halses und ständige Erinnerung an verbotenen Obstgenuß verewigt. So die Legende, wie sie seit dem 15. Jahrhundert erzählt wird.
Älter ist die Bezeichnung »Adamsapfel« (lat.: Pomum adami) für den → **Granatapfel** und auch für die **Pampelmuse**. In diesen Fällen sollte der Wortbestandteil »Adam-« nicht auf den weltersten Gierschlund hindeuten, sondern lediglich die besondere Güte der Früchte hervorheben. »Adam-« hat also hier eine ähnliche Funktion wie »Paradies-«. In alten arabischen Anatomiebeschreibungen wurde der Halsschildknorpel als Granatapfel (lat.: Pomum granatum) be-

zeichnet. Wahrscheinlich führte eine Vermischung dieser medizinischen und pflanzlichen Fachbegriffe schließlich in Europa zur heutigen Wortbedeutung von »Adamsapfel«. In der modernen Anatomie wird darunter der Oberrand (Prominentia laryngea) des Kehlkopfes in Höhe des fünften Halswirbels verstanden. Die zwei leicht nach außen geneigten Platten des Halsschildknorpels sind beim Mann annähernd im rechten Winkel zusammengewachsen und bilden den charakteristischen Vorbau. Bei Frauen ist diese Knorpelkonstruktion wesentlich weniger auffällig, weil ihre Platten meist weniger steil zusammengewachsen sind. Im Alter gehorcht der Kehlkopf und mit ihm der Adamsapfel zunehmend den Gesetzen der Schwerkraft und kann bis zum siebten Halswirbel absinken.

August Rauber/Helmut Leonhardt, Anatomie des Menschen, Bd. 2, Stuttgart 1987; Friedrich Kluge, Etymologisches Wörterbuch, Berlin 1989; Sigmund Rehm, Die Kulturpflanzen der Tropen und Subtropen, Stuttgart 1996

Adventskranz

Vorweihnachtliches Gesteck

> Das ist die stillste Zeit im Jahr, wenn es Weihnachten wird – die Zeit der kindlichen Zuversicht und der gläubigen Hoffnung.
>
> Karl Heinrich Waggerl, Advent

Sinnbild der Hoffnung und Erwartung in der Vorweihnachtszeit ist der Adventskranz. Traditionell wird er aus Tannengrün gebunden, aber inzwischen sind auch anderes Grünzeug, unbelaubte Birken- oder Weidenzweige, Stroh, Metall, Holz usw. geläufig. Hauptsache, er ist rund. Es gibt Theorien, die in ihm das Sonnenrad der Germanen wiedererkennen wollen, dabei ist das Aufstellen oder Aufhängen eines solchen Kranzes seit gerade mal achtzig Jahren üblich. Der Adventskranz ist also noch wesentlich jünger als der → **Weihnachtsbaum**. Erfunden haben soll ihn der evangelische Theologe Johann

Heinrich Wichern. Er war Leiter der Erziehungsanstalt »Rauhes Haus« in Hamburg und ließ sich für den Versammlungssaal einen Holzring anfertigen, der mit Tannenzweigen geschmückt wurde. 1860 war dieser Holz- und Tannenring zum ersten Mal »in Betrieb«, und es brannten auf ihm so viele Kerzen, wie Adventstage vergangen waren. In protestantischen Gegenden wurde diese Sitte schon bald übernommen. Allgemein eingebürgert hat sie sich aber erst nach dem Ersten Weltkrieg. Inzwischen begnügt man sich mit vier Lichtlein. »... erst eins, dann zwei, dann drei, dann vier, dann steht das Christkind vor der Tür.«

Erich Ackermann (Hrsg.), Märchen und Geschichten zur Weihnachtszeit, Frankfurt/M. 1992; Marianne Bernhard, Altes Brauchtum, München 1985

Äpfel der Hesperiden (Goldene Äpfel)

Goldene Früchte am Ende der Welt

Der Superheld der griechischen Mythologie, Herakles, mußte als Sühne für einen von ihm begangenen Affekt-Totschlag zwölf äußerst schwierige Aufgaben lösen. Die vorletzte dieser Aufgaben bestand darin, die goldenen Äpfel der Hesperiden zu stehlen und sie dem König von Mykene, Eurystheus, zu bringen. Die Äpfel waren Hera zu ihrer Hochzeit mit Zeus von der Erdgöttin Gaia (Ge) geschenkt worden, und die Bäume, an denen sie hingen, standen in einem Garten am westlichen Ende der Welt. Diese heiligen Obstbäume wurden von sangeslustigen Nymphen, den Hesperiden (bei denen die Angaben über Herkunft und Anzahl in den Überlieferungen weit auseinandergehen), bewacht. Die Hesperiden wurden bei ihrem Wachdienst von einem hundertköpfigen, niemals schlafenden Drachen namens Ladon unterstützt. Herakles schaffte es, die Hesperiden zu überlisten, den Drachen zu erschlagen und die Äpfel an sich zu nehmen. Nach einer anderen Version ließ er die Diebestat durch den Titan Atlas, der in dieser Gegend zur Strafe das Himmelsgewölbe auf seinen Schultern tragen mußte, ausführen. Herakles hatte seine elfte Aufgabe erfüllt. Eurystheus durfte die goldenen Äpfel aber nicht behalten. Um die göttliche Ordnung wiederherzustellen, wurden die Früchte von Athene in den Garten der Hesperiden zurückgebracht.

Edward Tripp, Reclams Lexikon der antiken Mythologie,
Stuttgart 1974

Äpfel der Unsterblichkeit (Äpfel der Iduna, Äpfel der Jugend)

Obst für Dauerjugendlichkeit

Do you want to live forever, forever young?
Alphaville

Ihr gleichbleibend jugendliches oder doch zumindest vitales Aussehen verdankten die germanischen Asen nicht etwa einem göttereigenen Anti-Alterungsgen, sondern einer speziellen Apfeldiät. Mitgöttin Iduna (Idun) bewahrte in ihrer Truhe unvergängliche goldene Äpfel auf, in die die Asen regelmäßig kraftvoll hineinbeißen mußten, um jung zu bleiben. Einmal war diese Regenerationsmöglichkeit ernsthaft in Frage gestellt. Schurkengott Loki lockte in Absprache mit dem Riesen Thajzi die arglose Iduna inklusive Apfeltruhe unter einem Vorwand aus ihrer sicheren Asgard-Burg in den Wald. Thajzi entführte die Apfelgöttin und verschleppte sie nach Thrymheim. Ohne die Früchte der Unsterblichkeit wurden die germanischen Götter alt und klapprig. Sie schafften es aber trotzdem, Loki so unter Druck zu setzen, daß er in einem Falkenkörper nach Thrymheim flog, Iduna plus Truhe in eine Nuß verwandelte und nach Hause brachte. Die Alterungskrise war beendet.

Die Geschichte von den Iduna-Äpfeln taucht das erste Mal im 10. Jahrhundert in isländischen Überlieferungen auf. Wahrscheinlich wurde die Sinndeutung des Apfels als Symbol für Fruchtbarkeit und Lebenskraft von den Römern übernommen. Möglicherweise ist die germanische Apfelraub-Geschichte sogar eine Wikinger-Bearbeitung der Hesperidenäpfel-Sage (→ **Äpfel der Hesperiden**), die als römischer Kulturimport in den hohen Norden gelangt sein könnte. Richard Wagner knüpfte an diese Geschichte in seinem Musikdrama »Das Rheingold« an.

Raymond Page, Nordische Mythen, Stuttgart 1993, Rudolf Simek, Lexikon der germanischen Mythologie, Stuttgart 1995

Apfel der Eris (Apfel des Paris, Goldener Apfel)

Antiker Zankapfel

Für die Griechen des Altertums waren die Götter des Olymp bei aller Gewaltigkeit und Allmacht auch immer Wesen mit Schwächen und Stärken, die denen der Sterblichen aufs Haar glichen und die die Götter ständig in interne Konflikte brachten. Zum Beispiel auf der Hochzeit des Halbgottes Peleus mit der Meeresgöttin Thetis: Zum Fest am Pelionberg waren alle Götter geladen, nur nicht die für ihre Unfreundlichkeit bekannte Eris, die Göttin der Zwietracht. Eris tauchte trotzdem auf, wurde nicht eingelassen und schleuderte beleidigt einen goldenen Apfel mit der Inschrift »Für die Schönste« zwischen die Gäste. Aphrodite, Hera und Athene beanspruchten alle drei die Edelmetallfrucht für sich. Götterchef Zeus fällte die wenig kluge Entscheidung, einen Sterblichen zum Schiedsrichter zu machen. Seine Wahl fiel auf den hübschen Paris, Prinz von Troja und anscheinend Spezialist in Fragen weiblicher Schönheit. Hera bot dem Schiedsrichter als Preis für die Apfelzusprechung Herrschaft, Athene lockte mit Kriegsruhm, und Aphrodite versprach Liebesgenuß in Form der ebenso schönen wie verheirateten Königsgattin Helena. Paris entschied sich für die Liebe, und die Liebesgöttin bekam den goldenen **Zankapfel**. Paris raubte mit ihrer Hilfe Helena und löste damit den Trojanischen Krieg aus, bei dem die tief gekränkten unterlegenen Göttinnen Hera und Athene eindeutig auf der Seite der Anti-Troja-Liga waren. Nach der Überlieferung der »Kyprien« aus dem 7. vorchristlichen Jahrhundert war genau das die Absicht von Zeus, der angeblich den Streit eingefädelt hatte, um einerseits die Überbevölkerung der Erde durch einen möglichst verlustreichen Krieg abzubauen und andererseits nicht allzuviel Harmonie bei seinen nachgeordneten Gottheiten aufkommen zu lassen. Die Sage um den goldenen Apfel, dessen Gift im übertragenen Sinne Harmonie (zwischen den Göttern), Anstand und Moral (von Paris, Helena und der mit ihnen solidarischen trojanischen Bevölkerung) und Frieden (der ganzen bekannten Welt) zerstörte, gehörte von der Antike bis zum Barock zu den am häufigsten in der Kunst dargestellten Motiven.

Carles Clairmont, Das Parisurteil in der antiken Kunst, Zürich 1951; Johannes Irmscher (Hrsg.), Lexikon der Antike, Bayreuth 1985, Otto Schönbeger, Kolluthos. Raub der Helena, Würzburg 1993

Ahorn von Trun

Graubündner Schwurbaum

Alljährlich am 1. August wird in der Schweiz des sagenhaften Rütlischwurs von 1291 als Ursprung der Staatswerdung gedacht. Viele Graubündner halten jedoch ein Ereignis aus dem 15. Jahrhundert für noch bedenkenswerter:
Am 16. 5. 1424 verschworen sich stark bäuerlich geprägte Talschaften mit Teilen des Landadels im Oberrheingebiet zum »Oberen« oder

»Grauen Bund«, aus dem sich zusammen mit anderen regionalen Bünden das Gemeinwesen Graubünden entwickelte. Graubünden hat lange eine Sonderrolle im Alpenraum gespielt und ist erst 1799 Teil der damals »Helvetische Republik« genannten Schweiz geworden. Der Bundeseid von 1424 fand in dem kleinen Ort Trun am Rhein unter einem seitdem fast religiös verehrten Bergahorn nahe einer Abtei statt. Im Jahre 1750 soll der Baum immer noch an seinem Platz gestanden und einen dreigeteilten Stamm von über sechs Meter Umfang gehabt haben. 1825 wurde der Ahorn als kränkelnd beschrieben. Einer seiner Stämme war abgestorben. 1870 fiel der morsch gewordene Riese einem Sturm zum Opfer. Den Baumstumpf kann man heute im Museum Sursilvan in Trun besichtigen. An der Stelle, wo der geschichtsträchtige Ahorn gestanden hatte, haben Lokalpatrioten 1890 einen Schößling gesetzt, der angeblich aus einem Samen des Urahorns gezogen worden war. Dieser mittlerweile über hundert Jahre alte Nachfahre ist bereits größer als die benachbarte Kapelle St. Anna und Wallfahrtsort graubündnischer Traditionalisten.

Fritz René Allemann, Graubünden – Eine Welt für sich, Zürich 1977; Martin Moser, Die Schweiz von Anfang an, Basel 1993; Helmut Pirc, Ahorne, Stuttgart 1994

Aloe vera

Heilpflanze

Die Augen werden täglich ausgewaschen mit Wasser,
in welchem etwas Aloe aufgelöst ist.
Pfarrer Kneipp in »So sollt ihr leben«

Aloe vera, die wahre Aloe, ist ein Liliengewächs von etwa 60 bis 90 Zentimeter Höhe, die man gelegentlich als Zimmerpflanze antrifft. In ihren fleischigen Blättern, die im ausgewachsenen Zustand jeweils ein Pfund wiegen, befindet sich ein heilkräftiges Pflanzengel, das bei Wunden, Abszessen, Verbrennungen, Ekzemen, Akne, Insektenstichen und Sonnenbrand hilft und in der Schönheitspflege eingesetzt wird. Auch in der indischen Pflanzenheilkunde wird die Aloe verwendet. Auf Sanskrit heißt sie **kumari**, was »Mädchen« bedeutet, denn die Aloe soll nach der indischen Lehre ein Jungbrunnen für Frauen sein. Der Volksglaube, daß aufgelegte Aloe-Blätter bei Nasenbluten und gegen Krämpfe helfen sollen, gehört aber eher in das Reich des Aberglaubens.

»Aloe« ist auch ein Zauberwort, das bereits in einer antiken Hagelbeschwörung vorkommt. Im koptischen »Physiologus« wird ein dem geheimnisvollen Vogel Phönix ähnlicher Vogel so genannt, der mit der Auferstehung Christi in Beziehung gebracht wird.

Stephanie Faber, Geheimnisse der Heilkosmetik, München 1993; Hanns Bächtold-Stäubli, Handwörterbuch des deutschen Aberglaubens, Berlin/New York 1927/1986

Alraun oder Alraune

Menschenähnlich gestaltete Wurzel der Mandragora

> Wie willst du leugnen, liebe Freundin, daß es Wesen gibt – keine Menschen, keine Tiere – seltsame Wesen, die aus der verruchten Lust absurder Gedanken entsprangen?
> Hanns Heinz Ewers, Alraune

Die Mandragora sieht mit ihren Blättern nicht viel anders als eine Futterrübe aus und gehört zu den giftigen Nachtschattengewächsen. Ihre Inhaltsstoffe bewirken Aufgeregtheit, Verwirrung und anschließenden Dämmerschlaf. Mit etwas Glück kommt es auch noch zu ein paar erotischen Halluzinationen. Aber nicht deswegen wurde sie zur mächtigsten Zauberpflanze des Mittelalters, sondern wegen ihrer sonderbar verzweigten Wurzel, die einem Männchen ähneln kann. Diese Alraun oder Alraune (Radix mandragorae) genannte Wurzel soll nicht nur zu Reichtum, Ansehen und Glück verhelfen, sie befreit angeblich auch von allen erdenklichen Leiden, ja, läßt einen gar nicht erst krank werden, hilft Prozesse gewinnen und den Liebsten erringen. Dem Liebsten wiederum verhilft sie zu sexueller Standhaftigkeit, und dem Alchimisten dient sie bei der Gold- und Edelsteinherstellung. Sie schützt vor Albdruck und Dämonen, macht je nach Bedarf fruchtbar oder unverwundbar. Und dazu muß man die Pflanze noch nicht einmal einnehmen, sondern bloß besitzen.

Der Erwerb einer so nützlichen Pflanze ist freilich nicht ganz einfach. Dem Aberglauben nach findet man die (in Wirklichkeit aus den östlichen Mittelmeerländern stammende) Alraune unter einem Galgen, wo sie aus dem bei der Hinrichtung abgegangenen Sperma oder Urin der Gehängten entstanden sein soll. Deswegen auch ihre häufige Verwendung als Aphrodisiakum (→ pflanzliche **Aphrodisiaka**). Unterschiedlichste Angaben gibt es für die Zeit, wann die Alraune geerntet werden muß: zur Mitternachtsstunde der Johannisnacht, an einem beliebigen Freitag vor Sonnenaufgang oder genau ein Jahr nachdem jemand gehängt worden ist, aber nicht zur selben Stunde des Tages, sondern zur entsprechenden Stunde der Nacht. Beim Ausgraben schreit nun das Wurzelmännlein so fürchterlich, daß der Grabende tot umfällt, wenn er sich nicht vorher die Ohren verstöpselt hat. Auch darf er nicht selber Hand anlegen, sondern muß einen schwarzen Hund mit dem Schwanz an die Alraune binden und ihn dann locken, so daß es der Hund ist, der sie ausreißt und daran sterben muß.

Nach dem Ausgraben wäscht man das »**Glücksmännlein**« mit Wein (andere schwören auf Quellwasser) und kleidet es in Samt und Seide. Die Waschungen werden wöchentlich wiederholt. Gefüttert werden Alraunen mit geweihten Hostien. Spätestens hier wird klar, was für eine durch und durch unchristliche Angelegenheit der Alraunenbesitz ist. (Jeanne d'Arc wurde in ihrem Prozeß u.a. beschuldigt, so eine Wurzel bei sich getragen zu haben.) Wem es nicht gelingt, seine »**Galgenmännlein**« zu verschenken, bevor er stirbt, der fährt zur

Hölle. Trotzdem muß ein Bedarf an ihnen vorhanden gewesen sein, denn der Alraunkrämer war eine bekannte Erscheinung auf den mittelalterlichen Märkten. Seine Ware dürfte zum größten Teil aus ordinären Futter- und anderen Rüben bestanden haben, die zum Zwecke größerer Menschenähnlichkeit nachgeschnitzt wurden. Noch Anfang des 20. Jahrhunderts verkaufte das Berliner Kaufhaus Wertheim Glücksalraune – das Stück zu 2,25 Reichsmark.
Auch in der Literatur wird die Alraune mehrfach erwähnt. So in den Märchen und Sagen der Brüder Grimm, in Shakespeares Romeo und Julia und in Goethes »Faust«. Friedrich de la Motte Fouqué widmete ihr ganze Bücher (»**Das Galgenmännlein**«, 1810, und »**Mandragora**«, 1827). 1911 machte Hanns Heinz Ewers aus dem Volksglauben einen mondän-perversen Bestseller-Roman inklusive künstlicher Befruchtung – »**Alraune**«.

Hanns Bechtold-Stäubli, Handwörterbuch des deutschen Aberglaubens, Berlin/New York 1927/1986; Hans Biedermann, Handlexikon der magischen Künste, Graz 1973 (Abbildung); Hanns Heinz Ewers, Alraune, München 1925

Ananas

Spitzname von Noriega

Weihnachten 1989 flüchtete sich General Manuel Noriega, Panamas Ex-Diktator, vor den amerikanischen Truppen in die vatikanische Botschaft von Panama City. Um ihn zu zermürben, ließ der CIA daraufhin riesige Lautsprecher herankarren und beschallte die Botschaft rund um die Uhr und in voller Lautstärke mit uramerikanischen Musikstücken, nämlich jenen Songs, die sich die GIs bei ihrem Truppensender zu wünschen pflegten. Am häufigsten mußte sich der Opernliebhaber und Pophasser Noriega »We're Not Gonna Take It« (Twisted Sister), »The Party's Over« (Styx), »Patience« (Guns N'Roses), »Priso-

ner of Rock'n' Roll« (Neil Young), »Give It Up« (KC & The Sunshine Band) und »Hang'em High« (Van Halen) anhören.
In der Presse erhielt dieser hart geprüfte Mann den unfreundlichen Spitznamen »Ananas«, wegen der Ähnlichkeit seiner Gesichtshaut mit der Außenstruktur einer Ananas (Ananas comosus), deren braune Schale sich aus einzelnen Segmenten, den sogenannten Augen, zusammensetzt. Weil das an einen Pinienzapfen erinnert, hat die Ananas im englischen Sprachraum den Namen »Pineapple«.
Im Gegensatz zu Noriega ist die exotische Scheinfrucht jedoch die Zierde eines jeden Obstkorbes. Groß, dekorativ und nicht ganz billig, wird sie besonders zu Weihnachten gern gekauft. Ihren Namen bekam sie von dem französischen Hugenottenpfarrer Jean de Lery, der sie 1557 in Anlehnung an die indianische Bezeichnung »Nana« Ananas nannte. Sie stammt aus Mittel- und Südamerika, wird aber inzwischen in allen Tropengebieten angebaut. Der größte Teil der Ernte kommt in verarbeitetem Zustand auf den Markt, als kandiertes oder getrocknetes Obst, als Marmelade oder Schnaps oder als die allseits bekannten Ringe in der Dose.
Träger einer **Ananasfrisur** ist der englische Musiker Rod Stewart. Sein prägnant gestufter Haarschnitt erinnert an den Blattschopf, die sogenannte Krone oben auf einer Ananas.
Wenn jemand von zwei Fußballmanschaften sagt: »Die spielen bloß noch um die **Goldene Ananas**«, so bedeutet das, daß der Ausgang des Matches für keine der beiden Mannschaften noch relevant ist, weil Aufstieg oder Abstieg längst entschieden sind.

CNN interactive: Video Almanac 1989; Hans-Rudolf Gysin: Tropenfrüchte, Aarau/Schweiz 1984; J. Dlouha/M. Richter/ P. Valicek: Obst, Hanau 1995; Wom Journal, 12/96

Pflanzliche **Anaphrodisiaka**

Mittel zur Dämpfung des Geschlechtstriebes

Himmlisch war's, wenn ich bezwang/ Meine sündige Begier;/ Aber wenn's mir nicht gelang,/ Hatt' ich doch ein groß Pläsier. Heinrich Heine

Der Bedarf an Anaphrodisiaka war seit jeher viel geringer als der Bedarf an → **Aphrodisiaka**. So viele erotomanische Männer und nymphomanische Frauen gibt und gab es dann doch nicht. Und so hatten wohl höchstens Frauen, die sich von ihren Ehemännern allzusehr bedrängt fühlten (oder umgekehrt), und zölibatär lebende Geistliche ein Interesse an Pflanzen, die die Sinneslust einschläferten statt sie anzuregen. Den Mönchen wurde es im Mittelalter anempfohlen, die entsprechenden Kräuter im Klostergarten zu kultivieren. Ein Absud aus **Keuschlamm** (Vitex agnus castus) unterdrückte angeblich sexuelle Begierden; ja, schon auf diesen Blättern zu schlafen sollte den Willen zur Enthaltsamkeit stärken. Wegen seiner speziellen Verwendung und seinem häufigen Anbau in Klöstern wird der Strauch auch **Mönchspfeffer**, **Mönchssamen** oder **Klosterpfeffer** genannt.
Viele Anaphrodisiaka sind echte oder vermeintliche Beruhigungsmittel, wie **Baldrian** und **Hopfen**. Wer müde wird, wird vermutlich auch sexuell müde. Daneben gelten aber auch **Dill**, **Kampfer**, **Kopfsalat**, **Schierling**, **Frauenmantel**, **Weide**, **Seerose**, **Fingerhut** und **Gartenraute** als triebbändigend. Genau abgesteckt ist die Grenze zwischen stimmungsmachenden und -verderbenden Pflanzen nicht. Was mancherorts als Aphrodisiakum durchgeht, gilt andernorts als Anaphrodisiakum. So heißt es vom **Endiviensalat** einerseits, daß er der Unkeuschheit wehret, und andererseits, daß Endivien selbst einen trägen Hahn (Mann) geil machen. Auch sollen die Wirkungen auf Frauen und Männer mitunter gegensätzlich sein, etwa bei der → **Tollkirsche**.

Literatur siehe: Pflanzliche Aphrodisiaka

Andy-Warhol-Banane

Zusammentreffen von Pop-Art und Rockmusik in der künstlerischen Qualität des Vulgären

Zur dekadenten Factory Group des New Yorker Pop-Art-Künstlers Andy Warhol gehörte auch die legendär gewordene Musikgruppe »The Velvet Underground«. Für ihre erste LP »The Velvet Underground & Nico« (1966) entwarf Warhol das Cover. Weil die Plattenfirma Verve Records sich nicht mit seiner ersten Idee, die Fotos von Narben von Schönheitsoperationen zu verwenden, anfreunden konnte, entstand die allseits bekannte Banane. Man konnte sie vom Plattencover abziehen, dann sah man die phallische rosa Frucht darunter. Wer in der Lage war, sich das zu verkneifen, kann in Sammlerkreisen heute einen schönen Preis für seine LP erzielen.

Dose-Marktforschung

Angosturastrauch

Gefährlicher Gegner des Mumin

Ha, elendiger Strauch!
Mumin

In dem Kinderbuch »Komet im Mumintal« (Kometjakten, 1945) der finnischen Schriftstellerin Tove Jansson kämpft der nilpferdähnliche Mumintroll gegen einen »Giftstrauch der gefährlichen Familie Angostura«. Die Angostura besitzt grüngelbe Blüten, mit denen sie sehen kann, und lebende Arme, mit denen sie den Schwanz des (ebenfalls nilpferdähnlichen) Snorkfräuleins gepackt hält. Mumin hackt in einer heftigen Keilerei dem vor Aufregung zitternden Strauch die Schlingarme ab und gewinnt das Herz des Snorkfräuleins.
Auch in der Wirklichkeit gibt es einen **Angosturabaum** (Cusparia trifoliata). Er gehört zu den Rautengewächsen und stammt aus Neu-

granada (Kolumbien). Seine Rinde wird zu Angosturabitter verarbeitet, den man zur Bereitung von Magenbitter und Likören verwendet. Der Angosturabaum ist ebenfalls nicht ganz ungefährlich. Seine Rinde kann mit der giftigen Rinde des **Krähenaugenbaums** oder **Brechnuß** (Strynos nux vomica) verwechselt werden.

Als nicht so gefährlich gelten die elektrischen **Hatifnatten**, von denen in den Muminbüchern immer wieder die Rede ist. Sie teilen Stromstöße aus und können trockene Dinge in Brand setzen. Möglicherweise handelt es sich bei ihnen um Pflanzen. Immerhin entstehen sie aus Hatifnattsamen, der am Johannisabend gesät werden muß. Dann keimen die spargelähnlichen Elektrowesen und wachsen aus dem Boden. Allerdings wären sie wohl die ersten Pflanzen, die segeln können. Hatifnatten sind nämlich ewige Reisende, immer unterwegs und nur bei einem großen Gewitter richtig lebendig.

Tove Jansson, Das große Muminbuch; Zürich/Köln o. J.;
Tove Jansson, Komet im Mumintal, Ravensburg 1973;
Der große Brockhaus, Wiesbaden 1953

Pflanzliche **Aphrodisiaka**

Mittel zur Reizung und Stärkung des Geschlechtstriebes

Nichts ist so elend als ein Mann,/ Der alles will, und der nichts kann.
Matthias Claudius

Wenn man betrachtet, wie sich die Menschheit schon seit Jahrtausenden und in jeder Kulturstufe um die Beseitigung männlicher Sexualstörungen bemüht hat, ist es eigentlich erstaunlich, daß das erste überzeugend wirksame Aphrodisiakum erst zum Ausgang des 20. Jahrhunderts entwickelt wurde. Vor Viagra half man sich mit der Einnahme oder Einreibung von Mixturen, die vor allem aus Pflanzen gewonnen wurden, oder verzehrte diese Pflanzen. Die größte potenzsteigernde Wirkung traute man jenen Knollen, Früchten, Pilzen und Kräutern zu, die entweder als besonders nahrhaft galten (z. B. **Trüffel**, **Knoblauch** und **Nüsse**), oder die den menschlichen Geschlechtsteilen ähnelten (**Spargel**, **Porree**, **Feigen**, **Pflaumen**, **Nüsse** und phallische **Pilze**). Daneben schwor man auf die anregende Kraft der Gewürze (**Ingwer**, **Anis**, **Safran**, **Koriander**, **Vanille**, **Muskatnuß**, **Nelken**, **Zimt**), besonders solcher, die eine stärkere Durchblutung des Bauchraumes anregen (**Pfeffer**, **Senf**). Verzweifelte schreckten auch nicht davor zurück, die erhoffte Erektion mittels einer Reizung der Harnwege (harntreibend wirken u. a. **Spargel, Schnittlauch**, **Sellerie und Petersilie**) und absichtliches Hervorrufen von Blähungen (etwa durch **Bohnen**, **Zwiebeln** und **Rettiche**) herbeizuzwingen. Oft wurden diverse Pflanzenextrakte zusammengerührt, nach dem Motto: »Viel hilft viel.« Eine Wirkung solcher Tinkturen ist jedoch wissenschaftlich nie nachgewiesen worden, sieht man einmal von den wenig überzeugenden Resultaten der harntreibenden oder durchblutungsfördernden Stimulanzien ab. Die trotzdem immer wieder gemeldeten Erfolge dürften auf den Placebo-Effekt zurückzuführen sein: Glaube versetzt Berge. Und falls die Impotenz auf Schüchternheit beruhte, konnten Pflanzen, die Rauschzustände herbeiführten (wie → **Hanf** oder → **Bilsenkraut**), sicherlich zur Enthemmung beitragen. Die Auswahl an pflanzlichen Potenzmitteln ist unübersehbar groß. Viele Nachtschattengewächse (→ **Alraune**), Bäume und Orchideenarten gehören dazu. Auffallend ist, daß die vermeintliche Wirkung fast aller Aphrodisiaka auf die sexuellen Unzulänglichkeiten der Männer zugeschnitten wurde. Eine der wenigen Ausnahmen ist die → **Tollkirsche**, deren Atropin Frauen erregen und bei Männern das Gegenteil bewirken soll. Die zweite Auffälligkeit ist, daß es – übrigens auch bei Viagra – meistens nur darum geht, die sexuelle Leistung zu erhöhen statt die sexuelle Lust, die doch normalerweise die Ursache für die Leistung wäre.

Als todsicheres Mittel, um einem Mädchen Lust auf Liebe zu machen, galt einmal, ihr eine von selbst aufgeplatzte **Melone** zu schenken. Bei einem solchen Vorgehen spricht man allerdings nicht von Aphrodisiakum; so etwas ist schlicht Zauberei (→ pflanzliche **Anaphrodisiaka**).

Hanns Bächtold-Stäubli, Handwörterbuch des deutschen Aberglaubens, Berlin/New York 1927/1986; Gerd Haerkötter/Marlene Haerkötter, Hexenfurz und Teufelsdreck, Frankfurt/M. 1987; Gerd Haerkötter/Thomas Lasinski, Das Geheimnis der Pimpernuß, Frankfurt/M. 1989

Aphrodites Rosenstrauch

Schaumgeborene Pflanze

> Soviel Tränen vergießt die paphische Göttin, als Tropfen Bluts Adonis verliert, es wandelt sich alles in Blumen: Rosen entspringen dem Blut und Anemonen den Tränen.
>
> Bion von Smyrna,
> Bukolische Gedichte, um 100 v. Chr.

In der manchmal etwas verworrenen Mythologie des klassischen Altertums gilt die Göttin Aphrodite (Venus) einmal als Tochter des Zeus mit der Titanentochter Dione. Ein andermal wirft Kronos die abgeschlagenen Genitalien seines Vaters Uranos ins Meer, und aus dem dadurch verursachten Schaum erhebt sich nackt auf einer Muschel stehend Aphrodite. Außer der »Schaumgeborenen« entsteht so auch noch ein Dornenstock, auf den die Götter Nektar träufeln, woraufhin der Dornenstock Rosen treibt. Vorerst sind diese weiß. Erst als Aphrodite ihrem sterbenden Geliebten Adonis zu Hilfe eilen will und sich dabei einen Dorn eintritt, färbt das Blut der Göttin die Blüten rot. Aus dem Blut des toten Adonis läßt Aphrodite Anemonen wachsen. Der griechische Dichter Bion von Smyrna (siehe Zitat) hat die Geschichte leicht variiert.

Gerd Heinz-Mohr/Volker Sommer, Die Rose. Entfaltung eines Symbols, München 1988; Gustav Schwab, Sagen des klassischen Altertums, Wien/Heidelberg o. J.

Apple

Logo

Der niedersächsische Apfelbauer Hein Lühs hat eine lukrative Marktnische gefunden: Auf mittlerweile mehr als 300000 Äpfeln hat er Firmen-, Vereins- und Privatlogos angebracht. Mittels einer Kunststoffschablone, die er im Frühsommer auf die noch grünen Baumfrüchte aufklebt, läßt er die Sonne das gewünschte Logo auf die Äpfel zeichnen. Zu Bauer Lühs Kunden gehören namhafte Unternehmen wie Lufthansa und Deutsche Bank. Ob auch die US-Computerfirma Apple Interesse angemeldet hat, ist unbekannt. Dabei würde sich das Markenzeichen der Firma, ein rechts angenagter Apfel, hervorragend für eine solche Werbeaktion eignen. Zumal die Entstehungsgeschichte des Logos eine Verbindung zu Apfelanbaubetrieben hat. Auf der Suche nach einem Namen für ihre in einer Garage entstandenen und 1976 in Palo Alto/Kalifornien eingetragenen Firma haben die Unternehmensgründer Steve Jobs und Steve Wozniak »Apple« gewählt, weil ihnen der Apfel die perfekte Frucht zu sein schien. Entsprechende Erfahrungen hatte insbesondere Wozniak gemacht, der damals nebenbei auf einer Obstfarm jobbte. Ähnlich perfekt wie der Apfel sollten ihre Computer sein. Auf dem ersten 1976/77 entstandenen Apple-Logo war der Apfel noch sehr klein und hing über einem lesenden Isaac Newton (→ **Newtons Apfel**) an einem Baum. Erst später wurde das Emblem so puristisch, wie es heute ist.

Frank Rose, West of Eden: The End of Innocence at Apple, Los Angeles 1995; Wirtschaftswoche, 24.9.1998

Aronstab

(Arons grünender Stab)

Alttestamentarisches Legitimationszeichen

> ... siehe, da hatte der Stab Aarons, der dem Stamme Levi angehörte, ausgeschlagen, und zwar hatte er Sprossen getrieben und Blüten hervorgebracht und trug reife Mandeln. 4. Buch Mose 17,23

Aaron (Aron), Moses redegewandter Bruder und manchmal auch dessen Konkurrent, ist im alttestamentarischen Exodus-Bericht als einer der Anführer des israelitischen Auszugs aus Ägypten nach Kanaan beschrieben. Fast ständig führt Aaron einen Stab bei sich, der unter anderem zum Einsatz kommt, um drei der sieben Plagen über Ägypten zu bringen. Auf Aarons Stabzeichen hin wird das Wasser im Nil zu Blut (2. Buch Mose 7,19f.) kommt es zur Frosch- und schließlich zur Stechmückenplage (2. Buch Mose 8,5f., 16f.).
Hier ist aber ein anderer Stab Aarons gemeint:
Nach einem niedergeschlagenen Aufruhr soll den Israeliten die bevorzugte Stellung von Aaron und seinem Clan als einziger zum Hochpriesteramt legitimierten Familie noch einmal deutlich gemacht werden. Mose läßt die zwölf Anführer der israelitischen Stämme ihre Namen auf Stäbe schreiben und legt die zwölf Stäbe über Nacht ins heilige Zelt zur Bundeslade. Aaron hat seinen Namen auf den Stab

des Stammes Levi geschrieben. Am nächsten Morgen hat dieser Stab Blüten getrieben und trägt gleichzeitig **Mandeln**.
Fortan wird er bei der Bundeslade verwahrt als Warnung vor weiteren Rebellionen und als Legitimationszeichen für die gottgewollte Priesterschaft der aaronidischen Familie (4. Buch Mose 17.16-25).
Floristen verstehen unter »**Aronstab**« keinen **Mandelzweig**, sondern die auch **Zehrwurz**, **Pfaffenpint** oder **Priesterpinsel** genannte Blume Arum maculatum. Ihr Blütenstand ist von einem tütenfömigen Hochblatt umhüllt, aus dem ein dunkelvioletter Kolben ragt. Dieser phallische Kolben ist nicht nur an den zum Teil recht drastischen Namen schuld, sondern war auch der Grund, warum der Aronstab zu den → **Aphrodisiaka** gezählt wurde.

Das große Brockhaus Bibellexikon, Wuppertal 1987; Marianne Beuchert, Symbolik der Pflanzen, Frankfurt/M. 1995; Friedrich Jantzen, Amors Pflanzenkunde, Stuttgart 1980

Aschenputtels Haselreis

Helfer in der Not

»Bäumchen rüttel dich und schüttel dich, wirf Gold und Silber über mich.« Aschenputtel

Eines der beliebtesten Märchen überhaupt ist die Geschichte vom armen Aschenputtel oder Aschenbrödel, das von den Stiefschwestern und der Stiefmutter zu den niedrigsten Arbeiten gezwungen wird und doch am Ende den Königssohn bekommt.
In der Aschenputtelversion der Brüder Grimm (veröffentlicht 1812) leistet ein **Haselstrauch** (Corylus avellana) dabei erhebliche Hilfe. Als der Vater nämlich auf Reisen geht und seine Töchter fragt, was er ihnen mitbringen soll, bitten ihn die Stieftöchter um Schmuck und Kleider. Aschenputtel aber möchte »das erste Reis, das Euch auf Eurem Heimweg an den Hut stößt«. Der Vater bringt ihr einen Hasel-

zweig mit, den Aschenputtel auf das Grab ihrer Mutter pflanzt und mit Tränen begießt. Erstaunlicherweise bekommt dem Haselreis diese Pflege, und es wächst zu einem schönen Baum heran, der sich wie ein großzügiger Patenonkel benimmt. Wann immer Aschenputtel vor dem Baum einen Wunsch ausspricht, wirft ihr ein weißer Vogel das Betreffende herunter. Baum und Vogel sorgen dreimal für ein Ballkleid – eines schöner als das andere –, so daß Aschenputtel zu dem Fest im Schloß gehen kann.

In dem verfilmten tschechischen Märchen »Tri orisky pro Popelku« (Drei Nüsse für Aschenbrödel, ČSSR/DDR 1973, Regie: Václav Vorlicek) von Božena Nemčova bekommt Aschenbrödel ihren Haselzweig vom Kutscher mitgebracht, und es sind noch drei Nüsse daran. In diesen **Zaubernüssen** befinden sich drei Outfits – ein Jagddreß, ein Ballkleid und ein Hochzeitskleid –, in denen das gedemütigte Mädchen dem Königssohn überlegen entgegentritt.

Daß der in ganz Europa verbreitete Haselstrauch zu Aschenputtels Schutzpflanze geworden ist, war sicher kein Zufall. Die **Hasel** war eine Zauberpflanze der alten Germanen, und im Volksglauben wurden ihr lange Zeit helfende und schützende Kräfte nachgesagt. So hilft sie zum Beispiel, wenn die Kühe keine Milch mehr geben, wenn die Butter nicht fest wird und wenn man nicht mehr nach Hause findet oder einen gefährlichen Weg passieren muß. Auch schützt sie vor Stürzen, Hexen, Schlangen und Gewitter.

Trotzdem denken die meisten Leute bei Aschenputtel weniger an Haselnüsse als an die (oft mit **Erbsen** verwechselten) **Linsen**, die sie auf Geheiß der bösen Stiefmutter aus der Asche lesen muß. Beide, Linsen (Samen von Lens esculanta) wie Haselnüsse, sind Fruchtbarkeitssymbole.

Walter Scherf, Lexikon der Zaubermärchen, Stuttgart 1982; Brüder Grimm, Kinder und Hausmärchen, Regensburg 1977; Hanns Bächtold-Stäubli, Handwörterbuch des deutschen Aberglaubens, Berlin/New York 1927/1986

Askr und Embla (Askr und Emola, Askr und Emla)

Germanische Protoplasten

Nach einer der altnordischen Schöpfungsmythen schufen Odin und seine beiden Brüder Vé und Vili aus zwei an den Strand angeschwemmten Bäumen das erste Menschenpaar: Askr (Esche) und Embla (Erle oder Ulme).
Aus der gestrandeten Esche wurde der nordische Adam, Askr; aus der Erle (vielleicht war es auch eine Ulme) die erste Frau, Embla. Odin gab ihnen die Seele, von Vili bekamen sie Kraft und Verstand, und Vé verdankten sie Sprache, Gehör und Aussehen. Von Askr und Embla, die Midgard (→ **Yggdrasil**) als Lebensraum zugewiesen bekamen, stammen nach Germanenglauben alle Menschen ab.

Hans Schöpf, Zauberkräuter, Graz 1986; Anthony Mercatante, Encyclopedia of World Mythology and Legend, New York/Oxford 1988; Rudolf Simek, Lexikon der germanischen Mythologie, Stuttgart 1995

Atompilz

(engl.: fire-ball)

> Eine Rauchsäule steigt schnell auf. Sie hat einen rotglühenden Kern – eine blubbernde Masse, purpurgrau, mit einem roten Kern – alles ist in Turbulenz – überall springen Feuer auf...
> ... – jetzt kommt der Pilz, von dem sie uns erzählt haben – er breitet sich aus, ist schon eine Meile oder zwei im Durchmesser, ganz schwarz mit einem rötlichen Ton – die Stadt muß da drunter sein...
> Bob Caron, Heckschütze an Bord der B-29, die am 6. August 1945 die Atombombe auf Hiroshima warf

Bei der Detonation einer Atombombe steigt die Temperatur auf hundert Millionen Grad. Es herrschen Bedingungen wie im Inneren der Sonne. Jeder Körper, der sich erwärmt, sendet elektromagnetische

Wellen aus, also auch das Material der explodierenden Bombe. Durch die große Hitze hat die Strahlung eine kurze Wellenlänge, sie besteht zum größten Teil aus unsichtbaren Röntgenstrahlen. Sichtbar werden diese erst, wenn die umgebende Luft sie absorbiert und abkühlt, so daß sich die Wellenlänge vergrößert. Dann entsteht eine hell leuchtende Luftmasse – der Atompilz. Er steigt nach oben und dehnt sich aus. Nach ungefähr einer Minute ist er soweit abgekühlt, daß er keine sichtbare Strahlung mehr aussendet.
Je effektiver die Bombe, desto größer ist auch der Atompilz.
Bei einer Ein-Megatonnen-Bombe beträgt der maximale Pilzradius 1200 Meter. Steigert man die Sprengkraft um das Zehnfache, wird der Pilz zweieinhalbmal so groß. Von der Größe des Atompilzes und der Höhe der Detonation hängt das Ausmaß der unmittelbaren Strahlenverseuchung ab. Wenn der Pilzfuß den Boden berührt, werden riesige Mengen von Erde und Trümmern verdampft und durch die danach einsetzenden Winde aufgesogen, die später als radioaktiver Niederschlag (Fallout) in der näheren und weiteren Umgebung heruntersinken.
Eine andere Art von Atompilzen bescherte uns am 26.4.1986 die Explosion des Atomreaktors Nr. 4 des Kernkraftwerks Tschernobyl, UdSSR. Die radioaktive Wolke verteilte ihre Spaltprodukte, insbesondere Jod 131 und Cäsium 137, über ganz Europa bis in den Vorderen Orient. Gewarnt wurde u.a. vor dem Verzehr von Milchprodukten und Wildpilzen. Unvergeßlich der optimistische Senior, der wenige Wochen nach dem Unglück von einem Fernsehreporter auf die Pfifferlinge in seinem Einkaufskorb angesprochen wurde.
»Das macht nichts«, antwortete er, »ich laß die Pilze lange kochen; ich koch den Atom tot.«

Heinrich Jaenecke, Mein Gott, was haben wir getan!, Hamburg 1987; Joseph Rotblat, Strahlungswirkungen beim Einsatz von Kernwaffen, Berlin 1986; Internationale Ärzte für die Verhütung des Atomkrieges (Hrsg. Eric Chivian u.a.), Last Aid, Neckarsulm 1985

Audrey II

Film- und Musicalgewächs aus dem »Kleinen Horrorladen«

»Feed me!«
Audrey II

1960 drehte Roger Corman in nur zwei Tagen die Low-Budget-Komödie » Little Shop of Horrors« (USA, Drehbuch: Charles B. Griffith; dt. Titel: »Kleiner Laden voller Schrecken«), deren Hauptdarstellerin eine sprechende und blutgierige Pflanze ist.

Seymour, Angestellter im schäbigen Blumenladen von Mr. Mushnik, rettet das dahinsiechende exotische Gewächs, als er sich versehentlich in den Finger schneidet und sein Blut in den Blütenkelch tropft. Seymour füttert die Pflanze weiter mit seinem Lebenssaft und nennt sie Audrey II – nach seiner heimlich verehrten Kollegin Audrey. Audrey II gedeiht prächtig und macht Mr. Mushniks Laden zur Touristenattraktion. Plötzlich beginnt sie auch noch zu sprechen. »Feed me! Feed me!« verlangt sie mit dumpfer Stimme immer wieder von Seymour, und mit Blutströpfchen gibt sich die zu gigantischen Ausmaßen heranwachsende Exotin nicht mehr zufrieden: Ein Zahnarzt muß dran glauben, ein Einbrecher und schließlich auch Seymour und Audrey I.

Der Film wurde Vorlage für ein gleichnamiges Musical (Musik: Alan Menken, Buch und Songtexte: Howard Ashman, Premiere in New York, Orpheum Theatre: 27. 7. 1982; deutschsprachige Erstaufführung: 4. 4. 1989, Kammerspiele Berlin, Autor: Michael Kunze), in dem drei Straßensängerinnen die Handlung kommentieren. Die gefährliche Pflanze ist auch im Musical eine Art gigantische → **Venusfliegenfalle**, deren Aussehen und Bewegungseffekte ansonsten von dem Geschmack und den Absichten des jeweiligen Schöpfers abhängen. 1986 entstand aus dem Musical wiederum ein (gleichnamiger) Film (USA, dt. Titel: »Der kleine Horrorladen«) mit Rick Moranis als Seymour und Steve Martin in der Rolle des sadistischen Zahnarztes. Songtexte und Drehbuch stammten wieder von Howard Ashman, allerdings mit verändertem Schluß. Audrey II wurde von Lyle Conway entworfen. Levi Stubbs leiht ihr im Original die Stimme. Als »Principal Plant Performers« fungierten 21 Personen.

Günther Bartosch, Das Heyne Musical Lexikon, München 1995; Ronald M. Hahn/Volker Jansen, Lexikon des Horrorfilms, Bergisch Gladbach 1985/89; Der große Brockhaus, Wiesbaden1957

B

Baccara-Rose

Yes Sir, I can boogie/ But I need a certain sing/ I can boogie/ Boogie woogie/All night long

Refrain eines Baccara-Hits,
Text von Frank Dostal

In Antibes an der französischen Riviera, in den Gärten von Francis Meilland, erblickte 1954 eine neue Varietät von Edelrosen das Licht der Sonne. Es handelte sich um eine Kreuzung aus »Rouge Meilland« mit »Kordes Sondermeldung«.
Ihr Schöpfer nannte sie »Baccara«. Baccara wurde – neben der Rose »Madame A. Meilland« – Francis Meillands größter Zuchterfolg. Kühles, nasses Klima mag die Schöne allerdings nicht. In nördlichen Regionen erblüht sie meist nur unter Glas zur vollen zinnoberroten Blüte auf ca. 90 cm langem, kraftvollem Stiel. Das hielt ihren Siegeszug durch deutsche Blumengeschäfte nicht auf. Auch wenn einem nachts in einer Kneipe kurz vor dem Verblühen stehende Dornengewächse unter die Nase gehalten werden – das Stück für fünf oder sechs Mark –, handelt es sich oft um Baccara-Rosen. Rosen, gezüchtet, um auf der Rückbank eines Taxis vergessen zu werden.
Ebenfalls vergessen wurde das Duo »**Baccara**«, Maria Mendiola (die Frau in Schwarz) und Mayte Mateos (die Frau in Weiß), die 1977 mit »Yes Sir, I can Boogie« einen Welterfolg landeten. Noch im selben Jahr nahmen sie »Sorry I'm a Lady« auf und kamen damit in Deutschland zum zweiten Mal auf den ersten Platz der Charts. Vor ihrer Entdeckung durch Hamburger Produzenten waren sie als Tänzerinnen

beim spanischen Fernsehballett engagiert gewesen. Als die 70er Jahre zu Ende gingen, verschwanden auch die beiden Disco-Sängerinnen wieder in der Versenkung. Erfolglos versuchte Maria Mendiola mit neuer Partnerin (Marissa Perez) 1989 ein Comeback als »**New Baccara**«. Zum Ende dieses Jahrtausends probiert es nun Mayte Mateos mit Jane Comerford unter dem alten Namen »Baccara« noch einmal. »Yes Sir, I can Boogie« gehört weiterhin zum Auftrittsrepertoire.

Roy Genders, Die Rose, Zürich 1968/1978; Musik Joker, Nr. 22/1978, S. 4-5; Stern, Nr. 38, 1998; Internet: http://www.medianet.com.pl/~czejarek/bac12.htm

Bachblüten

Bioenergetische Medizin

Krankheit ist weder Grausamkeit noch Strafe, sondern einzig und allein ein Korrektiv ... um uns auf unsere eigenen Fehler hinzuweisen ... und uns auf den Weg der Wahrheit und des Lichts zurückzubringen, von dem wir nie hätten abkommen sollen.
Edward Bach

Der englische Bakteriologe Dr. Edward Bach (1886-1936) verkaufte im Alter von 41 Jahren Labor und Praxis, um sich ganz dem Studium menschlicher Persönlichkeitstypen und spezifisch heilender Blüten zu widmen. Bach unterschied sieben Hauptgruppen negativer Seelenzustände: Angst, Unsicherheit, ungenügendes Interesse an der Gegenwart, Einsamkeit, Überempfindlichkeit gegen Einflüsse und Ideen, Mutlosigkeit und Verzweiflung und übergroße Sorge um das Wohl anderer. Er behandelte sie mit Blütenextrakten von 38 verschiedenen wild wachsenden Pflanzen. Dahinter stand der Gedanke, daß menschliche Leiden von Charaktermängeln ausgelöst werden. Be-

stimmte Pflanzen haben – nach Bach – jedoch durch ihre hohe Schwingung die Kraft, »unsere Kanäle für die Botschaften unseres spirituellen Selbst zu öffnen und unsere Persönlichkeit mit den Tugenden, die wir nötig haben, zu überfluten«.
Beim Sammeln und Zubereiten der Blüten verließ Bach sich völlig auf seine Intuition.
Bachblüten müssen an einem sonnigen Tag gepflückt, drei Stunden lang in frisches Quellwasser gelegt und dem vollen Sonnenlicht ausgesetzt werden. Die so gewonnene Essenz konserviert man mit Alkohol und verdünnt (potenziert) sie später im Verhältnis 1:24. Frühjahrsblüten, bei denen die Sonnenwärme noch nicht ausreicht, um sie einzudampfen, kann man auch kochen. Normalerweise genügen wenige Tropfen zur Behandlung.

Bernd Dost, Heilung durch ganzheitliche Medizin, München 1995; Anita Höhne, Lexikon des Übersinnlichen, Frankfurt/M./Berlin 1996

Bäckerblume

Deutschlands bekannteste Kundenzeitschrift

Vollkorn- und Milchprodukte, aber auch Obst und Süßwaren sind als Zwischenmahlzeit gut geeignet.
Tip aus der Bäckerblume, Nr. 44, 1998

Die »Bäckerblume«, eine kostenlose Zeitschrift des Bäckerhandwerks für Bäcker, über Bäcker und für deren Kunden, gibt es seit 1953. Sie hat eine wöchentliche Auflage von 500 000 Exemplaren und liegt überregional in Bäckereien aus. Getauft wurde sie nach einer gleichnamigen Mehlsorte. Die Aufgabe einer Kundenzeitschrift ist Kundenbindung, und die betreibt die »Bäckerblume« mit Themen wie »Kleine Energielieferanten«, »Wohlfühlen mit Zimmerpflanzen«, »Etwas Süßes zwischendurch« und »Wie kann ich meine Immunabwehr verbessern«. Außerdem gibt es noch Verlosungen, einen Fortsetzungsroman, den Comic »Breadman«, ein Horoskop, ein Kreuzworträtsel und Kontaktanzeigen.

Redaktion der Bäckerblume

Balzer Herrgott

Wallfahrtsort und Ausflugsziel

> Doch sieh: Der Baum umfangen hält/ das vielverachtet Bild aus Stein/ und nimmt ihn ganz in sich hinein/ den Schmerzensmann und Herrn der Welt.
>
> FH (1955)

Im Hochschwarzwald steht auf dem Gipfel des Mörderlochs eine **Rotbuche** (Fagus silvatica) ungewissen Alters, in die ein spätgotisches Kruzifix eingewachsen ist. Wie es dazu kam, ist ungewiß. Verbürgt ist, daß gegen Ende des 19. Jahrhunderts der Winkel-Balzer (Balthasar) ein kleines Anwesen in der Nähe hatte, dessen Hofkreuz aus Eisen war und die sandsteinerne Christusfigur trug. Der Hof wurde – wie viele andere Schwarzwaldhöfe zu dieser Zeit – aufgegeben und verfiel.

Hier setzt die Legende ein: Am verfallenen Balzer-Hof hing noch immer das Kruzifix an der Hauswand. Eines Morgens schoß es ein Jäger, der von einer erfolglosen Pirsch heimkehrte, aus Wut herunter, wobei die Christusfigur Arme und Beine verlor. Ein Hirtenjunge erschrak über den Frevel, brachte das Kreuz mit dem Torso auf den Gipfel des Mörderlochs und lehnte es dort an den einzigen Laubbaum im ganzen Nadelwald. Der Baum überwuchs Kreuz und Jesusfigur, schloß sie in seinen Stamm ein und wuchs mit dem Herrgott in die Höhe.

Die Buche ist bis heute Wallfahrtsort und Ausflugsziel. Die Spannungskräfte des Holzes und die Witterung setzen der Sandsteinfigur jedoch zu.

Wolf Hockenjos, Begegnung mit Bäumen, Stuttgart 1978,
Peter Schille/Wilfried Bauer (Fotos), Deutschlandbilder 3/Grüne Patriarchen – Von den ältesten Bäumen der Bundesrepublik Deutschland, Stuttgart 1985

Baobab

Senegalesischer Wappenbaum

Als die Götter in Afrika die Lebewesen schufen, ordneten sie jedem Tier eine Pflanze zu. Von der Hyäne waren die Schöpfer so angewidert, daß sie den ihr zugedachten Baobab (Adonson digitata) mit den Wurzeln nach oben einpflanzten. Eine andere Legende berichtet, daß der Baobab frech zu den Gottheiten gewesen war und deshalb kroneunter in den Boden gesteckt wurde. Nach der Überzeugung vieler Bewohner der Sahelzone, in der der Baobab zu Hause ist, holt sich deshalb die Holzpflanze ihre Kraft auch nicht aus der Erde, sondern mit ihren wurzelähnlichen Ästen aus dem Himmel. Zu seinem übernatürlichen Image mag das erstaunliche Überlebenstalent des auch Affenbrotbaum genannten Wollbaumgewächses beigetragen haben.

Dürren übersteht der Baobab, indem er seine Blätter abwirft und so die durch eine dicke Rinde geschützte Innenflüssigkeit im weichen und porösen Holz seines Stammes speichert. In der Regenzeit können Rinde und Holz eines Baobab über 100 Tonnen Wasser aufnehmen. Dabei ist ein Affenbrotbaum meist nur zwischen zwölf und achtzehn Meter hoch, dafür allerdings sehr dick – bis zu neun Meter

Stammesdurchmesser. Selbst Feuer kann ihm nur wenig anhaben. Solange er noch einige funktionstüchtige Wurzeln hat, treibt er beim nächsten Regen wieder aus. Sein Samenöl, Holz, Bast und Fruchtmark machen menschliches Überleben in der Sahelzone überhaupt erst möglich. Darum bringen die Menschen der kargen Gegend dem Affenbrotbaum großen Respekt entgegen und geben ihm Ehrennamen wie »**König der Savanne**« oder »**Kamel unter den Bäumen**«. Die Republik Senegal, dessen Nordlandschaft zur Sahelzone gehört, hat dem widerstandsfähigen Baum in ihrem Staatswappen sogar ein heraldisches Denkmal gesetzt. Mittlerweile ist der Charakterbaum der Savanne jedoch durch den Raubbau, den die ständig zunehmende Bevölkerung an seinen Beständen treibt, von der Ausrottung bedroht.

Jan Knappert, Lexikon der afrikanischen Mythologie, München 1997, Bernhard Borgeest, Ein Baum und sein Land, Reinbek 1997; Igor Akimuschkin, Launen der Natur, Leipzig/Moskau 1988

Barbarazweige

Adventliches Grün

Die Germanen holten sich am Winteranfang grüne Zweige von Bäumen und Büschen, taten sie in Wassergefäße und stellten sie in ihre Hütten und Ställe. Sie glaubten, daß bestimmte Pflanzen deswegen ein zweites Mal im Jahr Blüten treiben, weil sie nach dem Ende des Jahres einen Neubeginn des Naturzyklus ankündigen wollen. Wenn etwa drei Wochen nach dem Schnitt zur Wintersonnenwende tatsächlich Blüten trieben, galt das als gutes Omen für die Fruchtbarkeit des kommenden Jahres. Die christliche Kirche übernahm, wie so oft bei heidnischen Sitten, den Zweigbrauch und verformte ihn in ihrem Sinne. Der blühende Zweig wurde mit der Wurzel Jesse (→ **Jesse-Baum**) in Zusammenhang gebracht, aus der gemäß der Prophezeiung Jesajas Blüte und Frucht, also Jesus Christus, entsprang. Es

wurde üblich, die Zweige am 4. Dezember, dem Tag der heiligen Barbara, zu schneiden und ins Haus an einen warmen Platz zu stellen, um Blüten zum Christfest zu haben. Der Legende nach war Barbara eine christliche Märtyrerin, deren Kleid sich auf dem Weg in die Todeszelle in einem Zweig verfangen hatte. Sie soll diesen Zweig in einen Krug mit Wasser gestellt haben. An ihrem Hinrichtungstag, so erzählt die fromme Mär, blühte das Ästlein auf. Heidnisches Orakeldenken hat sich beim Barbarazweig bewahrt. Gelingt es einer ledigen Frau, ihn zum Blühen zu bringen, so gilt das bis heute als sicheres Zeichen für eine bevorstehende Hochzeit.
Die Barbarazweige waren ursprünglich vor allem **Apfelbaumzweige**, heute werden **Kirschzweige** bevorzugt. Aber auch andere Obstbaumsorten, **Flieder**, **Mandel**, **Linde** und **Forsythie**, werden gern genommen. Insbesondere in den vom Bergbau geprägten Gegenden wurde um die Zweige der Schutzpatronin der Bergleute herum ein wahrer Kult getrieben. Sie wurden oft zu kunstvollen, reichgeschmückten Gestecken arrangiert, die mancherorts vom Zimmerboden bis zur Decke reichten und als Vorläufer des → **Weihnachtsbaums** gelten können.

Bruno Moser, Bilder, Zeichen und Gebärden. Die Welt der Symbole, München 1986; Helga Maria Wolf, Das Brauchbuch Wien 1992; Hermann Kirchhoff, Christliches Brauchtum, München 1995

Barnacle Goose Tree

Gänsebaum

Toong, toong!
Laut der Bernikelgans

In volkstümlichen Abbildungen, auf Bierflaschenetiketten und Markenemblemen von Camembertpackungen werden Mönche gern als wohlbeleibte Genußmenschen dargestellt. Nicht ganz zu Unrecht.

Mit Ausnahme einiger vollkommen weltabgewandter Ordensgeistlicher haben Mönche und Nonnen es meist gut verstanden, religiöses Fasten und kulinarischen Genuß zu vereinbaren. Ein klassisches Beispiel für die weite Auslegung katholischer Eßvorschriften stellt der Fall der Bernikelgans (engl.: Barnacle Goose) dar. Insbesondere auf den Britischen Inseln wurde die Bernikelgans, ein ganz normaler Schwimmvogel, fastenrechtlich nicht als fleischliches Geflügel, sondern als Mittelding zwischen einer Baum- und einer Meeresfrucht eingeordnet. So konnten Kleriker und nach deren Vorbild auch die dankbare Laienschaft in Zeiten rituellen Fleischverbots mit guten Gewissen fetten Gänsebraten genießen. Angeblich schlüpften die jungen Bernikelgänse aus Entenmuscheln (engl.: Barnacles), die nach allgemeiner Überzeugung Früchte des Barnacle Goose Trees waren. Dieser Baum wurde mal auf den Orkney-Inseln, mal vor der Küste von Lancashire lokalisiert. Grundlage für den pfiffigen Aberglauben war wohl die Tatsache, daß sich die eiförmigen Entenmuscheln oft an Pfählen im Watt ansiedeln. Der Umstand, daß auf diesen Pfählen manchmal auch rastende Wildgänse zu beobachten sind, mag die Mär vom vogelgebärenden Baum glaubhaft gemacht haben.

Erich Rutschke, Die Wildgänse Europas, Berlin (DDR) 1987; Quentin Cooper/Paul Sulivan, Maypoles, Martyrs & Mayhem, London 1994

Baukis und Philemon

Baumgewordenes Ehepaar

Seit der griechischen Antike gilt die Lebensgemeinschaft von Baukis (die Zärtliche) und ihrem Gatten Philemon (der Liebende) als Personifikation für Liebe und Treue in der Ehe. In Ovids »Metamorphosen« fallen sie den Göttern Zeus und Hermes positiv auf, die in der Verkleidung einfacher Wanderer auf die Erde gekommen sind, um die sittliche Verfassung der Menschen zu prüfen. Die verdeckten In-

spektoren finden die Menschheit durchweg verroht, unhöflich und wenig gastfreundlich. Nur in Phrygien werden sie von Baukis und Philemon willkommen geheißen und freundlich bewirtet. Das arme Bauernpaar will sogar seine einzige Gans für die unerwarteten Gäste schlachten. Zur Belohnung verschont die göttliche Sintflut, die bereits begonnen hat, alles zu überschwemmen und die nichtsnutzige Menschenbrut zu vernichten, das Heim der beiden Alten. Zeus verwandelt die Strohhütte in einen prächtigen Tempel und gibt seinen Gastgebern einen Wunsch frei. Baukis und Philemon wünschen sich, ihren Lebensabend als Priesterin und Priester in dem neuentstandenen Tempel zu verbringen und danach gemeinsam sterben zu dürfen, damit keiner von beiden den anderen in Trauer zurücklassen muß. Der gerührte Göttervater entspricht dieser Bitte, und nach dem gemeinsamen Ableben des greisen Liebespaars werden Baukis und Philemon in zwei ineinanderverschlungene Bäume verwandelt: Philemon in eine Eiche und Baukis in eine Linde (Linden und Eichen stehen in der Natur tatsächlich oft nebeneinander).
Neuzeitliche Autoren benutzten den zu Herzen gehenden Stoff in ihren Werken, z. B. Haydn in seiner Puppenoper »Philemon und Baucis« (1773) oder Goethe im fünften Akt von »Faust II« (1832).

H. Hunger, Lexikon der griechischen und römischen Mythologie, Wien 1959; Michael Grant/John Hazel, Lexikon der antiken Mythen und Gestalten, München 1996

Baum der Dreifaltigkeit (Adams Baum)

Hoffnungsträger

Nach der christlichen Bearbeitung einer jüdischen Legende schickt Adam, als er den Tod nahen fühlt, seinen Sohn Seth zum Garten Eden, um von dort heilbringendes Öl zu holen. Gartenwächter Erzengel Michael bescheidet Seth aber, daß die Versöhnung zwischen Gott und dem Geschlecht Adams noch einige Jahrtausende auf sich warten lassen wird und es deshalb auch kein lebensverlängerndes Öl für seinen Vater gibt. Als Zeichen der zukünftigen Harmonie zwischen Himmel und Menschheit bekommt Seth aber immerhin drei Samen vom → **Baum der Erkenntnis** mit auf dem Weg, die er seinem sterbenden Vater unter die Zunge legen soll. Über diese drei Samen freut sich Adam so sehr, daß er zum ersten Mal seit der Vertreibung aus dem Paradies lacht. Drei Tage später stirbt er und wird, die Samen immer noch unter der Zunge, von Seth im Hebrontal bestattet. Nach einer zweiten Variante erhält Seth einen Zweig vom Baum der Erkenntnis und pflanzt diesen auf das Grab seines Vaters. Aus Adams Grab wachsen drei Bäume, die frühchristliche Theologen als Symbol für die Dreifaltigkeit Gottes ansahen: eine Zeder (Vater), eine Zypresse (Sohn) und eine Pinie oder Palme (Heiliger Geist). Ihre Stämme wachsen ineinander und bilden bald einen einzigen, paradiesisch duftenden Baum. Moses schnitzt sich aus dem Dreifaltigkeitsbaum den Stab, mit dem er Wasser aus einem Felsen schlägt und das Rote Meer teilt. Später verpflanzt er den heiligen Baum auf den Berg Tabor. Der Baum taucht in zahlreichen weiteren Legenden auf. Aus ihm soll angeblich das Holz für das Kreuz Christi geschlagen worden sein.

Martin Bocian, Lexikon der biblischen Personen, Stuttgart 1989; Jacques Brosse, Mythologie der Bäume, Olten/Freiburg i.B. 1990

Baum der Erkenntnis

Baum der Versuchung

Beiß nicht gleich in jeden Apfel!
Wencke Myrhe

Adam und Eva könnten noch immer sorgenfrei im Garten Eden leben, wenn nicht der Drang nach Erkenntnis in ihnen, insbesondere in Eva, gewesen wäre. Gott hatte seinen beiden Menschengeschöpfen erlaubt, von allen Früchten des Paradieses inklusive denen des → **Baums des Lebens** zu essen, nur nicht vom Baum der Erkenntnis von Gut und Böse (1.Buch Mose 3,1-10). Die satanische Schlange überzeugte Eva, daß Gott dieses Verbot nicht wirklich ernst gemeint hatte. Mit dem Biß in eine verbotene Frucht würden Eva und Gatte genauso klug wie Gott und damit ihm gleich werden. Tatsächlich brachte ihnen dieser Biß die Erkenntnis, daß sie nackt und sündhaft waren: Aus war es mit der paradiesischen Unschuld, und **Feigenblattschurze** mußten her. Aus den Schurzen wurden auf den bildlichen

Darstellungen der Sündenfallgeschichte merkwürdigerweise Einzelblätter. Das gotteslästerliche Vergehen von Adam und Eva endete mit der Verweisung aus dem Paradies und der seitdem dauernden Sehnsucht der Menschheit, dorthin zurückzugelangen.
In der Bibel wird der Baum der Erkenntnis (oder **Baum der Versuchung**) nicht näher beschrieben. Von manchen Kommentatoren wird er als Granatapfel- oder als Feigenbaum bezeichnet. In einer islamischen Legende wird er als goldsilberner Weizenbaum mit 35 straußeneiergroßen weißen Weizenkörnern besungen. Adam und Eva durften die nach ihrem Sündenfall verbliebenen Körner mit in die Verbannung nehmen und wurden Getreidebauern. Die Körner wurden wegen der Erbsünde nach jeder Ernte kleiner, bis sie das aktuelle Format erreicht hatten. Möglicherweise weil die lateinischen und griechischen Bezeichnungen für Apfel auch fast jede andere Baumfrucht meinen können, wird heute im christlichen Kulturkreis meist ein Apfelbaum als Baum der Erkenntnis vermutet. Dabei mag die uralte Bedeutung des Apfels als Fruchtbarkeits- und Lustsymbol eine Rolle gespielt haben.
Im botanischen Sinne sind mit **Paradiesäpfeln** die winzigen Früchte des im östlichen Mittelmeerraums heimischen Wildapfelbaums (Malus sylvestris ssp. mitis var. paradisiaca) gemeint. In Österreich allerdings versteht man unter Paradiesäpfeln oder **Paradeisern** höchst gewöhnliche Tomaten.

Dorothee Forstner, Die Welt der christlichen Symbole, Innsbruck 1973; Manuela Martinek, Wie die Schlange zum Teufel wurde. Die Symbolik in der Paradiesgeschichte, Wiesbaden 1996; Gertraud Meinel, Himmlische Gärten, Freiburg i.B./Basel/Wien 1996

Baum des Lebens (Lebensbaum, Baum des Mitleids)

Existenzsichernder Paradiesbaum

Wer überwindet, dem will ich zu essen geben von dem Holz des Lebens, das im Paradies Gottes ist.
Offenbarung 2,7

Nach der biblischen Überlieferung gibt es im Garten Eden eine große Anzahl von Bäumen. Lediglich zwei dieser Bäume werden näher bezeichnet: der → **Baum der Erkenntnis** und der Baum des Lebens (1. Buch Mose 2,9). Der Lebensbaum steht in der Mitte des Paradiesgartens und der Genuß seiner Früchte hätte der zweiköpfigen Urbevölkerung ewige Jugend beschert. Bekanntlich konnten Adam und Eva sich nicht zusammenreißen und mußten deshalb zur Strafe das Paradies verlassen, damit der Mensch »nicht ausstrecke seine Hand und breche auch von dem Baum des Lebens und esse und lebe ewiglich« (1. Buch Mose 3,22). Ohne Obst vom Lebensbaum waren Arbeit, Alter, Siechtum und Tod die Konsequenzen des Ungehorsams. Vor dem Paradies steht seitdem Erzengel Michael mit dem Flammenschwert, der die Rückkehr der Menschen verhindert (→ **Baum der Dreifaltigkeit**). Der Lebensbaum taucht in der Bibel auch im Neuen Testament auf. In der Apokalypse wird er als endgültiger Siegespreis für die Seligen genannt (Offenbarung 2,7; 22,2).
Die Vorstellung von einem Baum als Sinnbild des Lebens ist uralt und in vielen Kulturen zu finden. Seine meist mehrere menschliche Generationen überdauernde Lebenszeit und der ständige Wechsel von scheinbarem Abgestorbensein im Winter und Lebenskraft in den warmen Jahreszeiten sind Motive zahlloser Sagen und Legenden um Leben, Tod und Wiedergeburt. Nach dem babylonischen Gilgamesch-Epos dürfen nur die Götter vom todverhindernden Baum essen. Der extrahierte Pflanzensaft des mystischen iranischen **Haoma-Baum**s verleiht dagegen auch Nichtgöttern ewiges Leben. Eine ähnliche

Funktion hat der chinesische **Baum des Süßen Taus**, der auf dem Gipfel des heiligen Berges Kwan-lun wächst. Im Christentum wurde der Lebensbaum mit dem Kreuz Christi in Verbindung gebracht oder sogar gleichgesetzt. Das Kreuzbaum-Symbol der körperlichen und spirituellen Nahrung taucht, oft bis zur Unkenntlichkeit verändert, in unzähligen christlichen Darstellungen und Ornamenten auf.
Botanisch gibt es zwei Gattungen von Lebensbäumen, die zu den Zypressengewächsen gehören. In Europa ist besonders der bis zu 20 Meter hohe **Abendländische Lebensbaum** (Thuja occidentalis) als immergrüne Park- und Friedhofspflanze beliebt.Der in Nordamerika beheimatete Abendländische Lebensbaum mit den kleinen Schuppenblättern kam bereits 1540 nach Europa. Eines der ersten Exemplare wurde damals im französischen Königsgarten von Fontainebleau eingepflanzt. Eine Zeitlang galt der **Lebensbaum von Fontainebleau** den Zeitgenossen als wundertätige Reinkarnation des biblischen Baums.

Reclams Bibellexikon, Stuttgart 1987; Jacques Brosse, Mythologie der Bäume, Olten/Freiburg i.B. 1990; Friedrich Sander, Hoch und heilig, Königsbach-Stein 1993; Gertraud Meinel, Himmlische Gärten, Freiburg i.B./Basel/Wien 1996

Bavaria-Buche

Dekorativer bayerischer Baum

> Dieses Naturdenkmal ... das die seltene Form eines Steinpilzes hat und von außerordentlicher Schönheit ist, soll schätzungsweise 900 Jahre alt sein.
>
> Ortschronik von Pondorf

Tatsächlich werden Buchen selten älter als 300 Jahre, und so wird auch der Pondorfer Heimatbaum im fränkischen Jura kaum älter sein. Aber das mit der Schönheit stimmt, obwohl die Wetterseite etwas plattgedrückt ist. Ganz allein steht die Bavaria-Buche auf weiter

Flur. Der Stamm hat einen Umfang von acht Metern, und jemand hat eine Tafel mit der Patrona bavariae daran befestigt.
Ihren Namen verdankt die Bavaria-Buche Pondorfer Auswanderern, die sich in ihrer neuen Heimat der Buche als Sinnbild ihrer Herkunft versicherten.

Peter Schille/Wilfried Bauer (Fotos), Deutschlandbilder 3/Grüne Patriarchen – Von den ältesten Bäumen der Bundesrepublik Deutschland, Stuttgart 1985

Bella Donna

Siehe **Tollkirsche**

Big Apple

New York

If You can make it there, You'll make it everywhere ...
Frank Sinatra, New York, New York

Warum New York auch »Big Apple« genannt wird, ist selbst vielen New Yorkern ein Rätsel und wird mit den abenteuerlichsten Vermutungen beantwortet.
Der Ausdruck stammt aus den 20er und 30er Jahren. Wenn damals ein Jazzmusiker »Let's go to the Big Apple« sagte, dann meinte er damit, daß er den Durchbruch in New York schaffen wollte. Diese Metapher soll angeblich auf einen angesagten New Yorker Jazzclub zurückgehen. Im »Big Apple«aufzutreten war das Ziel aller Jazzer aus New Orleans und anderswo. New York *war* der »Big Apple«. Auch als es den Club schon längst nicht mehr gab.
1971 verwendete Charles Gillett, der Präsident des Tourismus-Büros, den Ausdruck für eine Werbekampagne. »Big Apple« klang nicht nur

gut, sondern konnte auch visuell hervorragend umgesetzt werden. Und so prangt der rotbackige Apfel bis heute auf T-Shirts, Plastiktüten und Zeitschriftentitel. Zu Silvester schwebt sogar eine tonnenschwere, hellerleuchtete Big-Apple-Skulptur am Times Square auf die New Yorker nieder.

Gisela M. Freisinger, New York. Das Insiderlexikon, München 1990; telefonische Auskunft des amerikanischen Konsulats in Hamburg

Bilsenkraut

(Hyoscyamus [niger])

Bilsenkraut gehört zu den Nachtschattengewächsen. Es gibt drei verschiedene Arten, aber zur Anwendung ist hauptsächlich das Schwarze Bilsenkraut (Hyoscyamus niger) gekommen, eine klebrige und stinkende Giftpflanze, die bei uns sehr selten ist und gern auf

Schutthaufen blüht. Die Blütenkrone ist schmutziggelb und von violetten Adern durchzogen. Die Früchte sind mit Samen gefüllte Deckelkapseln. **Tollkraut** oder **Teufelsbeutel**, **Dulldill**, **Dullkraut**, **Drachenkraut** und noch viel absonderlicher wurde das Gewächs je nach Region genannt.
Bilsenkraut betäubt das periphere Bewußtsein und verursacht einen tranceähnlichen Zustand und Sinnestäuschungen, gefolgt von einem unwiderstehlichen Schlafbedürfnis.
Diese Wirkung machte das Bilsenkraut zum Bestandteil von Hexensalben, die bereits in der Antike Verwendung fanden, uns aber eher aus dem Mittelalter ein Begriff sind. Möglicherweise bildeten die Anwenderinnen sich im akuten Vergiftungsstadium ein, durch die Luft zu fliegen und mit dem Teufel zu tanzen – und hielten ihre Drogenerfahrungen für real. Wahrscheinlicher ist, daß die sexuell gefärbten Flug- und Teufelsabenteuer der verklemmten Phantasie der Inquisitoren entsprangen.
Als Zauberpflanze war das Bilsenkraut ähnlich beliebt wie die → **Alraune**, und der Aberglaube schrieb fast die gleichen Vorsichtsmaßregeln für das Herausziehen vor, nur sollte man einen Vogel statt eines Hundes verwenden.
Als Schmerzmittel taucht das Bilsenkraut bereits in einem altbabylonischen Rezept auf. Heute wird sein isolierter Hauptstoff, das stark muskelerschlaffend wirkende Scopolamin, in der Psychiatrie als »chemische Zwangsjacke« eingesetzt.
Neben Medizin und Zauberei fand das Bilsenkraut als Gift Verwendung. In Litauen hieß es **Altsitzerkraut**, weil man die unnützen Fresser auf dem Altenteil angeblich mit seiner Hilfe umbrachte. Gegen Ende des 17. Jahrhunderts rottete die Marquise de Brinvilliers ihre gesamte Familie aus, indem sie ihren Verwandten eine Mischung aus Arsen und Bilsenkraut verabreichte. Die Wirkung hatte sie zuvor erfolgreich am gemeinen Pöbel getestet.
Übrigens wurde Bilsenkraut bis ins 19. Jahrhundert auch vielfach dem Bier zugesetzt. Manche behaupten sogar, die böhmische Bier-

stadt Pilsen habe ihren Namen vom Bilsenkraut, das dort für die Brauerei extra angebaut worden sein soll.

Christian Rätsch, Heilkräuter der Antike, München 1995; Harald Nielsen, Heilpflanzen, München 1983; Gerd und Marlene Haerkötter, Hexenfurz und Teufelsdreck, Frankfurt/M. 1987; Gerd Haerkötter/Thomas Lasinski, Das Geheimnis der Pimpernuß, Frankfurt/M. 1989; Hanns Bächtold-Stäubli:Handwörterbuch des deutschen Aberglaubens, Berlin/New York 1927/1986

Binsen

Sprichwörtlich gewordenes Sumpfgras

Zur Pflanzenfamilie der Junkazeen gehören ca 300 grasähnliche Arten, die meist auf sumpfigem Boden wachsen und von denen sich viele zum Matten-, Korb- oder Zierflechten eignen. Umgangssprachlich wird die Gesamtheit grasförmiger Pflanzen auf einem Sumpfgebiet als Binsen bezeichnet, auch das **Schilfrohr**. Die Redensart »In die Binsen gehen« für »verlorengehen« stammt aus dem 19. Jahrhundert und bezieht sich vermutlich auf die Entenjagd. Eine Ente, die sich ins Röhricht flüchtet, ist für den (hundelosen) Jäger unerreichbar.
Möglicherweise kommt der Ausdruck auch aus der Landwirtschaft und meint eine Wiese, die durch unaufhaltsamen Binsenbewuchs Wertverlust erleidet.
Die Binsenwahrheit (oder Binsenweisheit), die etwas Selbstverständliches oder Allgemeinbekanntes meint, ist eigentlich eine »binsenglatte« Wahrheit. Auch dieser Ausdruck kommt aus dem 19. Jahrhundert und geht auf eine lat. Redewendung zurück, die bereits von den römischen Komödiendichtern Terenz (195-159 v. Chr.) und Plautus (vor 241-183 oder 184 v. Chr.) benutzt wurde: »Nodum in scirpo quaerere« = einen Knoten (also nicht vorhandene Schwierigkeiten) an der Binse suchen.

Binsen (Schilfhalme) spielen auch in den Sagen des klassischen Altertums eine Rolle. Hier hütet König Midas unter einem gewaltigen Turban das Geheimnis, daß Apollon ihm seine Ohren zu Eselsohren langgezogen hat. Eingeweiht ist nur der Diener, der Midas die Haare schert. Der geschwätzige Friseur platzt beinahe, weil er nichts weitererzählen darf. In seiner Not gräbt er ein Loch in die Erde, flüstert, was ihm auf Herz und Zunge liegt, hinein und schüttet das Loch wieder zu. Genau an dieser Stelle entsteht jedoch ein Wald von Schilfrohr, und bei Wind flüstern sich die Halme zu: »König Midas hat Eselsohren.« Da war aus dem Geheimnis schnell eine Binsenweisheit geworden.

Der große Brockhaus, Wiesbaden 1953; Der Duden, Bd. 7, Herkunftswörterbuch, Mannheim 1963; Kurt Krüger-Lorenzen, Deutsche Redensarten – und was dahintersteckt, Düsseldorf/Wien 1986; Gustav Schwab: Sagen des klassischen Altertums, Wien/Heidelberg o. J.

Biollante

Superpflanze mit Godzilla-Genen

> Ich werde keine weiteren Genmanipulationen vornehmen. Biollante hat mir eine Lektion erteilt.
>
> Biollantes Schöpfer

Das japanische Filmmonster Godzilla (eigentlich Gojira) hat im Laufe seines bald fünfzigjährigen Lebens nicht nur diverse japanische Großstädte zerstört, sondern auch gegen immer neue Gegner, wie Flugsaurier, Riesenmotten oder den Affen King-Kong, gekämpft. Im 17. Godzilla-Film, »Godzilla, der Urgigant« (Godzilla tai biolante, Japan 1989, Regie: Kazuki Omori), hat ein Wissenschaftler die Gene der Monsterechse mit denen einer Rose gekreuzt. Das Ergebnis ist die Superpflanze Biollante. Biollante ist 85 Meter hoch (später sogar 120 Meter) und 100 000 (bzw. 200 000) Tonnen schwer. Sie besteht aus einer verschlungenen braunen Knolle, auf deren Spitze eine verhältnismäßig kleine, aber immer noch gigantische Rosenblüte sitzt. Zwei schlaffe Blätter hängen von der Knolle herunter. Das sieht ein bißchen so aus, als würde sie Männchen machen. Ihr Schöpfer behauptet kühn und unwidersprochen, »Biollante« sei in der nordischen Mythologie eine Bezeichnung für die Seele der Pflanzen. Seine Schöpfung habe jedoch eine menschliche Seele – die seiner vor fünf Jahren gestorbenen Tochter.

Biollante erwürgt zuerst zwei Spione, die in das Genlabor eingebrochen sind, und macht sich dann in einem Tokioer See sehr breit. Mit fiependem Walfischgesang lockt sie Godzilla zum Kampf. Hierbei benutzt sie ihre bisher unter Wasser verborgenen Fangarme. An deren Ende sitzen Schnappmäuler, die den Verdacht aufkommen lassen, in dieser Pflanze seien auch noch ein paar Gene der → **Venusfliegenfalle** enthalten. Zunächst bekommt Biollante von Godzilla eins auf die Mütze und geht in Flammen auf. Da sie aber dank der Godzilla-Gene unsterblich ist, bricht sie am Ende des Films noch einmal aus dem Erdboden. Diesmal sieht ihr Kopf nicht wie eine Rosenblüte aus, sondern wie der Kopf eines pflanzlichen Wildschweins, und Biollante spuckt auch noch goldene Funken. Der ohnehin durch antinukleare Bakterien geschwächte Godzilla verliert den zweiten Kampf und wird ohnmächtig. Schließlich kehrt er zurück ins Meer. Biollante löst sich in einen goldenen Sternschnuppenschweif auf und verschwindet ins All. Nicht ohne zuvor das Porträt von Michiko, der Tochter des Wissenschaftlers, an den Himmel zu projizieren.

CINEMA, Nr. 9/1998; TV Today, Nr. 18/1998; »Godzilla, der Urgigant« (Godzilla tai biolante, Japan 1989, Regie: Kazuki Omori); Wolfgang Ueding, »Urschrei-Therapie«, in: Freunde fürs Leben, Essen 1996

Der Birnbaum des von Ribbeck auf Ribbeck im Havelland

In die Literatur eingegangener Obstbaum

> ... und kam die goldene Herbsteszeit/ und die Birnen leuchteten weit und breit/ da stopfte, wenn's Mittag vom Turme scholl,/ der von Ribbeck sich beide Taschen voll,/ und kam in Pantinen ein Junge daher,/ so rief er: »Junge, wiste 'ne Beer?«
>
> Theodor Fontane

Generationen von Schulkindern sind mit dem Auswendiglernen des Gedichtes »Herr von Ribbeck auf Ribbeck im Havelland« gequält worden, was Achim Reichel nicht davon abhielt, es 1978 auf seiner LP »Regenballade« zu vertonen. Theodor Fontane schrieb die Birnenballade 1889 nach einer Sage. Demnach war der Herr von Ribbeck auf Ribbeck (1689-1759) recht großzügig, zumindest im Verteilen der Birnen, die er in seinem Park erntete. Und als »lobesam der von Ribbeck auf Ribbeck zu sterben kam« soll er um »eine Birne mit ins Grab« gebeten haben. Aus der wuchs wieder ein **Birnbaum** (Pirus communis), der kräftig trug, so daß Herr von Ribbeck noch über seinen Tod hinaus Birnen verteilte.

Diesen zwischen Kirchturm und Kirchenschiff gewachsenen Baum fällte 1911 ein Orkan. Seine Früchte sollen allerdings auch bloß saure »Kodden« gewesen sein. Wer heute in das ein paar Kilometer nordwestlich von Nauen gelegene Ribbeck fährt, findet an der Kirchenmauer einen kleinen Birnbaum-Wildling. Um Fontane-Touristen zu erfreuen, wurden künstliche Früchte in seine Zweige gehängt, was zur Folge hatte, daß man die Kunststoffbirnen immer wieder abgerissen auf dem Boden fand. Mitunter sogar mit Bißspuren. Solcherart enttäuschte Obstfreunde können sich jedoch mit einem Stück Birnenkuchen im Garten des Pfarrhauses trösten.

Im Garten des Ribbeckschen Herrenhauses, das nicht mit dem »Doppeldachhaus« aus der Ballade identisch ist, sondern erst 1821 erbaut wurde und heute ein Altersheim beherbergt, ist 1990 wieder ein Birnbaum gepflanzt worden.

Kathrin Wolf/Dierk Heerwagen, Entdeckungen entlang der Havel, Berlin 1994; Hanne Bahra, Der Reisebegleiter. Brandenburg Nord, Berlin 1991

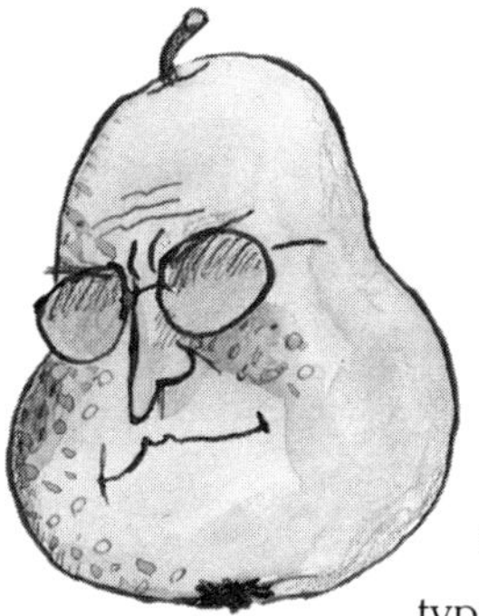

Birne
(Le roi-poire)

König und Kanzler

Birne muß Kanzler bleiben
»Titanic« 1983

Ernährungswissenschaftler unterscheiden zwei Grundtypen von dicklichen Menschen: **Birnen** und **Äpfel**. Ernährungswissenschaftlich sind Birnen Menschen, bei denen sich das Übergewicht auf den ganzen Körper verteilt. Äpfel dagegen sind nach dieser Bezeichnungslehre Dicke mit relativ dünnen Beinen, Armen und Hinterbacken, die ihre Fettpäckchen fast ausschließlich am Oberkörper und am Bauch zu tragen haben. Seine in der Körpermitte zentrierte Stattlichkeit läßt danach den deutschen Ex-Bundeskanzler Helmut Kohl zur Gruppe der Äpfel gehören. Dennoch wird er als Birne in die Geschichte der Spottnamen eingehen. Dem Satiriker Robert Gernhardt zufolge fand die Erbirnung von Helmut Kohl in der Redaktionsstube der Lästerzeitschrift »Titanic« statt.1980 bespöttelte das Blatt den Kanzlerkandidaten aus Oggersheim in einem Nebensatz als »birnenförmigen Pfälzer Provinz-Generalisten«. Das Attribut wird im Februarheft 1982 zur »Birne« substantiviert, ist schlagartig in aller Munde und wird von der realen Titularbirne zunächst säuerlich als »einer dieser schlechten Witze, die Spitzenpolitiker ertragen müssen« kommentiert. Die üblicherweise bei ihrer Wahlkampfgestaltung eher wenig originelle CDU instrumentalisierte bei den Wahlen 1987 die Birne geschickt für ihre Zwecke um. Buttons der Jungen Union mit »I like Birne« und ein launiger Kanzler, der in Hochglanzanzeigen in die saftige Baumfrucht schmatzte, verdarben Anti-Kohlisten den Spaß an der Birnenbezeichnung.

Ein anderer Staatsführer ist weit weniger einfallsreich mit dem obstigen Namensspott umgegangen. Die Urbirne ist von dem französischen Graphiker Charles Philippon (1802-1862) entwickelt worden. Philippon verteidigte sich 1831 in einem Majestätsbeleidigungsprozeß, daß man in jeder beliebigen Gesichtskarikatur, wenn man denn wolle, das Ponem des regierenden »Bürgerkönigs« Louis Philippe (1773-1859) erkennen könne und somit niemand vor der willkürlichen Anklage beleidigter Majestät sicher sei. Als Beweis zeichnete er eine Birne mit Augen, Mund und Nase, bei der eine gewisse Ähnlichkeit mit dem königlichen Kopf erkennbar war. Das Gericht verurteilte ihn trotzdem, und Philippon veröffentlichte 1832 die Birnen-Karikatur, was prompt zu einem neuen Prozeß führte. Dem eingeschnappten Monarchen Louis Philippe brachte seine Humorlosigkeit den Hämenamen »Le roi-poire« ein. Schlüssigerweise wurde sein Sturz durch die Februarrevolution 1848 als Abfallen einer faulenden Birne vom Baum graphisch umgesetzt.

Heinz Küpper, Illustriertes Lexikon der deutschen Umgangssprache, Bd.1, Stuttgart 1982; Der Spiegel, Nr.26/1984, S. 42 ff.; Ulrich Greiner (Hrsg.), Meine Jahre mit Helmut Kohl, Mannheim 1994

Bitterer Reis

Neorealistisch-melodramatischer Film

In »**Riso Amara**« (Regie: Giuseppe de Santis, Italien 1949), so der Originaltitel der Sozialromanze, sind die Reisfelder im italienischen Podelta der Hintergrund für die unglücklich endende Liebesgeschichte zwischen der Landarbeiterin Silvana (Silvana Mangano) und einem Dieb (Vittorio Gassman).
Seinen großen Publikumserfolg verdankt der Film weniger der realistischen Schilderung der harten Arbeits- und Lebensbedingungen der Saisonarbeiterinnen, als vielmehr deren hochgeschürzten Röcken und der Oberweite der Hauptdarstellerin. So wurde »bitterer Reis« in der Bundesrepublik eine Zeitlang zum umgangssprachlichen Ausdruck für große Busen.

Dieter Krusche: Reclams Filmführer, Stuttgart 1973/1991;
Lexikon des Internationalen Films, Reinbek 1987

Blaue Blume

Symbol der romantischen Dichtung

> Er sah nichts als die blaue Blume und betrachtete sie lange mit unnennbarer Zärtlichkeit
>
> Novalis, Heinrich von Ofterdingen

In dem unvollendet gebliebenen Roman »Heinrich von Ofterdingen« (1802) beschreibt Novalis (Friedrich Freiherr von Hardenberg, 1772 bis 1801), wie ein junger Mann im (christlich verklärten) Hochmittelalter durch Welterfahrung zum Dichter reift. Das Wesen der Dichtung wird im Roman durch die blaue Blume symbolisiert. Diese blaue Blume wurde zum allgemeinen Symbol für romantische Dichtung und ihrer ins Unendliche gerichteten Sehnsucht. Novalis hat das Motiv der deutschen Sagenwelt entnommen. Dort heißt es, daß derjenige, der die blaue Blume findet und mitnimmt, mit ihrer Hilfe den Eingang zu verborgenen Schätzen entdecken wird. In dem Grimmschen Märchen »Jorinde und Joringel« gibt es eine ähnlich geartete Pflanze, eine blutrote Blume, die erst gefunden werden muß und mit deren Hilfe Joringel Pforten aufsprengt und Jorinde befreit. Die blaue Blume aus der Sagenwelt legt sich selbst den Namen Vergißmeinnicht bei. Das heißt aber nicht, daß es sich bei der Wunderpflanze um das beliebte, hellblaue **Vergißmeinnicht** (Myosotis) aus dem Garten handelt. Umgekehrt wird ein Schuh daraus: Das Vergißmeinnicht hat sich seinen romantischen Namen aus der Mythologie entliehen.

Novalis, Werke, Bd. 1, München/Wien 1978, Georg Büchmann, Geflügelte Worte, Berlin 1914; Der große Brockhaus, Wiesbaden 1957

Blaue Kornblume

Deutsch-österreichisches Politsymbol

Bei seinem Bericht über die Eröffnungssitzung des österreichischen Abgeordnetenhauses im Sommer 1907 verglich der deutsche Botschafter den Einzug der Parlamentarier mit einem Blumenkorso. Nicht nur die roten und weißen Nelken, die die sozialdemokratischen bzw. christlichsozialen Volksvertreter trugen (→ **Rote Nelke**, → **Weiße Nelke**), fielen dem Diplomaten ins Auge, sondern auch das Blau von zahlreichen Kornblumen in den Knopflöchern der meisten Abgeordneten deutschliberaler Gruppierungen.
Ursprünglich hatten die Deutschliberalen der Habsburgermonarchie sich parteisymbolisch am Schwarzrotgold der Paulskirche orientiert. Im letzten Viertel des 19. Jahrhunderts setzte sich im nationalliberalen Lager jedoch die blaue Kornblume durch. Sie war nicht nur ein Zeichen zur Abgrenzung von anderen politischen Strömungen, sondern auch Kampfzeichen, wenn es um die kulturelle Vorherrschaft gegenüber nichtdeutschen Nationalitäten in der cisleithanischen

Reichshälfte Österreich-Ungarns ging. Im böhmischen Sprachenstreit ab 1897 trug das Zeigen der blauen Kornblume erheblich zur Polarisierung zwischen Deutschen und Tschechen bei. Der Ursprung dieses Zeichens ist ungeklärt. Häufig genannt, aber nicht ausreichend belegbar, ist die Erklärung, daß es sich bei der preußischblauen Kornblume, einem Pflanzensymbol für Treue und Beständigkeit, um die Lieblingsblume des deutschen Kaisers Wilhelm I. gehandelt hatte. Angeblich sollte mit dem Tragen der Kornblume die Verbundenheit der nationalgesinnten Österreicher mit dem deutschen Reich und die Sehnsucht nach einem Anschluß ausgedrückt werden. Andere verweisen auf eine mögliche Verbindung mit der → **Blauen Blume**, die für die romantische Verklärung des Mittelalters als goldenes deutsches Zeitalter steht.

Lothar Höbelt, Kornblume und Kaiseradler, Wien 1993; Lothar Höbelt, Die Symbole des national-liberalen Lagers, in: Norbert Leser/Manfred Wagner (Hrsg.), Österreichs politische Symbole, Wien 1994; Marianne Buechert, Symbolik der Pflanzen, Frankfurt/M. 1995

Blümchen

Sängerin

Jasmin dient uns hier als tolles Vorbild,
was alles erreicht werden kann!

Edel Records

Blümchen (im Ausland auch **Blossom**) ist der Künstlername einer der erfolgreichsten deutschsprachigen Sängerinnen, die bereits im Alter von fünfzehn Jahren ihre erste goldene Schallplatte für die Single »Herz an Herz«, den Techno-Remix eines alten »Paso Doble«-Songs, erhielt. Auch bei ihren folgenden Liedern handelte es sich oft um neue Aufgüsse von bereits Bewährtem, das von so unterschiedlichen Künstlern wie Nena (»Nur geträumt«) und der Gruppe Queen

(»Bycicle Race«) oder aus der »Sesamstraße« stammte. Die Zeitschriften »Bravo«, »PopRocky« und »Popcorn« kürten Blümchen trotz immer wieder aufkeimender Gerüchte, sie singe gar nicht selbst, zur »besten Sängerin«.

Jasmin Wagner, wie die Künstlerin mit bürgerlichem Namen heißt, wurde am 20. 4. 1980 geboren. Das Presse-Info behauptet, daß die ehemalige Cheerleaderin schon als Kind »Blümchen« genannt wurde – aufgrund ihres vegetabilischen Vornamens und weil sie so gern im Garten saß und sich »kleine Blumenkränze« flocht. Ob Wahrheit oder Legende, der Name weckt Assoziationen wie Reinheit, Jugend und Zartheit. Schon vor dem Erscheinen der jugendlichen Sängerin war »Blümchensex« ein freundlich-herablassender Ausdruck für harmlosen Kuschelsex im Gegensatz zu jeder Form von hartem, schnellem und direktem – also »unverblümtem« Sex. Sehr geschickt plapperte die »süße, unkomplizierte, quirlige Sängerin« dann auch gleich zu Anfang ihrer Karriere aus, daß sie noch Jungfrau sei.

Inzwischen moderiert Jasmin Wagner die »Mini Playback Show« und möchte demnächst nur noch als Jasmin auftreten.

(Blümchenkaffee ist übrigens der Name für einen besonders dünnen, durchscheinenden Kaffee. Der Ausdruck kommt aus Sachsen. Dort hatten die Kaffeetassen innen oft ein Blümchenmuster, das durch den Kaffee hindurch zu erkennen war, wenn man zuwenig Bohnen genommen hatte.)

Internet-Info Edel Records; Kurt Krüger-Lorenzen, Deutsche Redensarten und was dahintersteckt, Düsseldorf/Wien 1986

Blüte

Falschgeldschein

Falsch wie nachgemachtes Geld.
Sprichwort

Als Blüten bezeichnet man im Volksmund gefälschte Banknoten. Der Begriff wird meistens im Plural gebraucht und stammt aus dem Rotwelschen, der alten Geheimsprache der Landstreicher, Bettler und Gauner. Früher nannte man auch gefälschte Münzen so. Kursmünzen zu fälschen ist jedoch wenig rentabel geworden. Vermutlich ist der Ausdruck »Blüten« eine Ableitung von »Platten«, dem Rotwelschwort für Geld. Auch war »Blüthe« eine Bezeichnung für einen Dukaten. »Blüten« (ohne »h«) hießen polierte Zahlpfennige zu 1 Silbergroschen, die unbedarften Leuten als Goldstück untergejubelt wurden.

Siegmund A. Wolf, Wörterbuch des Rotwelschen, Mannheim 1956

Blume

Das Beste/Wohlgeruch/Sublimat/Kaninchenschwanz

Der kleine Prinz darf ruhig Blume zu mir sagen.
Das Stinktier zu Bambi

Als Blume bezeichnet man nicht nur aus Blüten, Blättern und Stengeln bestehende Pflanzen, sondern auch das Feinste und Beste einer Sache. So ist zum Beispiel mit der Blume des Harems die schönste Frau des Harems gemeint. In Anlehnung an den Duft, den Blumen oft verströmen, um Insekten anzulocken, wird auch der Wohlgeruch anderer Dinge gelegentlich als Blume bezeichnet. Am geläufigsten ist wohl die Blume des Weines. Beim Bier meint die Blume allerdings nicht den Geruch, sondern die Oberhefe bei der Herstellung und vor allem die Schaumkrone im vollen Glas. Das geht möglicherweise auf einen alten Trinkbrauch zurück, der diesen Schaum beim Austrinken –

wenn man es richtig anstellte – als Blümchen (wohl eher Flocken) im Glas zurückließ.

In der Jägersprache werden die Schwänze von Hase und Wildkaninchen (selten die Schwänze [Wedel] bei Rot- und Damwild) und die Rutenspitzen von Fuchs und Wolf als Blume bezeichnet. »Blume« ist auch der Name des kleinen Stinktiers in Walt Disneys Bambi-Film. Es bekommt diesen Namen vom Hirschkalb persönlich, als Bambi das Stinktier mit einer Blüte verwechselt. In der Alchimie und älteren Chemie war »Blumen« die Bezeichnung für ein Sublimat. In der Metallscheidekunst nannte man aufsteigende Blasen so.

Ganz blümerant, also schwach oder schwindlig, wird einem nicht, weil die Blumen daran schuld sind. Der Ausdruck kommt aus dem Französischen: bleu mourant heißt blaßblau (wörtlich sterbendblau). Dieses Blau war um 1650 die absolute Modefarbe in Europa, bis man sie so überhatte, daß einem bei ihrem Anblick ganz übel wurde und bleu mourant in seiner eingedeutschten bzw. entstellten Form blümerant (oder plümerant) zum allgemeinen Ausdruck für einen Zustand von Schwäche, Schwindel und Übelkeit mutierte.

Etwas durch die Blume sagen oder verblümt zu verstehen geben bedeutet, etwas indirekt, andeutungsweise oder symbolisch mitzuteilen. Dabei können dann ein paar **Floskeln** (lat. Floskulus = Redeblume) behilflich sein.

Tatsächlich gibt es aber auch eine Blumensprache, in der jede geschenkte Blume für ein Gefühl des/der Schenkenden für die/den Beschenkte(n) steht. Was eine rote Rose bedeutet, weiß jeder, und für was ein Vergißmeinnicht-Sträußchen (außer für den Geiz des Schenkenden) steht, kann man zur Not noch kombinieren. Aber die Bedeutungen der anderen Blumen sind kaum jemandem geläufig; so daß man die Blumensprache als tote Sprache ansehen darf.

Der große Brockhaus, Wiesbaden 1957; Der Duden, Bd.7, Herkunftswörterbuch, Mannheim 1963; Kurt Krüger-Lorenzen, Deutsche Redensarten und was dahintersteckt, Düsseldorf/Wien 1986; Hans Biedermann, Lexikon der magischen Künste, Graz 1973

Die Blumen des Bösen

Gedichtzyklus von Charles Baudelaire

Ich vergleiche diese seltsamen Blumen/ Mit den seltsamen Versen, die/ Ein taktvoller Marquis de Sade schriebe,/ wenn er die Sprache der Engel beherrschte.
Paul Verlaine

1857 veröffentlichte Charles Baudelaire (1821-1867) in Paris seinen Gedichtzyklus »Les fleurs du mal«, der wie kaum ein anderes Werk des 19. Jahrhunderts Einfluß auf die Entwicklung der modernen Lyrik nehmen sollte. In der traditionellen Versform von gereimten Alexandrinern (und oft auch noch in Sonettform) warteten die hundert Gedichte des Buches mit neuen, überraschenden Inhalten auf, die ihre Spannung aus dem Wechselbad zwischen blasphemischem Satanismus und Sehnsucht nach Vergeistigung bezogen. Den Menschen hielt Baudelaire – im Gegensatz zu Rousseau – für grundsätzlich völlig verderbt und tierhaft. Wobei er die »animalité« allerdings fast ausschließlich an der Frau ausmachte. Seinen tiefen Endzeitpessimismus illustrierte er mit Wesen aus christlichen Vorstellungswelten, mit Engeln und Teufeln und biblischen Figuren. »Les Fleurs du mal« ist sowohl der Name des Gesamtzyklus als auch der Name eines Zyklus von zwölf Gedichten innerhalb des Buches. In ihnen verstärkt sich das Motiv der Besessenheit und des Hinundhergerissenseins zwischen Tierhaftigkeit und der geistigen Natur des Menschen, und dem Grauen und der Verzweiflung wird ein neuer Reiz abgewonnen. Das Buch löste bei seinem Erscheinen sofort heftige öffentliche Polemiken gegen Baudelaire aus. Noch im selben Jahr wurde er wegen der »verderblichen Wirkung« seiner Gedichte, seinem das »Schamgefühl verletzenden Realismus« und wegen Verhöhnung von Moral und guten Sitten zu einer Geldstrafe und zur Herausnahme von sechs Gedichten verurteilt. Bei den Gedichten handelte es sich um »Das Geschmeide«, »Lethe«, »Der Allzufrohen«, »Lesbos«, »Frauen in Verdammnis« und »Die Verwandlung des Vampyr«. Verse, die heute nie-

mandem mehr die Schamesröte ins Gesicht treiben. Das Urteil wurde erst 1949 wieder aufgehoben.
1861 erschien eine gereinigte zweite Auflage, der 35 neue Gedichte hinzugefügt waren. 1866 kam in Brüssel (um die Zensur zu umgehen) das Bändchen »Les Epaves« (Strandgut) heraus, das 23 Gedichte inklusive der verbotenen enthielt. Die sogenannte endgültige Fassung der »Fleurs du mal« wurde nach Baudelaires Tod von Ch. Asselineau und Th. de Bonville mit einem Vorwort von Théophile Gautier herausgegeben. Sie enthält die Gedichte der ersten Fassung plus die 35, die in der zweiten Auflage dazukamen, plus einige Gedichte aus »Les Epaves«.

Charles Baudelaire, Die Blumen des Bösen, Frankfurt/M. 1976

Blumenkinder

Hippies

> If you are going to San Francisco, be sure to wear some flowers in your hair.
>
> Scott McKenzie (J. Phillips)

1965 bildete sich in Haight-Ashbury, einem Viertel von San Francisco (USA), eine Gruppe junger Leute, die mit den üblichen gesellschaftlichen Werten, wie Streben nach materiellem Wohlstand und Karriere, nicht zufrieden waren und statt dessen ein einfaches, freies, friedvolles, naturbezogenes Leben führen wollten. Die Zahl dieser **Flower children** (in Deutschland hießen sie Blumenkinder) nahm rasch zu. Wenn sie arbeiteten, so betrieben sie Ackerbau, töpferten, webten, batikten oder betätigten sich sonstwie handwerklich oder kunstgewerblich. Sie trugen lange flatternde Blümchenkleider, wild gemusterte Hosen, indische Saris und religiöse Gewänder; kombinierten Uniformteile mit Secondhand-Hemden und Flokatiwesten, liefen manchmal auch splitternackt herum und lebten in mehr oder

weniger freier Liebe zusammen. Sie hörten und machten Musik, kifften und nahmen das von Professor Leary empfohlene LSD. Und oft trugen sie einzelne Blumen oder Blumenkränze im Haar. Manche malten sich die Blumen auch ins Gesicht.
Seinen Tauglichkeitsbeweis lieferte dieser konfliktlose, kommunikative und kreative Lebensstil vom 15. bis 17. 8. 1969 auf dem Woodstock-Festival, das trotz seines Namens nicht in Woodstock, sondern in der Nähe von New York City stattfand. Obwohl das Festival mit 300 000 bis 500 000 Besuchern bis dahin unbekannte Ausmaße annahm, verlief es nahezu reibungslos.

M. José Ragué Arias, Pop. Kunst und Kultur der Jugend, Reinbek 1978; Der große Brockhaus, Wiesbaden 1979

Bodhi-Baum (Sambodhi, Mahabodhi)

Ort der Erleuchtung Buddhas

An den wichtigsten Lebensstationen Buddhas standen Bäume. Um 500 v. Chr. ist Buddha in Lumbini, einem Ort im südlichen Himalaja-Vorland, geboren worden. Seine Mutter wurde auf der Reise zu Verwandten von den Wehen überrascht und brachte den späteren Religionsstifter unter einem **Sala-Baum** (Shorea robusta) zur Welt. Die Bäume, die das Wäldchen von Kusinara bildeten, in dem Buddha etwa achtzig Jahre später starb, waren ebenfalls Sala-Bäume. Aber obwohl die Buddhisten ein besonderes Verhältnis zum Sala haben, ist es kein Sala, sondern ein **Pappelfeigenbaum** (Ficus religiosa), in Indien **Assatha-** oder **Pippala-Baum** genannt, der von ihnen als heilig verehrt wird. Denn unter einem Pippala-Baum in der Nähe des nordindischen Flusses Neranjara hatte der Adligensohn Siddhartha Gautama sein fundamentales Erleuchtungserlebnis. Nach herrschender Meinung in der Indologie fand das Ereignis, durch das Siddhartha zum Buddha, zum Erleuchteten, wurde, im Jahr 528 v. Chr. statt. Heute ist der Ort der Erleuchtung, Bodh Gaya, mit dem 55 Meter hohen Mahabodhi-Tempel das Zentralheiligtum des Buddhismus. Auch den Hindus, für die Buddha eine Erscheinungsform ihres Gottes Vishnu darstellt, ist der Ort verehrungswürdig. Das allerheiligste Objekt ist der Bodhi-Baum an der westlichen Seite des Tempels. Es wird nicht behauptet, daß dieser Baum der originale Erleuchtungsbaum ist. Aber nach der Überlieferung stammt der riesige Pippala in unmittelbarer Linie von Buddhas Baum ab und steht genau an der Stelle, an der vor 25 Jahrhunderten dem suchenden Siddhartha die Erkenntnis des Weltgesetzes kam. Daneben befinden sich einige Fußabdrücke von 90 (!) Zentimeter Länge, die von Buddha selbst stammen sollen. Der Legende nach ist der erste Sproß dieses Baums an Buddhas Geburtstag aus der Erde gekommen. Kaiser Asoka errichtete im 3. vorchristlichen Jahrhundert einen Steinzaun um den Baum, und sein Sohn schenkte dem zum Buddhismus konvertierten König von Ceylon einen Bodhi-Steckling. Aus ihm zogen Priester in der ceylonesischen Residenz Anuradhapura einen Pippala, der noch heute dort steht und vom buddhistischen Bevölkerungsteil Sri Lankas als Nationalheiligtum verehrt wird. Feigensamen oder Ableger des Anaradhapura-Baums dienten mehrmals dazu, den Bodhi-Baum nach willkürlichen Zerstörungen oder natürlichem Absterben zu ersetzen. 1876 wurde er durch einen Sturm entwurzelt. Es ist nicht zweifelsfrei festzustellen, ob der aktuelle, etwa 25 Meter hohe Bodhi-Baum ein Sproß des umgestürzten Pippalas ist oder aus einem Pflänzling des Verwandten aus Anaradhapura gezogen wurde. Heute wird der mit Wimpeln reichgeschmückte Baum wie zu Asokas Zeiten von einem hohen Steinzaun geschützt, weniger aus Angst vor Attentaten, als um zu verhindern, daß fromme Buddhisten und Hindus den Bodhi in religiöser Verzückung beschädigen. Angeblich bleiben seine Blätter das ganze Jahr hindurch grün und frisch, nur am Tag des Todes von Buddha verwelkt das Laub für einen Augenblick, um kurz darauf als

Zeichen der Wiedergeburt von neuem jugendlich und voller Kraft zu sein. Als Zeichen ihrer Verehrung waschen ausgewählte Gläubige die Wurzeln des Baums regelmäßig mit gesegnetem Wasser und parfümierter Milch.

Trilok Chandra Majupuria/Indra Majupuria, Holy Places of Buddhism in Nepal & India, Bangkok 1987; Hans Wolfgang Schumann, Auf den Spuren des Buddha Gotama, Olten 1992

Der Bonsai

Zwergbaum

Im Kleinen steckt das Große.
Emerich Madách, Die Tragödie des Menschen

Bonsais sind lebendige Bäume, mit Wurzeln, Stämmen, Ästen und Blättern im richtigen Verhältnis zueinander, nur daß sie trotz ihres oft hohen Alters bloß zwischen 6 bis 15 (Bonsai-Größengruppe »mame«) und 60 bis 90 Zentimeter (Bonsai-Größengruppe »dai«) hoch sind. Diesen Zwergwuchs erzielt der Bonsaizüchter durch einen Topf oder eine Schale, die dem Baum nur begrenzten Raum für die Wurzelbildung läßt, durch die damit verbundene reduzierte Nahrungsaufnahme, durch Beschnitt, Erdzusammensetzung und gezielte Düngung. Mit dem Drahten und Beschneiden der Äste wird der Bonsai in eine von mehreren Grundformen, wie z. B. »Streng aufrechte Form« (chokkan) oder »Windgepeitschte Form« (funkinagashi) gezwungen. Des Zwergbaums Name kommt aus Japan. »Bon« steht für Schale, »sai« für Baum. Der Ursprung des Bonsaikultur liegt im alten China. Dort war sie dem weltlichen Adel vorbehalten. Doch schon vor über 1000 Jahren brachten vermutlich Mönche des Zên-Buddhismus, die von Missionsreisen heimkehrten, das Wissen über die Zwergbäume nach Japan. Seitdem wurde es in den Zên-Klöstern von Generation zu Generation weitergegeben. Außer den Mönchen durften auch in

Japan nur die Fürsten Bonsais züchten. Die Miniaturbäume sind Meditationsobjekte und werden im Zên-Buddhismus als »Leiter zum Himmel« verehrt, weil Bäume das Bindeglied zwischen Himmel und Erde sind. Der Japaner korrigiert und idealisiert bei der Pflege seinen Bonsai stark und betont seine besonderen Eigenheiten. In China wirken die Bonsais ursprünglicher.

Horst. W. Kandetzki, Heimische Zwergbäume, München 1983

Boston-Tea-Party-Tee

No taxation without representation!
Kampfruf in den amerikanischen Kolonien Englands um 1773

1765 beschloß das englische Parlament, eine große Anzahl von Waren, die in die amerikanischen Kolonien geliefert wurden, zu besteuern. Amerikas Reaktion war, die besteuerten Güter zu boykottieren. Das englische Parlament nahm seine früheren Verordnungen daraufhin zurück und erklärte, nur die Steuer auf den Tee beibehalten zu wollen. Die Bereitschaft der Kolonien zum Abfall konnte das nicht mehr aufhalten. Am 16. Dezember 1773 stürmten als Mohikaner verkleidete Anhänger einer Freimaurerloge drei Handelsschiffe, die in Boston vor Anker lagen, und warfen deren Tee-Ladung ins Hafenbecken. Das Ereignis ist als »Boston Tea Party« in die Geschichte eingegangen. Der Konflikt um die Teesteuer beschleunigte nicht nur Amerikas Weg in die Unabhängigkeit, sondern war möglicherweise auch der Grund dafür, daß Amerika sich zu einer Nation von Kaffeetrinkern entwickelte.

Cornelia Teufl, Tee. Die kleine Schule, München 1996;
Egon Friedell, Kulturgeschichte der Neuzeit, München 1965

Bounty-Ladung

Topfpflanzen

Die Geschichte der wohl berühmtesten Meuterei aller Zeiten, der Meuterei auf der »Bounty«, begann in der Karibik. Die dortigen britischen Plantagenbesitzer und Sklavenhalter lobten 1775 eine Prämie aus für denjenigen, dem es gelingen würde, Brotfruchtbäume auf die Westindischen Inseln zu bringen. Sie erhofften, sich durch den Anbau des in der Südsee heimischen **Echten Brotfruchtbaums** (Artocarpus altilis) eine billige Nahrungsquelle für ihre afrikanischen Plantagensklaven zu erschließen. Die Brotfrucht des bis zu 12 Meter hohen Baums ist ein Fruchtverband von 16 bis 24 kastaniengroßen stärkehaltigen Nüssen, die gekocht als Mus gegessen werden können. Geröstet und gemahlen kann aus den Nüssen auch ein Mehl für eine Art Brot gewonnen werden. Da sich die Pflanze durch wurzelbürtige Sprossen vermehrt, benötigten die westindischen Kolonialbriten ganze Pflanzen. Als sich keine kompetenten Privatunternehmer fanden, die zu einem solchen Brotfruchtbaum-Transfer in der Lage waren, wandten sich die Kolonisten an die britische Admiralität, die 1787 den Plan tatsächlich aufgriff. Als Expeditionsschiff wurde das Handelsschiff »Bethia« gekauft und als »Bounty« in die Royal Navy aufgenommen. Unter Leitung des renommierten Botanikers Sir Joseph Banks wurde das kleine Schiff zum schwimmenden Treibhaus umgebaut. Die über 800 Pflanztöpfe, -fässer und -kisten nahmen inklusive der erforderlichen Lüftungs- und Bewässerungseinrichtungen viel Platz auf dem mit 45 Mann überbelegten engen Schiff ein. Unter dem Kommando von Lieutenant William Bligh lief die »Bounty« am 23. Dezember 1787 in Spithead mit Kurs Tahiti aus, um dort Brotfruchtbäume zu laden und diese nach Westindien zu bringen. Bligh, ein hervorragender Seemann und trotz seines Jähzorns nicht das Ausbund von Ungerechtigkeit und Brutalität, wie er in diversen »Bounty«-Filmen dargestellt wird, erreichte zehn Monate später Tahiti. Bis zum April 1789 hielt sich die Mannschaft bei den überaus gastfreundlichen Tahitianern auf. So lange dauerte es, bis die über 1000 an Bord genommenen Brotfruchtpflanzen in ihren Erdgefäßen fest verwurzelt waren. Wieder auf See, kam es wegen einer bis heute nicht ganz geklärten Auseinandersetzung zwischen Bligh und Teilen der Mannschaft, die das süße Südseeleben schätzengelernt hatte, zur Meuterei. Bligh und 18 andere Seeleute wurden in ein Beiboot gesetzt, die Brotfruchtbäume als Symbol der Enge auf dem Schiff unter großem Gejohle ins Meer geworfen. Bligh schaffte ein nautisches Meisterstück und legte in dem offenen Boot über 3000 Seemeilen bis nach Niederländisch-Timor zurück. Die Meuterer unter Steuermannsmaat Christian hatten weniger Glück. Sie zerstritten sich, und einige erschlugen sich gegenseitig, andererе wurden von der Marine gefangengenommen und manche von ihnen gehängt. Bligh wurde 1791 mit einer zweiten Brotfruchtexpedition beauftragt und brachte 2000 Pflanzen in die Karibik. Das ganze Unternehmen erwies sich als Flop, weil die Brotfruchtbäume das karibische Klima nicht vertrugen.

Wolfgang Franke, Nutzpflanzenkunde, Stuttgart 1985; John McKay, Bounty, Bielefeld 1994; Leonard Guttridge, Meuterei, Gräfeling 1996

Brennender Dornbusch (Rubus ardens)

Exodus-Auslöser

Als nun der Herr sah, daß er herankam, um nachzusehen, rief Gott ihm aus dem Dornbusch heraus die Worte zu: Mose, Mose! 2. Buch Mose 3,4

Mose hütete die Schafe seines Schwiegervaters Jethro am Berg Sinai. Dort erschien ihm Gott in Gestalt eines Dornbusches, der in Flammen stand, aber trotzdem nicht verbrannte. Mose vernahm aus dem Gestrüpp den göttlichen Auftrag, die Hebräer aus Ägypten heim ins Gelobte Land zu führen. Der brennende Dornbusch versinnbildlicht(e) für Juden und frühe Christen unter anderem die nichtzerstörende Kraft des geistigen Feuers. Dornen und Flammen werden auch als Zeichen der Unzugänglichkeit Gottes verstanden. Später wurde der Busch vor allem als Symbol für die unbefleckte Empfängnis gesehen. Ebenso wie die Unversehrtheit des brennendes Busches eigentlich unmöglich war, war auch Marias Schwangerschaft ohne Entjungferung ein Ereignis, das nur mit einem göttlichen Wunder erklärt werden konnte. Man nahm auch an, daß Mutter Maria das Feuer Gottes in sich trägt, ohne zu verbrennen. Ferner wird die buschbefohlene Rettung des Volkes Israel durch Mose mit der Erlösung der Menschheit von Sünde durch Maria und ihren Sohn in Verbindung gebracht. Wegen dieser Verbindungen der Heiligen Jungfrau zum brennenden Dornbusch wurde sie auf frommen Darstellungen oft mit dem Jesuskind auf dem Arm inmitten eines Feuers abgebildet.

Jutta Seibert, Lexikon christlicher Kunst, Freiburg i.B./ Basel/Wien 1980; Günter Spitzing, Lexikon byzantinisch-christlicher Symbole, München 1989; Pat Alexander, Die Welt der Bibel, Wuppertal 1994

Buddha-Lotos (Padma)

Thronsitz

Om mani padme hum
(O du Kleinod in der Lotosblüte)
Lamaistische Gebetsformel

Im Buddhismus gilt die weiße Blüte der Indischen Lotosblume (Nelumbo nucifera) aus der Gattung der Seerosengewächse als Unterlage des gerade geborenen Prinzen Siddhartha. Auf der plötzlich aus der Erde sprießenden, noch nicht ganz geöffneten Blume soll sich der spätere Buddha unmittelbar nach seiner Geburt aufgerichtet haben. Dieses Motiv erinnert an die ältere hinduistische Legende von der Geburt des Gottes Brahma als **Goldene Lotosblume**, die dem Bauchnabel des Vatergottes Vishnu entsproß. Die Achtblättrigkeit des Buddha-Lotos weist auf die acht Richtungen des Raumes und auf das achtstrahlige kosmische Weltrad hin. Buddha, der sein entscheidendes meditatives Erlebnis unter dem → **Bodhi-Baum** bei der Betrachtung von Lotosblüten hatte, wird deshalb oft in einer ganz geöffneten Lotosblüte mit gekreuzten Beinen sitzend abgebildet. Im übertragenen Sinn ist der Lotos Symbol für das vom Schlamm des Weltlichen und dem ewigen Kreislauf von Geburt, Tod und Wiedergeburt letztlich unbefleckt bleibende wahre Wesen des Menschen, das die Chance zur Erleuchtung hat. Daneben steht die Pflanze für Weisheit und das uranfängliche Wasser. Die Lotosblüte wird von Buddhisten auch als Symbol für die Welt gesehen. In China gehört der Lotos zu den verehrten Acht Kostbarkeiten.

Franz-Karl Ehrhard/Ingrid Fischer-Schreiber, Das Lexikon des Buddhismus, Bern 1992; Jean Boisselier, Buddha. Legende eines Auserwählten, Ravensburg 1993

C

La carotte rouge

Französisches Monopolistenzeichen

Drei Wochen war der Frosch so krank,
Jetzt raucht er wieder, Gott sei Dank.
Wilhelm Busch

Viele deutsche Raucher, die in ihrem ersten Frankreich-Urlaub »schnell mal Zigaretten holen« gehen wollten, mußten die für sie frustrierende Erfahrung machen, daß es im Land von Gauloises und Gitanes keine Zigarettenautomaten an der Ecke und keine Tabakwarenregale in den Supermärkten gibt. Da mag manchem Nikotinfreund das rote Emblem der relativ dünn gesäten Tabakläden wie ein Erlösung verheißendes Licht in dunkler Nacht vorgekommen sein. Fast ausschließlich in diesen Verkaufsstellen der staatlichen Tabakmonopolverwaltung, den Débits, können Raucher ihre Softdrogen erwerben. Das knallrote, längliche und plastische Débits-Zeichen wird »La carotte rouge« genannt, und zwar nicht wegen seiner an eine stilisierte Rübe erinnernden Form, sondern in Anlehnung an einen Fachbegriff der Tabakwarenindustrie. Mit »Karotten« werden dicke, gerollte Tabakpakete bezeichnet, die in einem zeitaufwendigen Verfahren soßiert, das heißt, aromatisiert werden. Die fertigbehandelten Karotten sind das Ausgangsmaterial für die Schnupftabakherstellung.

Helmut Hochrain, Das Lexikon des Pfeifenrauchers, München 1987

Charta-Eiche von Connecticut (Charter Oak of Connecticut)

Urkundenversteck

1662 wurden der Kolonie Connecticut die in der Praxis bereits ausgeübten Selbstverwaltungsbefugnisse durch eine vom englischen König Charles II. ausgestellte Urkunde bestätigt. Dem Nachfolger James II. paßte die Autonomie seiner überseeischen Untertanen nicht, und er wollte die Charta durch einen Gesandten einziehen lassen. Die Kolonisten trauten sich zwar nicht, offen gegen diese Akt zu rebellieren, doch ließen sie die Charta heimlich verschwinden und erhielten sich so immerhin den papiernen Beweis ihrer Freiheit. Als Versteck wählten sie das Baumloch einer **Weißen Eiche** (Quercus albus), die später als Charter Oak ein populäres Symbol für den listigen Widerstand der Kolonisten gegen die Krone wurde. Seit 1947 ist die Weiße Eiche der offizielle Staatsbaum des Staates Connecticut.

Irving and Nell Kull, A Chronological Encyclopedia of American History, New York 1952; Benjamin Shearer, States, Names, Seals, Flags, and Symbols, Westport, Conn. 1994

Christdorn

Gewächs, das zur Dornenkrone wurde

Als Christdorn, das heißt, als Pflanze, aus der die Dornenkrone Christi gemacht worden ist, werden in diversen Legenden unter anderem einige Rosenarten, der Strauch **Glänzende Wolfsmilch** (Euphorbia splendens) und der Parkbaum **Gleditschie** (Gleditsia triancanthos) genannt. Besonders oft wird in mitteleuropäischen Breiten die **Stechpalme (Schradlbaum)** (Ilex aquifolium) so denunziert. Angeblich sollen die Palmzweige, mit denen die wetterwendische Bevölkerung Jerusalems Jesus Christus bei dessen Einzug begrüßte, von dem Urilex stammen. Als Zeichen für den bald folgenden Verrat der Hauptstädter am Heiland bekam die Palme lederartige, stachelige Blätter, aus denen die Dornenkrone hergestellt wurde. Botanisch ist die Stechpalme kein Palmenbaum, sondern gehört zu den Stechhülsengewächsen. Möglicherweise ist ihr schlechtes Image auf den Einfluß christlicher Eiferer zurückzuführen, die einer Pflanze, die den keltischen Druiden heilig gewesen war, etwas Anrüchiges anhängen wollten.

Hans Schöpf, Zauberkräuter, Graz 1986

D

Deganawida-Fichte

Mythisches Bündnissymbol

Auch bevor die Europäer an den Küsten des heutigen Neuengland landeten und die einheimischen Indianer blutig zu unterwerfen begannen, war dieses Gebiet kein Ort des Friedens. Die hier ansässigen fünf Stämme der Irokesen-Sprachgruppe bekriegten sich in Dauerfehden untereinander und waren zudem Angriffen ihrer Nachbarn ausgesetzt. Wahrscheinlich war es dieser äußere Druck, der die »Fünf Nationen« etwa zwischen 1500 und 1600 bewegte, einen Bund zu schließen, den sie »Großer Frieden« oder auch »Volk des Langhauses« nannten. Sagenhafter geistiger Gründer der Irokesen-Konföderation war der Prophet Deganawida (»Friedensbringer«). Deganawida hatte die Vision von einer weißen Sprossenfichte, die bis ins Himmelreich des Herrn des Lebens reichte und deren Baumstamm die Union der »Fünf Nationen« war. Die Wurzeln des Baums symbolisierten die einzelnen Stämme. Die Grundprinzipien von Deganawidas Geisteslehre bildeten die Erde, in denen der Baum wurzelte, und der Adler, der in dessen Zweigen saß, um die Irokesen vor ihren Feinden zu warnen. Der Bund der Mohawk, Cayuga, Onondaga, Oneida und Seneca, dem sich 1722 auch die Tuscarora anschlossen, war überaus erfolgreich und entwickelte sich bis zur Mitte des 18. Jahrhunderts zur wichtigsten politischen und militärischen Kraft in weiten Teilen der späteren östlichen US-Staaten. Jedes Jahr wurde die Deganwada-Fichte durch eine symbolische Baumpflanzung gefeiert, und noch heute gilt der heilige Baum neben dem Schildkröten-Totemzeichen als das wichtigste Identifikationssymbol der Irokesen-Völker in den USA und Kanada.

Oliver La Farge, Die große Jagd. Geschichte der nordamerikanischen Indianer, Olten 1961; John Bierhorst, Die Mythologie der Indianer Nordamerikas, München 1988; Arlene Hirschfelder/Paulette Molin, The Encyclopedia of Native American Religions, New York 1992; Harry Markowitz, American Indians, Pasadena 1998

Demeter-Ähre

Urgetreide

Auf der Suche nach ihrer vom Höllengott Hades verschleppten Tochter Persephone gelangte die griechische Fruchtbarkeits- und Erdgöttin Demeter auch nach Eleusis. König Keleos nahm die in Gestalt einer alten Frau inkognito reisende Demeter freundlich auf. Aus Dankbarkeit für die erfahrene Gastfreundschaft schenkte sie Keleos-Sohn Triptolemos (»Dreimalpflüger«) eine Weizenähre und beauftragte ihn, den Getreideanbau und nebenbei auch den Demeter-Kult in der ganzen Welt zu verbreiten. Zu Ehren der Demeter wurden Ernte- und Fruchtbarkeitskulte abgehalten, von denen insbesondere die Eleusinischen Mysterien in hohem Ansehen standen. Elemente dieser Kulte vermischten sich mit keltischen, indoeuropäischen und christlichen Bräuchen zu den heutigen Erntedankbräuchen in Europa. Im Christentum findet sich Demeter, die von den Römern Ceres genannt wurde, als »Madonna im Ährenkleid« wieder. In der kontrolliert ökologischen Landwirtschaft ist die Göttin mit der Ähre zum Markennamen geworden.

Hans Schöpf, Zauberkräuter, Graz 1986; Marion Giebel, Das Geheimnis der Mysterien, Zürich 1990

Deutsche Blumen

Porzellandekor

Anfang des18. Jahrhunderts war es dem Tüftler Friedrich Böttger als erstem Europäer gelungen, Porzellan herzustellen. Ab 1710 entstanden zahlreiche Manufakturen in deutschen Staaten und im benachbarten Ausland, um die bisher ausschließlich aus Ostasien importierte feine Tonware zu produzieren. Bei der Bemalung der heißbegehrten Tassen und Teller, Schüsseln und Kannen orientierte man sich zunächst noch an chinesischen und japanischen floristischen Dekorvorgaben: den sogenannten **Indianischen Blumen**. Das frühe Euro-Porzellan wurde vor allem mit Chrysanthemen, Bambus, Orchideen und Pfingstrosen in wenigen leuchtenden Farben flächig-ornamental geschmückt. Um 1740 ersetzten Porzellanmaler im sächsischen Meißen die bisher gebräuchlichen exotischen Dekors durch »Deutsche Blumen« genannte Muster heimischer Pflanzen. Wahrscheinlich wurden die Gebrauchskünstler durch das Kupferstichbuch »Phylanthus Iconographica oder eigentliche Vorstellung etl. Tausend sowohl einheimischer als auch ausländischer Pflanzen, Blumen und Kräuter« von Johann Wilhelm Weinmann (1735) inspiriert. Besonders beliebt waren Rosen, Federnelken, Lilien, Primeln und Tulpen, denen allerlei Himmelsvolk wie Käfer und Schmetterlinge beigefügt wurde. Von großem Vorteil erwies sich bei der Vermarktung, daß den sächsischen Malern und ihren Kunden die Symbolik der heimischen Flora im Gegensatz zu der der asiatischen Blütenmotive gut bekannt war. Dem Meißner Vorbild folgend, übernahmen bald fast alle anderen europäischen Porzellanmanufakturen den neuen Modetrend.

Hermann Jedding, Europäisches Porzellan, München 1971; Effi Biedrzynski, Bruckmann's Porzellan-Lexikon, Bd.1, München 1979; Ludwig Danckert, Handbuch des Europäischen Porzellans, München 1992

Deutsche Eiche

Deutsch-nationaler Baum

Eichen sollst du weichen.
Empfehlung bei Gewitter

Vor dem großen Dorfkneipensterben in der 70er Jahren hätte man die nächste Runde getrost darauf wetten können, in jeder beliebigen größeren Landgemeinde eine Gaststätte mit dem Namen »Zur Linde« oder »Zur Eiche« (oft mit dem Zusatz »Deutschen«) finden zu können. Das zahlenmäßig etwa gleiche Vorkommen dieser populären Lokalbezeichnungen werten Volkskundler als

einen von vielen Hinweisen auf die Unfähigkeit der deutschen Seele bei der Festlegung auf einen Nationalbaum. Unentschieden wechselt sie zwischen dem weichen, licht-poetischen → **Lindenbaum** und der knochenharten, eher düsteren Eiche. Die Eichenarten, die in Deutschland am häufigsten vorkommen, sind die **Stieleiche** (Quercus robur) und die ihr ähnelnde **Traubeneiche** (Quercus petraea) beide mit charakteristisch gelappten harten Blättern. Die widerstandsfähigen und langsam wachsenden Bäume waren bereits den Germanen heilig (→ **Donar-Eiche**). Die deutsche Nationalbewegung des 19. Jahrhunderts benutzte Eiche, Eichenlaub und die aus Eichenlaub gefertigte Bürgerkrone als Sinnbilder für Volk und Einheit. Wenig später hatten die Deutsche Eiche und ihr Laub vor allem auf jenen Sachgebieten eine Symbolfunktion, auf denen Deutschen eine ebenso ausgeprägte wie problematische Kompetenz nachgesagt wird: beim Militär- und Finanzwesen. Nach dem Deutsch-Französischen Krieg 1870/71 wurden unzählige patriotische **Friedenseichen** im frisch gegründeten Neu-Reich gepflanzt. Die meisten dieser Militärsieg-Bäume sind inzwischen, vor allem weil sie Straßenerweiterungen im Wege standen, verschwunden. Nicht verschwunden dagegen ist Eichenlaubzier als Bestandteil deutscher Uniformen. Insbesondere seit dem Zweiten Weltkrieg etablierte es sich auf Orden und Rangabzeichen an Soldatenbrüsten, Uniformärmeln und -Schulterstücken. Adolf Hitler, der noch 1936 in Berlin ausländische Olympia-Sieger mit Eichenbäumchen (→ **Olympia-Eichen**) auszeichnen ließ, stiftete 1940 die selten vergebene Stufe »Eichenlaub zum Ritterkreuz des Eisernen Kreuzes« für besondere Kriegsverdienste. Friedlichere und weitaus zahlreichere Zeichen lieferte die Deutsche Eiche für die Numismatik als Sinnbild für Stabilität und zinsträchtige Fruchtbarkeit. Die ersten gesamtdeutschen Münzen mit Eichenlaub waren die Silbermünzen zu 50 Pfennig und einer Reichsmark (1875-1916). Auch auf den Münzen der finanzschwachen Weimarer Republik wuchs reichlich Eichenblattwerk. Eine ausgesprochen eindrucksvolle Variante des Motivs brachte die Republik auf einer zwischen 1927 und 1933 geprägten 5-Reichsmark-Münze heraus: ein ganzer Eichenbaum mit Wurzeln, im Mottokranz »Einigkeit und Recht und Freiheit«. Eigenartigerweise taucht die Eiche auf den Münzen der NS-Zeit nur recht versteckt auf. Dafür darf sie auf den Kleinmünzen der Bundesrepublik wieder üppig in Form einer fünfblättrigen Jungpflanze bzw. als zweiteiliges Blätterornament wuchern. Die Münzmeister des seit 1949 umlaufenden 50-Pfennig-Stücks lassen einen Eichensetzling von einer knienden Frau mit Kopftuch als Sinnbild von Hoffnung und Neuanfang einpflanzen. Für die Frau auf dem vom Künstler Richard Werner entworfenen Mini-Relief stand dessen Gattin Modell. Auch auf DDR-Münzen tauchten Eichenblätter auf. Zur Beruhigung numismatischer Traditionalisten wird das Eichenlaub auch nach dem endgültigen Untergang der DM-Währung auf Rückseiten deutscher Münzprägungen des Euro-Geldes überdauern.

Gerhard Brunn, Germania und die Entstehung des deutschen Nationalstaates, in: Rüdiger Voigt (Hrsg.), Symbole der Politik – Politik der Symbole, Opladen 1989, S. 101-122,
Hans Hercher (Hrsg.), Deutsche Münzen 1971 bis heute, Umkirch-Freiburg 1988

Die Distel

Erstes bedeutsames Kabarett der DDR

»Hurra, Humor ist eingeplant.«
Titel des ersten Distel-Programms

Am 2. Oktober 1953 eröffnete im »Haus der Presse« am Bahnhof Friedrichstraße das (Ost-)Berliner Kabarett mit dem – absichtlich oder unabsichtlich? – doppeldeutigen Namen »Die Distel«. Denn Disteln (Cirsium-, Onopordon- u. a. Arten), diese mehr oder weniger stacheligen Korbblüter, sind nicht nur piksende Gewächse, sondern auch als Eselsfutter beliebt. Die Gründung der »Distel« geschah auf Beschluß des Magistrats. Ob Stalins Tod im März desselben Jahres und der Arbeiteraufstand im Juni die Gründung eher begünstigt oder eher behindert haben, ist schwer zu sagen. Die anfangs ziemlich harmlosen Programme legten 1956, nach dem von Chruschtschow eingeleiteten »Tauwetter«, an Schärfe zu, blieben aber stets auf dem Boden der sozialistischen Grundordnung. 1976 wurde in Berlin-Hohenschönhausen eine zweite Spielstätte eröffnet. Wie alle DDR-Kabaretts war auch »Die Distel« eine staatliche bzw. städtische Einrichtung, und die Programme mußten vor der Aufführung den zuständigen SED-Stellen vorgelegt werden. Im Mittelpunkt standen vor allem ökonomisch-ideologisch orientierte Probleme, Alltagsthemen und Auseinandersetzung mit dem Imperialismus. Doch obwohl die linientreue »Distel« 1961 den Nationalpreis der DDR verliehen bekam und später Wolf Biermanns Ausbürgerung ausdrücklich billigte, kam es immer wieder auch zu Konfrontationen mit SED-Funktionären, was sich u. a. in dem Verbot des Programms »Keine Mündigkeit vorschützen« (1988), dem Widerstand des Ensembles gegen das Verbot des letzten DDR-Programms »Wir sind schon eine Reise wert« (April 1989) und dem häufigen Wechsel der von der Bürokratie eingesetzten Direktoren niederschlug. Nach den Direktoren Brehm (1953 bis 1958, Krause (1958-1963), Honigmann (1963-1968) und Stark (1968 bis 1990) wurde 1990 Gisela Oechelhaeuser Intendantin des 1991 in eine private GmbH umgewandelten Betriebes.

Klaus Budzinski/Reinhard Heppen, Metzler Kabarett Lexikon, Stuttgart/Weimar 1996

Dodoänische Eiche

Altgriechisches Orakel

Nach dem Orakel von Delphi war die dodoänische Eiche das wichtigste Sprachrohr der Götter zu den Sterblichen im antiken Griechenland. Dodona, ein kleiner Ort südlich von Joannina in Epirus, war in der Antike berühmt für sein Gott Zeus geweihtes Eichenheiligtum. Mittels kleiner Bleiplättchen, in die Fragen geritzt waren, die mit Ja oder Nein beantwortet werden konnten, baten die Griechen den Göttervater um Rat. Der Götterfürst ließ sich nicht soweit herab, direkt zu antworten, sondern gab durch das Rascheln der Blätter seiner Eiche (nach anderen Überlieferungen gab es mehrere Eichen) ein »Ja« oder ein »Nein« zu erkennen. Die Interpretation der Laubgeräusche oblag orakelkundigen Priestern. Der Eichenkult in Dodona war uralt und ist wahrscheinlich bereits in vorgriechischer Zeit an dieser Stelle gepflegt worden. Der Sage nach schenkten Zeus oder Athene den Schiffsbaumeistern der »Argo« ein Stück vom Baum. Als »sprechendes Holz« wurde das Eichenstück in den Rumpf des berühmten Schiffs eingefügt und weissagte Jason und seinen Argonauten während der Suche nach dem Goldenen Vlies.
Etwa 400 v. Chr. umgab man das bis dahin freistehende Orakel mit einem Tempel, der ebenso oft zerstört wie wiederaufgebaut wurde. Ob die Eiche diese Ereignisse unbeschadet überstanden hat, ist unbekannt. Es ist nicht ausgeschlossen, daß sie erst nach Etablierung des Christentums ihren Kultstatus verlor. Eine Eiche, deren Wurzel-

reste Archäologen im dodoänischen Tempelbezirk fanden, wurde Ende des 4. Jahrhunderts gefällt. Es könnte sich dabei durchaus um die Überbleibsel des heiligen Baums handeln.

Lionel Casson, Die Seefahrt der Antike, München 1979;
Aloys Bernatzky, Leben mit Bäumen, Wiesbaden 1988

Donar-Eiche

Germanisches Heiligtum

> Ihre Altäre sollt ihr niederreißen, ihre Mahlsteine zertrümmern, ihre heiligen Bäume umhauen ...
>
> 5. Buch Mose 7,5

Die Germanen hatten keine Kirchen und keine Tempel. Sie riefen ihre Götter in der freien Natur an heiligen Quellen, vor Kultsteinen und unter bestimmten Bäumen an. Vor allem Eichen genossen religiöse Verehrung. Dem Donnergott, Blitzeschleuderer und Hammerwerfer Donar (nordisch: Thor) waren etliche besonders große Eichen als Kultstätten geweiht. Die Donar-Eiche von Geismar in der Nähe von Fritzlar war das Hauptheiligtum der Urhessen, der Chatten. Unter dem mächtigen Baum, bei dem es sich wahrscheinlich um eine **Stieleiche** (Quercus robur) gehandelt hat, wurden Opfertiere getötet und Waffen gesegnet. In einer großen Öffnung des Stammes, zu der nur Priester Zugang hatten, soll ein Donar-Standbild gestanden haben. Der Asen-Glaube befand sich im 8. Jahrhundert im Gebiet zwischen Elbe und Main in der Defensive. Insbesondere aus Irland und Britannien waren christliche Missionare ins Land gekommen, die zwar regelmäßig umgebracht wurden, vorher aber meist viele Germanen bekehrten. Einer der erfolgreichsten dieser Missionare war Bonifatius (»Wohltäter«), ein Benediktinermönch aus England, der seit 718 im mitteleuropäischen Germanien die Herde des Herrn vergrößerte. Um den Chatten die Ohnmacht ihrer Götter und die Stärke des Christentums greifbar zu demonstrieren, soll Bonifatius im Jahr 723 die Donar-Eiche von Geismar gefällt haben. Eine solche Aktion war wohl nur deshalb möglich, weil Bonifatius bereits eine große Anzahl von Hessen mehr oder weniger vom christlichen Glauben überzeugt hatte. Andernfalls hätte er sein Axtanlegen kaum überlebt. Der Legende nach fiel die Eiche nach den ersten Schlägen in vier Teile auseinander. Möglicherweise war die Eiche kein gesunder Baum mehr, sondern morsch und hohl. Die anwesenden Donar-Anhänger, die kurz vorher Bonifatius noch verflucht hatten und erwarteten, daß sein Sakrileg prompt mit einem göttlichen Blitzschlag geahndet werden würde, waren geschockt. Nach Willibald, dem zeitgenössischen Biographen von Bonifatius, schworen sie ihrer alten Religion sofort ab. Aus den vier Hölzern, die von der ehemals heiligen Eiche übriggeblieben waren, soll an Ort und Stelle eine Kapelle gebaut worden sein. Bonifatius, der nach seinem Tod geheiligte »Apostel der Deutschen«, missionierte weiter, bis er 754 von unbekehrbaren Friesen erschlagen wurde.

Den Kniff mit der Eichenfällung setzten auch andere Kleriker bei ihrer frommen Überzeugungsarbeit ein. Der heilige Martin legte mit ähnlichem Ergebnis wie Bonifatius eine Kult-Eiche in Gallien um. Keinen Erfolg hatte der Missionar Hieronymus von Prag, der 1390 nur knapp mit dem Leben davonkam, als er in Litauen eine heilige Eiche fällen wollte. Manchmal ging die Kirche auch weniger brachial vor und machte aus den Germanengötter-Eichen Wallfahrtseichen zu Ehren christlicher Heiliger.

Aloys Bernatzky, Leben mit Bäumen, Wiesbaden 1988;
Sibylle Selbmann, Der Baum. Symbol und Schicksal des Menschen, Karlsruhe 1993: Friedrich Sander, Hoch und Heilig, Königsbach-Stein 1993

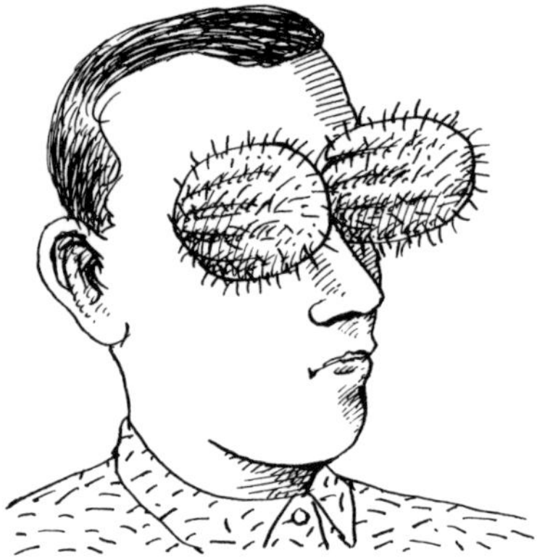

Dorn im Auge

Ärgernis

Werdet ihr aber die Einwohner des Landes nicht vertreiben vor eurem Angesicht, so werden euch die, so ihr überbleiben lasset, zu Dornen werden in euren Augen. 4. Mose 33,55

Ein Dorn (lat.: spina) ist ein starrer, stechender, holziger Pflanzenteil, der durch Umwandlung eines Sprosses entstanden ist. Kakteen besitzen Dornen, auch wenn diese meist fälschlich als Stacheln bezeichnet werden (Opuntien besitzen allerdings tatsächlich auch Stacheln). Die »Dornen« der Rosen müßten hingegen – will man biologisch korrekt sein – als Stacheln bezeichnet werden, weil es sich um leicht ablösbare Anhangsorgane handelt, die aus Rindengewebe gebildet werden. Ob Stachel oder Dorn – so ein spitzes Pflanzenteil im Auge ist schon sehr unangenehm. Und so ist die Umschreibung »Er ist mir ein Dorn im Auge« für jemanden, den man nicht leiden mag und nicht sehen kann, ohne sich zu ärgern, eigentlich eine recht drastische Ausdrucksweise. Sie stammt aus dem – manchmal eben recht drastischen – Alten Testament.

Georg Büchmann, Geflügelte Worte, Berlin 1914; Der große Brockhaus, Wiesbaden 1978

Dornröschen

Märchenprinzessin

Es ging aber die Sage in dem Land von dem schönen schlafenden Dornröschen ... Brüder Grimm

Das Märchen »Dornröschen« wurde von Jacob Grimm nach der Erzählung der 23jährigen Marie Hassenpflug (1788-1856) in Kassel aufgezeichnet und von Wilhelm Grimm ausgestaltet. Es wurde das fünfzigste ihrer »Kinder- und Hausmärchen« (1812) und ist eines ihrer bekanntesten:

Weil sie nicht zur Taufe eingeladen worden ist, verwünscht eine beleidigte Fee die Tochter des Königs. Sie soll sich in ihrem fünfzehnten Jahr an einer Spindel stechen und tot hinfallen. Eine andere Fee kann die Verwünschung zwar nicht aufheben, jedoch mildern. Es soll kein Tod, sondern ein hundertjähriger Schlaf sein, in den die Königstochter fällt. Obwohl alle Spindeln aus dem Königreich verbannt werden, erfüllt sich der Zauberspruch, und mit der Prinzessin fallen der ganze Hofstaat und alle Tiere, ja selbst das Feuer und der Wind in einen todesähnlichen Schlaf. Rund um das Schloß wächst eine **Dornenhecke**, in der alle Königssöhne, die zum Dornröschen – »denn so ward die Königstochter genannt« – vordringen wollen, elendig zugrunde gehen. Erst als die hundert Jahre voll sind, verwandelt sich die Dornenhecke in »lauter große schöne **Blumen**, die taten sich von selbst auseinander« und lassen den Prinzen herein, so daß er Dornröschen (und mit ihr den ganzen Hofstaat) durch einen Kuß erlösen kann.

»Dornröschen« ist kein rein mündlich überliefertes deutsches Volksmärchen, sondern größtenteils, manche Forscher behaupten sogar, vollständig, von literarischen Vorlagen abhängig. Den bedeutendsten Einfluß hatte sicherlich die Geschichte »La belle au bois dormant« von Charles Perrault. Diesem französischen Kunstmärchen hat auch Wilhelm Grimm bei der Ausarbeitung von »Dornröschen« sich anzunähern versucht. Allerdings ließ er den Schluß, in dem die »Schlafende Schöne« von der Schwiegermutter verfolgt wird, fort, weil die Brüder Grimm im Anfang des Märchens eine Verbindung zu der nordischen Heldensage zu entdecken glaubten, in der Odin die Walküre Brunhild mit einem **Schlafdorn** sticht und in einen Zauberschlaf versenkt, der von einem Flammenwall beschützt wird.

Tiefenpsychologisch kann die Dornenhecke als Schutz des pubertierenden Mädchens vor »verfrühten Penetrationsversuchen« (Heinz-Mohr/Sommer) der Bewerber gedeutet werden. Erst nach Ablauf des hundertjährigen Schlafes, sprich: nach Abschluß des Reifeprozesses, ist – und hier wird eine althergebrachte und etwas abgeschmackte Metapher bemüht – die jungfräuliche Knospe zu einer voll erblühten Rose geworden, die sich dem Prinzen bereitwillig öffnet.

Walter Scherf, Lexikon der Zaubermärchen, Stuttgart 1982;
Gerd Heinz-Mohr/Volker Sommer, Die Rose. Entfaltung eines Symbols, Münster 1982

Drei Orangen

Verzauberte Opernprinzessinnen

Eine von Sergei Prokofjews (1891-1953) in Deutschland nicht gerade häufig aufgeführten Opern heißt »Die Liebe zu den drei Orangen«. Ort und Zeit: Märchenland, Märchenzeit. Uraufführung: 30. Dezember 1921 in Chicago. Prokofjew schrieb nicht nur die Musik, sondern auch den Text (nach einer Vorlage von Carlo Gozzi). Die heiter-groteske Oper in vier Akten und mit einem Vorspiel hat eine Rahmenhandlung. Theaterfreunde diskutieren heftig, was für eine Art Stück gegeben werden soll, und nehmen dann ihre Zuschauerplätze ein, was sie nicht daran hindert, im Verlauf der Vorführung immer mal wieder mitzuspielen. Sie sehen Folgendes:

Um den trübsinnigen Prinzen zum Lachen zu bringen, sorgt der Magier Truffaldino dafür, daß die böse Fee Fata Morgana auf komische

Weise hinfällt. Der Prinz lacht tatsächlich, aber die Fee findet das gar nicht witzig und belegt ihn mit einem Liebeszauber: Der Prinz verliebt sich in gleich drei Apfelsinen auf einmal, die er zudem erst noch suchen muß. In Truffaldinos Begleitung findet er sie bei einer Baß singenden Köchin. Auf dem Rückweg geraten sie jedoch in eine Wüste und sind kurz davor zu verdursten, so daß Truffaldino in seiner Not schließlich zwei Orangen öffnet. Die verzauberten Prinzessinnen Nicolette und Linetta steigen heraus und vertrocken alsbald. Daß die dritte Prinzessin Ninetta nicht das gleiche Schicksal ereilt, liegt nur daran, daß sie von den Zuschauern einen Krug Wasser bekommt. Zwar wird sie von der bösen Fee nun in eine Ratte verwandelt, aber mit Hilfe der Magiers und der engagierten Zuschauer bekommt sie ihre wahre Gestalt zurück und heiratet schließlich den Prinzen. Die Vertonung ist – nach Meinung des Theaterkritikers Otto Schumann – »weniger eindrucksvoll«.

Otto Schumann, Opernführer, Reinbek 1989

E

Eberwurz (Kraftwurzel, Carlina, Silberdistel)

Wunderheilpflanze Karls des Großen

Das große unzerstörbare Wunder ist der Menschenglaube an Wunder. Jean Paul

Nach (früherem) deutschem Volksglauben erschien Kaiser Karl dem Großen (747-814) während einer Pestepidemie im Traum ein Engel. Der Himmelsbote befahl dem Monarchen, am nächsten Morgen einen Pfeil in die Luft zu schießen. Brav folgte Karl der himmlischen Order und feuerte einen Pfeil ab. Das Geschoß blieb in einer Eberwurzpflanze (Carlina acaulis) stecken, die seitdem als Heilmittel gegen die Pest gilt. Allerdings hat die Medikamentierung von Pestkranken mit der stacheligen Eberwurz trotz der frommen Mär in der Praxis kaum Wirkung gezeigt. Nach einer anderen Version war es nicht die Eberwurz, die getroffen worden war, sondern die **Pimpernell** (Pimpinella saxifraga). Eine ähnliche Geschichte rankt sich um den heiligen Ungarn-König Ladislaus (etwa 1040-1095). Sein Pfeil traf den Wurzelstock des **Kreuzenzians** (Gentiana cruciata).

Helmut Werner, Die Magie der Zauberpflanzen, Edelsteine, Duftstoffe und Farben; Hans Schöpf, Zauberkräuter, Graz 1986

Edelweiß

Abzeichen der Edelweißpiraten in der NS-Zeit

»Wir sind Piraten der Straßen und Gassen«
Titel eines Edelweißpiraten-Liedes

Eines der Hauptanliegen nationalsozialistischer Machterhaltungspolitik war es, die deutsche Jugend durch Schule, HJ und Reichsarbeitsdienst auf das Hitler-Regime einzuschwören. Zu den Gruppen und Subkulturen, die sich dem widersetzten oder verweigerten, gehörten politische Widerstandgruppen wie die → **Weiße Rose**, die zum größten Teil eher hedonistisch orientierte »Swing-Jugend« und (schätzungsweise) mehrere tausend städtische Jungen und Mädchen im Rhein-Ruhr-Gebiet, die sich »Edelweißpiraten« nannten. Ihr Erkennungszeichen war ein Edelweiß (Leontopodium alpinum) aus Horn oder Metall. Das war leicht zu besorgen: Man nahm einfach ein Wanderabzeichen oder brach die Verzierung einer Lederhose ab. Notfalls behalf man sich mit weißen Stecknadeln, die am Hemdkragen getragen wurden. Die Edelweißpiraten verweigerten die Einbindung in die Hitlerjugend und trafen sich in Straßencliquen, was zu ständig wachsendem Druck durch Polizei und Gestapo führte. Es kam zu Zusammenstößen und Schlägereien mit dem polizeiähnlichen HJ-Streifendienst. Darüber hinaus waren die meisten von ihnen keine politischen Gegner des Hitler-Regimes. Kaum ein Edelweißpirat versuchte, sich dem Kriegsdienst zu entziehen, überdurchschnittlich viele Edelweißpiraten meldeten sich freiwillig zu Eliteformationen wie Marine oder Waffen-SS. In den letzten Kriegsmonaten führten sie dann allerdings einen regelrechten Partisanenkrieg gegen die Gestapo und die Parteifunktionäre in den zerbombten Städten – oft zusammen mit untergetauchten alliierten Kriegsgefangenen, Deserteuren und Zwangsarbeitern, aber auch mit Schwarzhändlern. Viele Edelweißpiraten wurden in Besserungsanstalten oder in Jugend-KZs eingesperrt, etliche erlitten Mißhandlungen oder wurden umgebracht.
Die Herkunft des Namens »Edelweißpiraten« ist strittig.

Wahrscheinlich handelt es sich dabei um eine von den Jugendlichen übernommene Wortschöpfung von Essener Gestapo-Beamten im Zusammenhang mit den »Kittelbach-Piraten«, einer bekannten Gladbecker Jugendclique. Die Behauptung der Verfolgungsbehörden, die Edelweißpiraten hätten ihre Wurzeln in der (im »Dritten Reich« verbotenen) bündischen Jugend, ist nur bedingt richtig. Zwar haben die Edelweißpiraten (wie übrigens die HJ auch) bestimmte Äußerlichkeiten der bündischen Jugend wie Lieder, Kluft und Wanderfahrten übernommen, doch gibt es kaum Verbindungen mit deren bürgerlich-romantisierender Grundeinstellung. Die Edelweißpiraten rekrutierten sich fast ausschließlich aus Lehrlingen und Jungarbeitern mit eher proletarischen Traditionslinien. In deren »wilden« Fahrtengruppen der Vor-NS-Zeit ist das Tragen eines Edelweißabzeichens bereits vereinzelt nachzuweisen.

Matthias v. Hellfeld, Edelweißpiraten in Köln, Köln 1981; Detlev Peukert, Die Edelweißpiraten, Köln 1988; Alfons Kenkmann, Navajos, Kittelbach- und Edelweißpiraten, in: Wilfried Breyvogel (Hrsg.), Piraten, Swings und Junge Garde. Jugendwiderstand im Nationalsozialismus, Bonn 1991

Edelweiß

Militärisches Abzeichen

Zu den wenigen Symbolelementen, die deutsche Militärs von der österreichischen Armee übernommen haben, gehört das Edelweiß. Seit der Aufstellung der deutschen Bundeswehr 1956 wird das Edelweiß von den Angehörigen der Gebirgsdivision als Metallemblem an der Mütze beziehungsweise als Ärmelabzeichen getragen. Diese Tradition geht zurück auf die k. k. Tiroler Landesschützen-(seit 1917 Kaiserschützen-)Regimenter. Diese österreichischen Elite-Landwehreinheiten trugen seit ihrer Ernennung zur Hochgebirgstruppe 1906 die inoffizielle Wappenblume Tirols und alpine Pflanze schlechthin, das Edelweiß (Leontopodium alpinum), als aufgenähtes Abzeichen am Kragenspiegel. Im Ersten Weltkrieg steckten sich Soldaten des Deutschen Alpenkorps, die 1915 den Tirolern bei der Verteidigung der Dolomiten gegen die italienische Armee halfen, von Österreichern geschenkte Edelweißabzeichen eigenmächtig an ihre Feldmützen. Durch nachträgliche militärbehördliche Genehmigung wurde das Edelweiß auch für die deutschen Gebirgstruppen zum offiziellen Erkennungszeichen. Im Zweiten Weltkrieg trugen nicht nur Gebirgsjäger der Wehrmacht, von denen viele aus dem annektierten Österreich stammten, die kleine Blume auf der Uniform. Auch die Besatzungen von einigen deutschen U-Booten und Kampfflugzeugen malten sich die harmlose Pflanze auf ihre Kriegsmaschinen.

Bernhard Wurzer, Tiroler Freiheitskampf 1909, Nürnberg 1959; Heinz von Lichem, Spielhahnstoß und Edelweiß, Graz 1977; Roland Kaltenegger, Deutsche Gebirgsjäger im Zweiten Weltkrieg, Stuttgart 1977; Hans-Peter Stein, Symbole und Zeremoniell in deutschen Streitkräften, Herford 1984; Günther Hebert, Das Alpenkorps, Boppard 1988

Der einsame Baum

Caspar-David-Friedrich-Eiche

Die Maler der deutschen Romantik hatten keinen gemeinsamen Darstellungsstil, sie einte aber die Abneigung gegen den als tot empfundenen akademischen Klassizismus und eine geradezu naturreligiös ausgerichtete Begeisterung für die Landschaftsmalerei. Zu den populärsten Künstlern dieser Zeit zählt Caspar David Friedrich (1774 bis 1840), für den die Abbildung der Natur eine erklärte Möglichkeit war, die Seele sichtbar zu machen. Eines seiner bekanntesten Werke ist der 1822 gemalte »Einsame Baum«. Generationen von Kunstlehrern haben Generationen von lustlosen Schülern mit diesem im Original 55 mal 71 Zentimeter kleinen Ölgemälde angeödet. Der abgebildete aufragende Eichenbaum als Mittelachse vor der Horizontalgliederung durch eine Bergkette im Hintergrund eignet sich wohl besonders gut zur Erklärung von Prinzipien des Bildaufbaus. Für Friedrich war die allein stehende, zugleich mitgenommen wie auch solide wirkende Eiche Symbol für die Verletzlichkeit und die Fülle des Lebens, kombiniert mit der Unausweichlichkeit der Einsamkeit. Friedrich, für den Eichen auch politisches Sinnbild waren (→ **Deutsche Eiche**), verwendete diese Bäume oft und gern als Motiv für seine Bilder. Auf einer Wanderung hat er 1806 in der Gegend von Neubrandenburg Skizzen von einem alten Eichenbaum gemacht, der sich in »Der einsame Baum« wiederfindet. Ursprünglich hieß das Bild »Dorflandschaft mit Morgenlicht«, daraus wurde 1856 »Dorflandschaft mit Morgenbeleuchtung«, 1876 »Harzlandschaft am Abend« und schließlich 1921 »Der einsame Baum«. Heute hängt das vielbenannte Bild in der Berliner Nationalgalerie.

Wieland Schmied, Caspar David Friedrich, Köln 1971; Gertrud Fiege, Caspar David Friedrich, Reinbek 1977; Dieter Struss, Deutsche Romantik, München 1986

Einsamster Baum

> Die andern alle sind zurückgeblieben,/ als eigne dieser Hang nur ihm allein,/ der Weisung folgend, die ihn einst getrieben,/ sich wurzelnd zu vollziehn im spröden Stein.
> W. Schirmer

Auf der zu Neuseeland gehörenden antarktischen Campbellinsel steht eine einsame **Rottanne** (Picea abies). Der nächste Baum ist über 220 Kilometer entfernt. Er wächst auf den ebenfalls zu Neuseeland gehörenden Aucklandinseln.

Das Guinness Buch der Rekorde, Frankfurt/M. 1995

Eisblumen

Winterliche Fensterzierde

Manche Winternacht fliegt sie (die Schneekönigin) durch die Straßen der Stadt und blickt zu den Fenstern hinein, und dann gefrieren diese sonderbar, gleich wie mit Blumen.

Hans Christian Andersen, Die Schneekönigin

Wer in einem alten Haus mit Originalverglasung wohnt, kennt sie noch: Eisblumen. Die dekorativ kristallisierten Eisgebilde entstehen, wenn sich die Feuchtigkeit der Zimmerluft an Fensterscheiben niederschlägt, die unter 0° Celsius abgekühlt sind. Passiert das im Dezember, so glaubte man einmal, dann deutet das auf ein fruchtbares Jahr hin.

Der große Brockhaus, Wiesbaden 1953; Hanns Bächtold-Stäubli: Handwörterbuch des deutschen Aberglaubens, Berlin/New York 1927/1986

Eisenhut (Sturmhut, Akonitum, Venuswagen)

Hochgiftiger Kerberos-Speichel

Einer griechischen Sage nach entstand der Eisenhut aus dem unappetitlichen Wutgeifer, den Kerberos (Zerberus) mit seinen drei Mäulern verspritzte, als Herakles den tobenden Höllenhund aus dem Hades schleppte. Kein Wunder also, daß der Eisenhut, den es in blauer (Aconitum napellus) und gelber (Aconitum vulparia) Version gibt, zu den gefährlichsten europäischen Giftpflanzen zählt. Im antiken Griechenland wurden besonders abscheuliche Straftäter durch die Zwangsverabreichung eines Akonitumtrankes exekutiert. Im Gegensatz zur bekannteren Hinrichtungsart mit → **Schierlings**-Saft war solch ein Sterben äußerst qualvoll. Die Delinquenten erlitten durch das im Eisenhut reichlich vorhandene Alkaloid Akonitin Kältegefühle, denen starke Schmerzen und Herzstörungen folgten. Der Tod trat schließlich durch Atemlähmung ein. Gern wurde Akonitum wegen seiner toxischen Wirksamkeit auch von Giftmördern angewendet. Angeblich starb Roms Kaiser Claudius (10 v. – 54 n.Chr.) an einer Dosis Eisenhutextrakt, der auf die Vogelfeder gestrichen worden war, mit der sich der Imperator den Schlund zu reizen pflegte, wenn er erbrechen wollte. Möglicherweise starb mit Papst Hadrian VI. (1459 bis 1523) ein weiterer Prominenter den unfreiwilligen Eisenhut-Tod.

Hans Schöpf, Zauberkräuter, Graz 1986; Bruno Kremer, Giftpflanzen, Stuttgart 1994

El Drago

Drachenbaum von Icod de los Vinos / Nationalmonument

Etwa 80 Arten der palmenartigen Agavengewächsgattung Drachenbaum (Dracaena) wachsen in Afrika, Asien und Australien. Die Echten Drachenbäume (Dracaena draco) sind ausschließlich auf den Kanarischen Inseln beheimatet. Bekannt sind die imposanten Bäume mit den ausladenden Kronen für ihr rotes Harz, das Drachenblut genannt und von manchen Handwerkern für das Ausgangsmaterial der besten Möbelpolitur der Welt gehalten wird. Der berühmteste Drachenbaum ist El Drago de Icod de los Vinos auf Teneriffa. Der vielfotografierte Riesenbaum besitzt den Status eines offiziellen Nationalmonuments. Bis 1997 konnten die Spanier El Drago im Portemonnaie stets bei sich tragen. Auf den alten 1000-Peseten-Scheinen war der Baum nämlich abgebildet. Die Einheimischen Teneriffas sind verständlicherweise sehr stolz auf ihren Drachenbaum, dem sie ein methusalemisches Alter von bis zu 4000 Jahren nachsagen. Das Untersuchungsergebnis eines deutschen Botanikers, nach dem der

Baum maximal 365 Jahre alt sein kann, wird auf Teneriffa meist souverän ignoriert.

Karl Mägdefrau, Das Alter der Drachenbäume auf Tenerife, in: Flora 164 (1975); Hermann Schmidt, Pflanzen auf Teneriffa, Marburg a. d. Lahn 1992

Elisabeth-Rosen

Wunderrosen

Das Bogenfeld über dem Westportal der 1283 eingeweihten Elisabeth-Kirche in Marburg ist ausgefüllt von zahlreichen steinernen Blumen, die Rosenspezialisten als gelungene Nachempfindung der Apothekerrose (Rosa gallica officinalis) bezeichnen. In der Heilkunde der Antike und des Mittelalters genoß die Rosa gallica officinalis große Wertschätzung. Ihr Aufguß galt besonders bei Magen- und Darmleiden als hilfreich. Heutzutage wird sie wegen ihres hohen Gerbstoffanteils gern in der Aromatherapie und bei der Behandlung von zu niedrigem Blutdruck eingesetzt.
Die Rosen sollen auf ein Wunder hinweisen, das angeblich der heiligen Elisabeth widerfahren ist. Nach einer in mehreren Varianten erzählten Legende sorgte die fromme Landgräfin Elisabeth von Thüringen und Hessen (1207-1231) aufopfernd für die Armen und Kranken in der Umgebung ihrer Residenz, der Wartburg. Ihrem Mann Ludwig soll dieses soziale Engagement überhaupt nicht gefallen haben. Er verbot es ihr. (Der historische Landgraf stand der Armenpflege positiv gegenüber und unterstützte Elisabeth bei ihrem gottgefälligen Tun.) Eines Tages ertappte Ludwig seine Gattin, wie sie heimlich mit Körben voller Lebensmittel die Burg verlassen wollte. Als er die Körbe zornig inspizierte, hatten sich Brot und Wurst in Rosenblüten verwandelt, und dem verdutzten Landgraf verschlug es die Sprache.
Elisabeth wurde bereits vier Jahre nach ihrem Tod vom Papst heilig-

gesprochen. Vorgeblich wegen ihrer Güte und Gottesliebe, tatsächlich aber aus politischen Gründen: Der Papst wollte sich mit dem mächtigen Thüringer Landgrafengeschlecht gutstellen.
Ein ähnliches Rosenwunder, wie es der Thüringer Landgräfin zugeordnet wird, soll auch der heiligen Elisabeth von Portugal passiert sein.

Ernst Wies, Elisabeth von Thüringen, Esslingen 1992; Ernst-Otto Luthard, Ins Land der heiligen Elisabeth, Bamberg 1993; Marion Nickig/Heide Rau, Romantische Rosen, Hamburg 1996

Englands Rose (Weiße Rose von England)

Englische Identitätsrose

Ein Lebewohl für dich, du Rose Englands, von einem Land, das verloren ist ohne deine Seele, das die Flügel deines Mitgefühls mehr vermißt, als du jemals wissen wirst.
Aus Elton Johns gesungenem Beitrag »Goodbye Englands Rose« zur Trauerfeier für Prinzessin Diana 1997

Die 1997 bei einem Autounfall ums Leben gekommene Diana, Princess of Wales, verkörperte für viele Briten nicht nur eine elegant-schicke Mutter Teresa der Oberklasse, sondern sie entsprach auch ihrem »Englands Rose« genannten Schönheitsideal. Englische Frauen-Rosen à la Diana bevölkern die Gesellschaftsromane von Johns Galsworthy, Evelyn Waugh und Rosamunde Pilcher. Sie sind sanft, weder klug noch dumm, schlank, haben eine rosige Haut und Rehaugen und sind vor allem in der Lage, guten Engländern gute Engländer zu gebären. Die Bezeichnung »Englands Rose« ist eine

Anlehnung an die englische Nationalblume, die Rosa alba. Diese kälteresistente und kräftig duftende Kreuzung aus **Hundsrose** und **Damaszenerrose** fiel bereits Plinius (23-79) auf, der behauptete, daß die Insel nach der dort in Massen blühenden weißen Rose »Albion« genannt werde. Als erster englischer Monarch nahm Edward I. (1239 bis 1307) eine Rose in sein Wappen auf. Seitdem tauchen Rosen in allen Königswappen auf, wenn auch nicht immer als Rosa alba. Besonders eng verbunden mit dem Landessymbol der weißen Rose war das Haus York, das im Spätmittelalter vier Könige auf dem englischen Thron stellte. Oft wird deshalb die **Weiße Rose von York** ähnlich wie die → **Tudorrose** mit der Rose von England gleichgesetzt. Einige Wappenspezialisten halten die altenglische Rosensorte »Maiden's Bush«, eine halbgefüllte, besonders süß duftende Variante der Rosa alba, die noch heute in Sisinghurst Castle in Kent zu beriechen ist, für das Vorbild der heraldischen England-Rose.

Roy Genders, Die Rose, Zürich 1978; Keith Noble, Diana.
Die Rose Englands, München 1997

Erbse

Eine Art Lackmustest für wirkliche Prinzessinnen

> Da nahm der Prinz sie zur Frau, denn nun wußte er, daß er eine wirkliche Prinzessin besitze, und die Erbse kam in die Kunstkammer, wo sie noch zu sehen ist, wenn sie niemand genommen hat.
>
> Hans Christian Andersen
> Die Prinzessin auf der Erbse

Im Gegensatz zu den gesammelten und aufgeschriebenen Märchen der Brüder Grimm sind die von Hans Christian Andersen (1804-1875) mehr oder weniger frei erfunden – wenn er dabei auch oft bekannte Märchenmotive benutzte. »Die Prinzessin auf der Erbse« gehört allerdings zu den fünf seiner 156 Märchen, die Nacherzählungen von Volksmärchen sind.

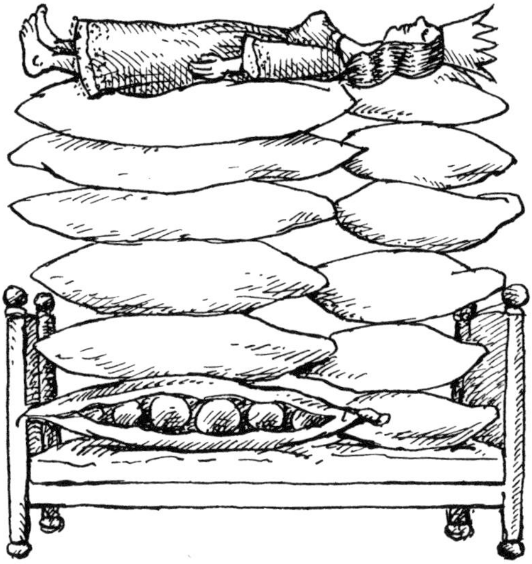

Ein Prinz will sichergehen, nur eine wirkliche Prinzessin zu heiraten, findet aber in der ganzen Welt keine. Da steht eines Abends während eines schrecklichen Unwetters ein völlig durchweichtes Mädchen vor dem Stadttor und behauptet, eine wirkliche Prinzessin zu sein. Die Königin unterzieht sie einem Test: Sie legt eine Erbse (Pisum sativum) auf den Boden einer Bettstelle, darauf zwanzig Matratzen und darauf zwanzig Eiderdaunenbetten. Diesen Turm muß die Prinzessin erklimmen und die Nacht darauf verbringen. Als sie am nächsten Morgen berichtet, sie hätte kein Auge zugetan und sei am ganzen Körper braun und blau, ist ihre Echtheit bewiesen, und die Hochzeit kann stattfinden.

»Die Prinzessin auf der Erbse« gehört zu den ersten Märchen, die Hans Christian Andersen 1835 veröffentlichte, zu seinen berühmtesten und zu seinen kürzesten. Obwohl die Geschichte gerade mal eine Buchseite füllt, gibt sie zwei wichtige Aspekte im Leben des dänischen Märchendichters wieder, der am liebsten über sich selber schrieb und im ganzen drei Autobiographien verfaßte. Zum einen war er selbst sensibel bis zur Mimosenhaftigkeit. Die kleinste Kritik an ihm oder seiner Arbeit (ohne daß man vorher zuerst *das Ganze* ausgiebig gelobt hatte) – und schon war der nach Anerkennung hungernde Dichter tagelang mißmutig und bedrückt. Wenn ihn jemand kränkte, brachte er es zwar manchmal noch fertig zu kontern und konnte dann auch spöttisch sein, aber danach zog er sich in seine vier Wände zurück, um ausgiebig an der Bosheit der Welt zu leiden. Zum zweiten gehörte es zu seiner märchenhaften Vorstellung vom Leben, daß er einmal eine Prinzessin – wenn auch nur im übertragenen Sinn – erhalten würde. Daß dies jedoch niemals der Fall sein sollte, erkannte er dann allerdings doch relativ früh. Das lag nicht etwa daran, daß ihm keine gut genug gewesen wäre, sondern daß weder Riborg Voigt noch Louise Collin, noch Jenny Lind die Liebe des potthäßlichen Dichters von schlottrig-unproportionierter Gestalt zu erwidern vermochten und Andersen möglicherweise auch eine beträchtliche Scheu vor der sexuellen Vereinigung hatte.

Erling Nielsen, Hans Christian Andersen in Selbstzeugnissen und Bilddokumenten, Hamburg 1958;
Irving Wallace/Amy Wallace/David Wallechinsky/Sylvia Wallace, Rowohlts indiskrete Liste, Reinbek 1981

F

Feldbusch

Nicht Verona

Ein international bekannter 44jähriger Popstar aus Rosengarten geriet mit seinem PKW infolge von Unachtsamkeit auf der regennassen Fahrbahn ins Schleudern, rutschte in den rechten Seitenraum, prallte gegen einen dort befindlichen Feldbusch ...
Aus dem Polizeibericht des Kommissariats Verden über einen von Dieter Bohlen 1998 verursachten Unfall
Bildzeitung/Morgenpost 1998

Feme-Eiche von Erle

Deutschlands älteste Gerichtseiche

Im westfälischen Erle, Kreis Recklinghausen, steht die mutmaßlich älteste deutsche Gerichtseiche. Sie soll 1500 Jahre alt sein. Vor ihr lag einmal der »Freistuhl«, eine dicke Steinplatte, auf der bereits vor 1024 »Freigrafen« genannte Richter Gericht hielten. Aus solchen ordentlichen Freigerichten entwickelten sich wegen der wachsenden Rechtsunsicherheit seit dem 13. Jahrhundert »wilde« Gerichte, deren Mitglieder in einem Geheimbund organisiert waren. Die oft unter Eichen oder Linden tagenden Femegerichte, die zunächst in Westfalen entstanden, kannten nur zwei Entscheidungen: Freispruch oder Todesurteil. Das Todesurteil konnte jederzeit und überall an den »der Feme Verfallenden« durch Freischöffen vollstreckt werden. Zum Teil von der Obrigkeit ausdrücklich begrüßt, verbreiteten die unheimlichen Femegerichte mit ihrer Lynchjustiz bis zum Ende des 15. Jahrhunderts Angst und Schrecken.

Inzwischen ist die 15 Meter hohe und 14 Meter im Umfang messende Feme-Eiche von Erle hohl und in drei Teile zerbrochen. Ihre »Sanierung« kostete rund 15000 Mark. Die Stammteile wurden mit Seilen aneinandergebunden und werden von einer Art Stützkorsett und einem Holzbalkengerüst gehalten. Aber immer noch treibt der Baum aus.

Eine weitere **Feme-Eiche**, 21 Meter hoch und großzügig als Tausendjährige bezeichnet, steht in Dausenau bei Bad Ems. Schon 1348 wurde unter ihr Recht gesprochen. Heute wird ihr hohler Innenraum durch ein Gitter geschützt, und der Wirt des Gasthauses »Zur alten Eiche« pflegt den Baum. Die Wurzeln der Eiche sind oberirdisch den Uferhang zur Lahn hinuntergewachsen und haben sich mit Rinde überzogen. Eine biologische Besonderheit.

Peter Schille/Wilfried Bauer (Fotos), Deutschlandbilder 3/ Grüne Patriarchen – Von den ältesten Bäumen der Bundesrepublik Deutschland, Stuttgart 1985; Das Mosaik Lexikon der Superlative, München 1979; Karl Kroeschell, Deutsche Rechtsgeschichte 1250-1650, Reinbek 1973

Fingerhut (Elfenhandschuh)

Herzpflanze

Zeus-Gattin Hera stellte sich beim Nähen etwas ungeschickt an und verlor ihren Fingerhut, der vom Olymp hinab auf die Erde fiel. Zeus versprach ihr in Trösterlaune, das verlorene Utensil zu ihrer Ehre in eine besonders schöne Pflanze zu verwandeln. So entstand der **Rote Fingerhut** (Digitalis purpurea). Die rotleuchtende Pflanze ist nicht nur prächtig anzusehen, sondern hat es auch in sich. Aus ihrem Absud können Gifttränke und eventuell auch Flugsalben für Hexen hergestellt werden. Irischen Kindern gab man »**Frairie's Herb**« früher als

Mittel gegen den bösen Blick. Nicht selten starben die Kinder daran, denn der Rote Fingerhut besitzt wie seine andersfarbigen Artverwandten, der gelbliche **Großblütige Fingerhut** (Digitalis grandiflora) und der **Gelbe Fingerhut** (Digitalis lutea), hochwirksame Glykoside. Die Digitalis-Glykoside bilden die Grundstoffe für anerkannte Herzmedikamente, führen bei unsachgemäßem Gebrauch aber auch schnell zu ernsten Gesundheitsschäden und sogar zum Herztod.

Hans Schöpf, Zauberkräuter, Graz 1986, Bruno P. Kremer, Giftpflanzen, Stuttgart 1994

Fleur de lys

Heraldische Lilie

Als Frankenkönig Chlodwig I. im Jahr 496 die Alemannen schlug, soll er der Legende nach durch ein Flaggenwunder zum Christentum bekehrt worden sein. Angeblich hatten sich die auf seiner Fahne aufgestickten Kröten im Augenblick des Sieges in Lilienblüten verwandelt. Lilien stehen symbolisch für die Reinheit der Jungfrau Maria. Zum Hauptemblem der Chlodwig-Nachfolger, der französischen Könige, ist die Lilienblüte, die Fleur de lys, aber erst sehr viel später geworden. Zum ersten Mal taucht sie wahrscheinlich bei König Ludwig VII. Mitte des 12. Jahrhunderts auf. Tatsächlich ist ungeklärt, wie die Lilie ins königliche Wappen kam. Bei der frommen Chlodwig-

Geschichte jedenfalls dürfte es sich um einen Versuch französischer Hofbeamter handeln, dem Lilienmotiv nachträglich eine religiöse Weihe zu geben. Fraglich ist auch, ob es sich bei der heraldischen Figur mit den drei oberen Blättern, die aus einem kleinen dreiteiligen Ornament aufstrebt, ursprünglich um eine Stilisierung der **Schwertlilie** (Iris pseudacorus) handelte oder nicht vielleicht eher um das Symbol für eine Faschine (Reisigbündel zur Uferbefestigung). Wie dem auch sei, spätestens seit dem 13. Jahrhundert wurde die Fleur de lys als Blume und als Sinbild der Muttergottes aufgefaßt. Bis zur Revolution, die das Lilienwappen durch die Trikolore ersetzte, waren die Fleurs-de-lys Frankreichs und seiner Könige Wahrzeichen. Während der Restauration wurden sie von 1814/15 bis 1830 abermals als Staatssymbol statt der Trikolore verwendet.
Um die Verbindung zu ihrem französischen Ursprung zu dokumentieren führt die frankokanadische Provinz Quebec die Fleurs-de-lys heute noch in ihrem Wappen. Auch im kanadischen Staatswappen (→ **Maple Leaf**) taucht die französische Lilienblüte neben der britischen Union Flag auf. Florenz und die Toskana führen ebenfalls Lilien in ihren Wappen, die aber im Gegensatz zur französischen Blume stets mit Staubfäden abgebildet werden.

E. M. C. Barraclough, Flags of the World, London 1981;
D. Galbreath/Léon Jéquier, Handbuch der Heraldik, München 1989; Ottfried Neudecker, Heraldik, Augsburg 1990

Fliegende Banane

Hubschrauber

Die meisten nach dem Zweiten Weltkrieg gebauten Hubschrauber besitzen einen vor der Rumpfmitte angebrachten Hauptantrieb mit waagerechten Rotorblättern und einen kleineren Heckrotor mit senkrecht angeordneten Blättern. Die knatternden Flieger mit ihrer üblicherweise vorne bauchigen und sich nach hinten verjüngenden

Silhouette wirken auf den Betrachter wie große Fluginsekten. Eine Ausnahme von diesem Erscheinungsbild machen die Tandemhubschrauber, schwere Lasthubschrauber mit zwei waagerechten Rotoren an beiden Rumpfenden. Der erste serienreife Tandemhubschrauber war der von dem US-Amerikaner Frank Piasecki konstruierte und im März 1945 zum ersten Mal geflogene PV-3. Außer der beiden gleich großen Rotoren war für die PV-3 die Bananenform charakteristisch: Die beiden Enden des Rumpfes waren etwas hochgezogen, und der Hubschrauber war nicht gerade, sondern hatte in der Mitte einen Knick nach oben, so daß das Heckteil höher als das Vorderstück lag. Die Bezeichnung »Fliegende Banane« drängte sich beinahe zwangsläufig auf. Trotz ihres wenig aerodynamischen Spitznamens erwies sich der PV-3-Hubschrauber als zuverlässige und von der Fachwelt gelobte Flugmaschine mit zahlreichen Nachfolgemodellen. Die bekannteste »Fliegende Banane« ist die seit 1952 gebaute Piasecki H-21 »Work Horse«, der Standardlastträger militärischer Lufttransportgeschwader vieler Armeen der Nachkriegszeit. Die heutigen Tandemhubschrauber wie etwa der »Work Horse«-Nachfolgetyp CH-47 Chinook haben einen geraden, unbananigen Rumpf. Trotzdem werden auch sie manchmal, wohl aus Traditionsgründen, als »Fliegende Bananen« bezeichnet.

Rolf Besser, Technik und Geschichte der Hubschrauber, Koblenz 1990; Warren R. Young, Die Hubschrauber, Eltville am Rhein 1993; Giorgio Apostolo, Enzyklopädie der Hubschrauber, Augsburg 1995

Floire et Blancheflor (Flore und Blanscheflur)

Mittelalterliches Liebespaar

Um 1160 schrieb ein heute unbekannter Autor aus der Provence das Versepos »Floire et Blancheflor« (»Blume und Weißblume«, »Rose und Lilie«). Er griff dabei auf eine Liebesgeschichte möglicherweise byzantinischen oder arabischen Ursprungs zurück. Es geht bei dem Florisroman um die von der Umwelt zunächst nicht geduldete Liebe zwischen dem jungen maurisch-spanischen Prinzen Floire und der versklavten christlichen Prinzessin Blancheflor. Nach vielen Abenteuern befreit Floire die Geliebte aus der Gefangenschaft, konvertiert zum Christentum und macht Blancheflor zu seiner Königin. Beide werden hundert Jahre alt und sterben, wie sie sich es immer erhofft hatten, gemeinsam am selben Tag. Ihre Tochter Berta wird die Mutter von Karl dem Großen. Das in zwei Grundversionen kursierende Herzensstück wurde bei Minnesängern und Minnesanghörern überaus populär. Es entstanden von Italien bis Norwegen zahlreiche, teilweise erheblich vom Urtext abweichende Bearbeitungen. Als eher sachlich-dröge stufen Literaturwissenschaftler den ersten deutschsprachigen Versuch einer Übertragung, »Trierer Floyris« (um 1170), ein. Den poetisch-märchenhaften Ton des Originals besser getroffen hat dagegen die um 1220 geschriebene mittelhochdeutsche Variante »Flore und Blanscheflur« des alemannischen Dichters Konrad Fleck.

Patricia Grieve, Floire and Blancheflor and the European romance, Cambridge 1997

Florin
(Florijn, Fiorino d'Oro)

Goldmünze

2002 werden sie mit Einführung des Euro-Hartgeldes aus dem Geldumlauf verschwinden: die Münzen mit dem Kürzel »hfl«. Niederlande-Besucher müssen dann nicht mehr rätseln, wieso die dortige Währungseinheit Gulden so eigenartig abgekürzt wird. Die Benennung »hollandsch florijn« leitet sich von 1252 zum ersten Mal in Florenz geprägten Geldstücken mit dem bildhaften Namen Fiorino d'oro (»Goldblümchen«) ab. Die Goldblümchen-Münzen zierte auf der Rückseite eine Lilie, die florentinische Wappenblume (→ **Fleur de lys**). Französisiert »Florin« wurde die Münze im 14. Jahrhundert in Mitteleuropa zum Synonym für goldene Münzen (= Gulden). Seit 1679 ist der Florin-Gulden Hauptwährung der Niederlande. Im 19. Jahrhundert waren auch in Großbritannien Florins im Umlauf: Silbermünzen im Wert zu zwei bzw. vier Shilling.

Konrad Fuchs/Heribert Raab, Wörterbuch zur Geschichte, Bd. 1, München

Freiheitsbaum (Arbre de la Liberté)

Revolutionssymbol

Warum hat man eigentlich überall Freiheitsbäume gepflanzt? Um wenigstens den Schatten davon zu haben.

Witz nach der Französischen Revolution

Wahrscheinlich sind die ersten europäischen Freiheitsbäume im Winter 1789/90 von südfranzösischen Bauern aufgestellt worden. Damit wollten sie gegen die Beschlüsse der Nationalversammlung protestieren, nach denen sie nur dann von den Feudallasten befreit werden sollten, wenn sie sich freikauften. Art der Aufstellung und Aussehen dieser Freiheitsbäume standen in der Tradition der → **Maibäume**, die in einigen Regionen Frankreichs unter anderem Zeichen für die Landbevölkerung waren, daß im abgelaufenen Wirtschaftsjahr alle Schulden beglichen waren. Ob die aufgebrachten Bauern bei ihren Baumaufstellungen auch an den → **Liberty Tree** der gerade erfolgreich beendeten Amerikanischen Revolution gedacht haben, ist strittig. Im Februar 1790 verlangten die Behörden zwar noch die Abholzung der Bäume, doch hatte sich der Freiheitsbaum im rasch ra-

dikalisierten revolutionären Frankreich bereits wenige Monate später fest etabliert. Im Zusammenhang mit der Aufhebung des bis dahin ausschließlich grundherrlichen Rechts, Bäume zu pflanzen, wurde der vom dritten Stand aufgestellte Baum zum Symbol des Sieges über das Ancien régime. Die Freiheitsbäume gab es in zwei Varianten: als aufgestellte wurzellose Stangen und als junge gepflanzte Bäume, meist **Eichen** oder **Pappeln**. Sie waren mit Bändern, Kränzen, Tafeln und vor allem mit dem Revolutionshut, in der Regel eine rote phrygische Mütze, geschmückt. 1792 wurden in Frankreich über 60000 Freiheitsbäume gepflanzt. 1794 ordnete der Nationalkonvent an, daß jede Gemeinde einen Arbre de la Liberté zu pflanzen und zu pflegen habe. Auch im übrigen Europa dieser Zeit, insbesondere in Deutschland und in der Schweiz, wurden von Revolutionären Freiheitsbäume gepflanzt bzw. aufgestellt. Dort, wo reaktionäre Kräfte die Macht zurückerobern konnten, wie 1793 in Teilen des Rheinlandes, wurden die von ihnen gehaßten Bäume sofort umgelegt. Nachdem Napoleon 1799 an die Macht gekommen war, wurden die Freiheitsbäume verpönt und verschwanden allmählich. Sie tauchten aber regelmäßig bei späteren revolutionären Ereignissen des 19. Jahrhunderts auf, so bei der Juli-Revolution 1830, beim Fest auf dem Hambacher Schloß 1832 oder zuletzt nach der Proklamation der III. französischen Republik 1870. Die Tradition des Freiheitsbaums erlischt danach allerdings nicht völlig, sondern wird an einigen Orten bei bestimmten Maibaumbräuchen weiter gepflegt.

Inge Baxmann, Die Feste der Französischen Revolution, Weinheim/Basel 1989; Sibylle Selbmann, Der Baum. Symbol und Schicksal des Menschen, Karlsruhe 1993; Helmut Reinalter (Hrsg.), Lexikon zu Demokratie und Liberalismus 1750-1848/49, Frankfurt/M. 1994; Wilfried Ebert, Der Frohe Tanz der Gleichheit. Der Freiheitsbaum in der Schweiz 1798-1802, Zürich 1996

Die Früchte und Blumen der heiligen Dorothea

Himmlische Geschenke für einen Ungläubigen

St. Dorothee bringt den meisten Schnee.
Bauernweisheit aus Nordthüringen

Die legendäre Märtyrerin wurde zur Zeit Diokletians in Caesarea (Kappadokien) enthauptet. Der wenig taktvolle Advokat Theophilus bat die zum Tode verurteilte Jungfrau spöttisch, sie möge ihm doch Früchte und Blumen (in manchen Versionen der Legende sind es speziell Äpfel und Rosen) aus dem Garten ihres himmlischen Bräutigams schicken. Dorothea versprach das, und nachdem sie hingerichtet worden war, erschien ein himmlischer Knabe mit einem Körbchen voller jahreszeitlich gar nicht erhältlicher Früchte und Blumen (oder speziell: Äpfel und Rosen). Theophilus wandte sich daraufhin dem Christentum zu und wurde bald selbst ein Märtyrer.
In der Legende finden sich einige Anklänge ans antike Griechenland, die nicht recht zu einer jungfräulichen Märtyrerin passen wollen. So schickten dort Frauen dem Mann ihres Herzens eine von

ihnen getragene Rose oder einen angebissenen Apfel als Liebesbotschaft. Auch erinnert der himmlische Knabe ein wenig an Liebesgott Amor.
In Rom und Bologna, wo die Reliquien der heiligen Dorothea aufbewahrt sind, werden zu ihrem Andenken alljährlich am 6. Februar Blumen und Früchte gesegnet.

Gerd Heinz-Mohr/Volker Sommer, Die Rose. Entfaltung eines Symbols, München 1988; Der große Brockhaus, Wiesbaden 1979; Hanns Bächtold-Stäubli, Handwörterbuch des deutschen Aberglaubens, Berlin/New York 1927/1986

G

Gänseblümchen (Marienblümchen, Maßliebchen)

Aus Tränen entstandene Blume

Sie liebt mich, sie liebt mich nicht, sie liebt mich ...
Gänseblümchen-Orakel

Einer christlichen Legende nach wuchsen aus den Tränen, die Mutter Maria auf der Flucht der Heiligen Familie nach Ägypten vergoß, kleine Blumen: die Marienblümchen (Bellis perennis). Die Entstehungsgeschichte der unter dem Namen »Gänseblümchen« bekannteren Pflanze ist ein gutes Beispiel für eine in Details variable Wandersage. Eine osteuropäische Version erzählt, daß es Maria Magdalena war,

die die blumensprießenden Tränen vergoß, und zwar für ihr sündiges Leben. Nach Plinius war es die schöne Helena, die Gänseblümchen (lat.: Helenium) erweinte.
Populär wurde die unscheinbare Pflanze vor allem als Kinderblume, obgleich Gänseblümchenextrakt eine Zeitlang den Ruf eines Abtreibungsmittels hatte. Angeblich hat schon Jesus in der Krippe mit einem Gänseblümchen gespielt, und als er die bescheidene Blume küßte, errötete sie. Seitdem sind ihre weißen Blüten rötlich angelaufen. In der Volksmedizin sollten Krämpfe bei Kindern durch ein aus Gänseblümchen geflochtenes »Gichterkränzlein«, das unter das Kopfkissen des kleinen Patienten gelegt werden mußte, geheilt werden. In Heilpflanzenbüchern werden Gänseblümchentees zur Stärkung von Kindern empfohlen. Tatsächlich wirken Aufgüsse und Tinkturen aus den Blütenköpfen des Gänseblümchens schleimlösend, stoffwechselanregend und auch leicht krampfstillend.
Einmal hat es die kleine Blume, deren undramatisches Aussehen sie anscheinend nur wenig für staatliche oder dynastische Symbolik empfahl, sogar zu den Ehren eines königlichen Emblems gebracht. Ludwig IX., der Heilige, von Frankreich (1215–1270) nahm das schlichte Gewächs neben der Lilie (→ **Fleur de Lys**) in sein Wappen auf.

Jacques Ditschwyler, Bescheidene Blumen, Zürich 1984

General Sherman

Schwerster lebender Baum

Etwa zu der Zeit, als die Stadt Rom gegründet wurde, keltische Stämme in Britannien einfielen und in Mitteleuropa die Eisenzeit begann, stand ein sehr, sehr viel später »General Sherman« genannter **Riesenmammutbaum** (Sequoiadendron giganteum) bereits als zartes Pflänzchen an seinem Standort im heutigen kalifornischen Sequoia-Nationalpark. 2500 bis 3000 Jahre nahm er sich Zeit, um zu einer recht imponierenden, aber nicht wirklich außergewöhnlichen Höhe von 81,82 Meter heranzuwachsen. Zum Rekordhalter macht den rotbraunen Riesen mit dem blaugrünen Laub sein enormer Umfang von über 31 Meter. Dadurch erreicht General Sherman ein Volumen, das ihn inklusive Wurzelwerk über 2000 Tonnen schwer sein läßt. Theoretisch könnte man aus seinem Holz fünf Milliarden Streichhölzer herstellen. Aber wer will das schon.

Das neue Guinness Buch der Rekorde 1998, Frankfurt/M. 1997

Gerstenkorn

Entzündung im Augenlid

... klein Gschwerlin, welches der Gestalt halben
eins Gerstenkörnleins ordeolum genannt wird ...

Ryff

Eine Hautkrankheit nach einem Lebensmittel zu benennen ist nicht besonders appetitlich. Aber wenn die akute Entzündung einer Talgdrüse nahe dem Lidrand eitrig durchbricht, sieht sie tatsächlich dem Korn der weitverbreiteten Getreidepflanze **Gerste** (Hordeum) ähnlich. In Bayern heißt so etwas auch »Biernickel«, in Franken »Wegscheißer«, in der Schweiz »Urseli« oder »Nützschli« und mancherorts »Wern«.
So ein äußeres Gerstenkorn (Hordeolum externum) kommt besonders häufig bei Jugendlichen mit Akneneigung vor. Es heilt rasch ab, taucht aber genauso schnell mal wieder auf, weswegen es im Plattdeutschen auch »Stige« (zwanzig) genannt wird, weil 20 Gerstenkörner aufeinander folgen sollen.
Als inneres Gerstenkorn (Hordeolum internum) bezeichnet man die gleiche Entzündung der Talgdrüsen im Lidknorpel, die erst durch Umstülpen des Lids sichtbar werden. Bei chronischer Entzündung kann daraus ein sogenanntes Hagelkorn werden.

Als erste Hilfe empfiehlt die Medizin feuchte Wärme und der Aberglaube eine Handvoll (pflanzlicher) Gerstenkörner rücklings in einen Ziehbrunnen oder ein Feuer zu werfen.

Der große Brockhaus, Wiesbaden 1954; Hanns Bächtold-Stäubli, Handwörterbuch des deutschen Aberglaubens, Berlin/New York 1927/1986

Gingo biloba (Goethe-Baum)

Poetischer Urbaum

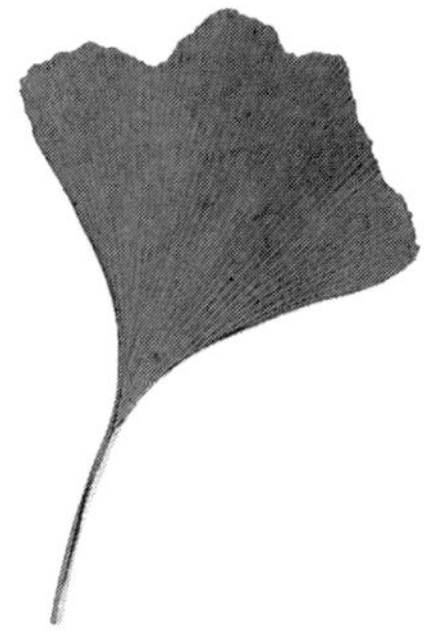

Dieses Baums Blatt, der von Osten/ Meinem Garten anvertraut,/ Gibt geheimen Sinn zu kosten,/ Wie's den Wissenden erbaut./ Ist es ein lebendig Wesen,/ Das sich in sich selbst getrennt ? / Sind es zwei, die sich erlesen,/ Daß man sie als eines kennt? / Solche Frage zu erwidern,/ Fand ich wohl den rechten Sinn;/ Fühlst du nicht an meinen Liedern,/ Daß ich eins und doppelt bin? Goethe, 1815, Gingo biloba

Im September 1815 schickte Johann Wolfgang von Goethe aus Heidelberg einen Brief an Rosine Städel, einer Tochter der eng mit Goethe befreundeten Frankfurter Bankiersfamilie Willemer. Anbei lagen das Rosines Stiefmutter Marianne von Willemer gewidmete Gedicht »Gingo biloba« und einige der zweigeteilten fächerförmigen Blätter des Ginkgo-Baums. Das wenig später (1819) im lyrischen Zyklus »West-östlicher Divan« veröffentlichte Gedicht trug nicht unerheblich zur immer noch anhaltenden Popularität des Ginkgos in Deutschland bei. Der robuste Baum (→ **Hiroshima-Ginkgo**) wird heute von Stadtgärtnern wegen seiner Unempfindlichkeit gegenüber Luftverschmutzung und Wetterschwankungen als Park- und Straßenbaum geschätzt. Insbesondere in thüringischen und sächsischen Städten wie Jena und Dresden prägen Ginkgo-Alleen das Straßenbild. Der in Ostasien beheimatete Ginkgo war zwar schon seit Anfang des 18. Jahrhunderts in Europa bekannt und wird in Deutschland seit etwa 1780 kultiviert, doch erst zu der Zeit als Goethe den »Gingo biloba«-Zwölfzeiler dichtete, war die sogenannte Zweihäusigkeit des exotischen Baumes erkannt worden. Der Botaniker de Candolle hatte 1814 entdeckt, daß der bisher in Europa ausschließlich durch Stecklinge und Ableger gezogene Ginkgo im Gegensatz zu den meisten heimischen Bäumen eingeschlechtig ist. Zur Befruchtung müssen Pollen der männlichen Bäume durch den Wind an die weiblichen Samenanlagen der weiblichen Ginkgos herangeführt werden. Diese Zweigeteiltheit der Art und die Zweigeteiltheit der Ginkgo-Blätter hat Goethe dazu bewogen, den »Baum des Ostens« im westlichen Garten als Symbol für die Doppelheit in der Einheit zu beschreiben, die das Zentralmotiv seiner »Divan«-Dichtungen war. Auch in seiner ostasiatischen Heimat gilt der Ginkgo als Versinnbildlichung des dualen Prinzips. Verschlüsselt hat Goethe in seinen Versen auf die Beziehung zur verheirateten Marianne von Willemer angespielt, die zugleich von inniger Seelenverwandtschaft und notwendiger Distanz bestimmt war. Marianne von Willemer hat später berichtet, daß es der, inzwischen eingegangene, Gingko im Garten des Heidelberger Schlosses gewesen war, der Goethe konkret inspiriert hatte. In Frage kommen aber auch andere Vertreter der damals noch als botanische Rarität bewunderten Pflanze. Zum Beispiel der Ginkgo, den Goethe 1805 auf Gut Harbke östlich von Helmstedt bewunderte. Dieser **Harbke-Ginkgo** dürfte mit heute 220 Jahren vermutlich der älteste Ginkgo in Deutschland sein. Etwas jünger ist der möglicherweise von Goethe selbst gepflanzte männliche **Goethe-Ginkgo** im Botanischen Garten von Jena. Beide sind also noch recht jung. In Japan und China gibt es etliche Zuchtginkgos, die über 1200 Jahre alt sind, und angeblich soll es in Wildbeständen 4000 Jahre alte Exemplare geben. Warum Goethe für den Titel seines Gedichts die wissenschaftlich falsche Bezeichnung »Gingo biloba« wählte, ist unklar. Unstrittig ist, daß Goethe den end-

gültig durch Linné eingeführten korrekten wissenschaftlichen Namen »Ginkgo biloba« kannte und verwendete. Bei seinen botanischen Studien zur Urpflanze beschäftigte er sich intensiv mit dem später als »lebendes Fossil« bezeichneten eigentümlichen Baum, dessen Ursprünge 300 Millionen Jahre zurückliegen und der in der Jura- und Kreidezeit auch in Europa wuchs. Für die Pflanzenforschung stellt der Ginkgo biloba eine Sonderheit dar, die sich nicht eindeutig als Nadel- oder Laubbaum klassifizieren läßt. Als letzter lebender Vertreter der ansonsten ausgestorbenen Familie der Ginkgoaceen ist der Baum besonders für die Paläobotaniker von unschätzbarem Wert. Auch die moderne Pflanzenheilkunde beschäftigt sich neuerdings mit ihm. Insbesondere bei der Behandlung von Durchblutungsstörungen schwören manche Pharmazeuten auf Ginkgoextrakt.

Klaus Schröter/Helmut Rieg, Johann Wolfgang Goethe, Düsseldorf 1983; Günther Debon, Das Blatt von Osten: Gedanken zum Gingo-biloba-Gedicht, in: Euphorion 73 (1979); Maria Schmid/Helga Schmoll gen. Eisenwerth, Ginkgo, Stuttgart 1994; Maike Höffken, Ginkgo biloba, Erftstadt 1994, Michael Bühler, Gingo biloba, in: Regina Otto/Bernd Witte (Hrsg.), Goethe-Handbuch, Bd.1, Stuttgart/Weimar 1996; Gero von Wilpert, Goethe-Lexikon, Stuttgart 1996

Ginseng

Stärkungsmittel

Die goldgelbe, möhrenartige Wurzel der Ginsengpflanze (Panax ginseng oder Panax schin-seng) ähnelt manchmal einer → **Alraune** und wird seit etwa 4000 Jahren in Korea, China und Japan als Allheilmittel für die »fünf Eingeweideorgane«, gegen Fieber, Potenzstörungen, Nervenleiden und wegen ihrer angeblich verjüngenden Wirkung eingesetzt.

Der Legende nach hat der allgewaltige Berggeist der leidenden Menschheit einen Knaben in der Gestalt einer Wurzel als Retter geschickt. Nach einer anderen Legende entdeckte der chinesische Philosoph Lao Tse die zu den Aralizeen gehörende Heilpflanze. Die Bestände an wildem Ginseng in Korea und der Mandschurei sind stark zurückgegangen, inzwischen wird er aber auch angebaut. Nach Europa kam der Ginseng 1610 durch die Holländer. Hier hieß er zuerst **Pentao** und wurde (u. a. am Hofe Ludwigs XIV.) als → **Aphrodisiakum** gehandelt. Heute wird Ginsengextrakt auch in Drogerien und bei Aldi verkauft. Immer noch gilt er als Lebensverlängerer, der Müdigkeit und nachlassender Leistungskraft entgegenwirkt, und wird gern von älteren Herren erworben.

Reinhardt Höhn, Seltsames aus dem Reich der Pflanzen, Leipzig 1976; Der große Brockhaus, Wiesbaden 1954

Glastonbury-Dorn (Glastonbury Thorn)

Julianischer Baum

Der Legende nach soll Jesu Onkel, Josef von Arimathäa, nach dem Tod seines Neffen auf die Britischen Inseln gekommen sein, um in Wessex die Heiden zum Christentum zu bewegen. Als Beweis für die Macht Gottes rammte er seinen Wanderstab im südenglischen Glastonbury in den Boden. Hier schlug der Stab Wurzeln und blühte am Weihnachtstag. Die Briten waren verblüfft, einige traten zum Christentum über, und später wurde an dieser Stelle eine Abtei gegründet. Der blühende Stab wuchs zu einem mächtigen Weißdorn heran und begann weiterhin exakt am Geburtstag Jesu zu blühen.
Die englische Spielart des Weißdorns (Crataegus monogyna biflora), nach der frommen Glastonbury-Legende Glastonbury-Dorn genannt, gehört zu den Hölzern, die sehr früh grünen. In milden Wintern treibt er manchmal bereits – nein, nicht im Dezember, sondern im Januar

frische Knospen. Denn 1752 wurde durch das englische Parlament die auf dem Kontinent immer üblicher gewordene Gregorianische Zeitrechnung eingeführt. Durch die Abschaffung des bis dahin gültigen Julianischen Kalenders wurden elf Tage gestrichen. Der Glastonbury-Baum, von dem alljährlich ein Zweig für die Weihnachtstafel der regierenden britischen Monarchen gebrochen wird, ließ sich von dieser Reform nicht beeindrucken und blühte weiterhin im alten Rhythmus, das heißt, erstaunlicherweise fast immer am Old Christmas Eve (5. Januar). Traditionalisten bewerteten diese Erscheinung als göttlichen Protest gegen die neumodische Zeitumstellung. Noch heute versuchen einige wenige besonders hartnäckige Engländer unter Hinweis auf den Baum von Glastonbury das Parlament zur Rücknahme seiner Entscheidung aus dem 18. Jahrhundert zu bewegen. Bisher haben die projulianischen Petitionen noch nicht den erwünschten Erfolg gebracht.

Richard Gorer, Illustrated Guide to Trees, London 1980;
Robert Doyle, Das mythische Jahr, Amsterdam 1992

Glücksklee

Das Glück ist kugelrund; es trifft wohl manchen Pudelhund.
Sprichwort

Das vierblättrige (korrekt: vierzählige) Kleeblatt gilt im Volksglauben als allgemein glückbringend und hat es in dieser Eigenschaft (und weil Klee wegen seines kräftigen Wuchses Sinnbild der Lebenskraft ist) bis zum Markenemblem einer Dosenmilch gebracht. Zu Terminen, an denen man Glück besonders nötig hat – wie Geburtstag und Silvester –, erscheint Glücksklee gehäuft auf Grußkarten. Allein – oder gemeinsam mit den Kollegen Schornsteinfeger und Schwein. Die Gründe für den Glauben an die glückbringenden Kräfte des Viererklees liegen zum einen in seiner Seltenheit – die 300 Arten umfas-

sende Schmetterlingsblütergattung Klee (Trifolium) hat üblicherweise dreizählige Blätter – und zum anderen in seiner (alles Böse abwehrenden) Kreuzesform. Das Dreiblatt symbolisiert die Dreifaltigkeit, der vierblättrige Klee neben dem Kreuz noch die vier Evangelien sowie die vier Kardinaltugenden. Glück bringt er vor allem im Spiel; er kam früher aber auch bei Liebeszauber und allerlei anderen Hexereien zur Anwendung.
Unpaariger **Vielklee** (fünf-, sieben-, neun-, elfzähliges Blatt) soll hingegen Unglück bedeuten, ein siebenblättriges Kleeblatt gar den Tod.
Mit 107 550 Exemplaren (gesammelt zwischen 1988 und 1993) besitzt Franz Jachmanovsky aus Ingolstadt die wohl größte Sammlung nichtdreiblättriger Kleeblätter. Neben 188 Einblättrigen besitzt er auch ein Dreizehnblättriges.
Aber selbst wenn der Viererklee in seiner Sammlung überwiegt, das Glück wird Franz Jachmanovsky damit nicht zwingen können. Genausowenig wie die Käufer jener kleinen Töpfe voller vierblättriger Kleemutanten, die zum Jahreswechsel in den Blumengeschäften stehen. Wenn Glücksklee wirken soll, muß er nämlich gefunden werden – und das auch noch unabsichtlich.

Hans Schöpf, Zauberkräuter, Graz 1986; Christine und Richard Kerler, Warum? Ursprünge von Redensarten und Gewohnheiten, München 1993; Marianne Beuchert, Symbolik der Pflanzen, Frankfurt/M. 1995; Hanns Bächtold-Stäubli, Handwörterbuch des deutschen Aberglaubens, Berlin/New York 1927/1986; Der große Brockhaus, Wiesbaden 1955; Das Guinness Buch der Rekorde, Frankfurt/M. 1995

Glückspilz

Schoßkind des Glücks

Der Pilz des Glückes wartet fein. Es können Dinge
sich ergeben, die ihn der Arbeit ganz entheben.
Gustav Gans

Warum ein vom Glück verwöhnter Mensch Glückspilz genannt wird, ist nicht ganz geklärt. Vielleicht, weil er durch plötzliches Glück aufschießt (emporkommt) wie **Pilze** (Mycophyta/Fungi/Mycetes) es tun. Bekannt ist dieser Ausdruck mindestens seit dem Anfang des 19. Jahrhunderts. Zunächst bezeichnete er einen Neureichen. Möglicherweise kommt der Begriff aus dem Englischen, wo »mushroom« gleichzeitig Pilz und Emporkömmling heißt.
Einer der berühmtesten Glückspilze der Welt ist Gustav Gans aus Entenhausen.

Friedrich Kluge, Etymologisches Wörterbuch der deutschen Sprache, Berlin 1957; Der Duden, Bd. 7, Herkunftswörterbuch, Mannheim 1963

Goldene Rose

Päpstliche Ehrung

Der dritte Sonntag vor Ostern, der Sonntag Laetare, wird von Katholiken auch Rosensonntag genannt. An diesem Tag trägt der Pfarrer seit dem 16. Jahrhundert beim Gottesdienst rosafarbene Meßgewänder statt der sonst üblichen violetten Bekleidung. Dadurch soll auf den päpstlichen Brauch hingewiesen werden, an diesem Tag eine Rose zu weihen und sie einer Persönlichkeit oder Einrichtung zu schenken, die sich um die Kirche verdient gemacht hat. Der Ursprung dieses Rituals ist unklar. Vielleicht ist er bei der oströmischen Kreuzverehrung in der Mitfastenzeit oder bei volkstümlichen Frühlingsbräuchen zu finden. Möglicherweise trug der Papst bereits im ersten

Jahrtausend bei der römischen Stationsprozession am Sonntag Laetare eine Rose bei sich. Zunächst wird es wohl eine natürliche und schlichte Rose gewesen sein, später wurde sie immer wertvoller geschmückt, schließlich aus Gold und anderen wertvollen Materialien gefertigt und zeitweise auch mit Balsam und Moschus gefüllt. Die ersten bei der Rosenschenkung Bedachten waren päpstliche Stadtpräfekten, später Feldherren, die sich im Kampf gegen die Heiden ausgezeichnet hatten, wie Folco von Anjou (1096) oder Juan d'Austria (1567). Aber auch Städte, geistliche Korporationen, Reliquienorte wie der Schrein von Fatima (1964) oder Kirchen wie die Basilika von Veleherad (1985) wurden bedacht. Seit dem 18. Jahrhundert wurden vorzugsweise Frauen, meist katholische Regentinnen, mit der auch »Tugendrose« genannten Blume beschenkt. Die letzte in dieser Reihe war 1937 Königin Elena von Italien. Die Weihung der Rose, die als Christussymbol gilt, ist seit dem 15. Jahrhundert üblich. Das Gold soll für das Königtum Jesu stehen, das Rot der Blüte für seine Leiden, ihr Wohlgeruch für seinen Ruhm und seine Auferstehung.

New Catholic Encyclopedia, New York 1967; Helga Maria Wolf, Das Brauchbuch, Wien 1992; Lexikon für Theologie und Kirche, Bd. 4, Freiburg i. B. 1995

Goldener Zweig (Goldener Reis)

Fährticket

Im nationalen Epos der Römer, der »Aeneis« von Vergil (70-19 v. Chr.), will Held Aeneas ins Reich der Toten steigen, um sich von seinem verstorbenen Vater Anchises Ratschläge zu holen. Normalerweise ist der Hades für Quicklebendige tabu, doch auf Rat der Sibylle von Kyme (Cumae) bricht Aeneas von einem Baum, der der Vegetations- und Unterweltgöttin Persephone (Proserpina) heilig ist, einen goldenen Zweig ab. Als Aeneas dem Fährmann Charon das Ästlein vorzeigt, ist

dieser ausnahmsweise bereit, den Nochnichtgestorbenen über den Todesfluß Styx zu setzen und ihm auch die Rückfahrt zu garantieren. Der Goldene Zweig der Persephone steht im übertragenen Sinn für die Macht der Natur, immer wieder mit neuen grünen Trieben den Gesetzen des Todes zu trotzen. Mit dem Goldenen Zweig ist auch die Sage verbunden, daß der heilige Busch, von dem der Ast stammt, von Priesterkönigen bewacht wurde. Die Nachfolge dieser Oberpriester, die als Inkarnation einer Gottheit galten, konnten nur flüchtige Sklaven antreten. Sie mußten vorher einen Zweig abbrechen und den alten Priesterkönig erschlagen.
Der schottische Kulturanthropologe Sir James George Frazer gab, angeregt von den Sagen um den Goldenen Zweig, seinem zwischen 1890 und 1936 erschienenen wissenschaftlichen Lebenswerk den Titel »The Golden Bough«. Das zuletzt auf 13 Bände angeschwollene Monumentalwerk zum Thema Mythen hatte enormen Einfluß auf den Zeitgeist des 20. Jahrhunderts. Durch Frazers positivistische »Entmythologisierung« antiker Mythenliteratur trug er erheblich zur Tendenz bei, die Welt für entschlüsselbar und Gott für tot zu erklären.

Anthony Mercatante, Encyclopedia of World Mythology and Legend, New York 1988

Grand Connétable (Grand Bourbon)

Prestige-Pomeranze

Mag der Bund der Steuerzahler bei Gelegenheit auch zu Recht übertriebene Repräsentationskosten unserer Staatsoberen bemäkeln, so sind die heutigen Ausgaben eine Kleinigkeit gemessen an den Kosten vergangener feudaler Hofhaltung. Insbesondere in der Renaissance, im Barock und im Rokoko verschlang der jeweilige höfische Haushalt den Löwenanteil des Steueraufkommens. Dabei ging es den feudalen Herrschern nicht allein um ihr Vergnügen, sondern vor allem um Prestige. Durch Prunk und Protz sollten Feinde und Verbündete und nicht zuletzt die eigenen Untertanen beeindruckt werden. Neben Prachtbauten, extravaganter Garderobe und aufwendigen Festen förderte besonders der Besitz exotischer Raritäten wie Elefanten oder afrikanischer Sklaven das fürstliche Ansehen. Auch seltene Pflanzen aus Übersee erfüllten diesen Zweck. Kaum ein Fürst, der nicht einen Palmengarten oder eine Orangerie sein eigen nannte. Besonders berühmt war die 1686 auf Befehl König Ludwigs XIV. erbaute Orangerie in Versailles. Star des noblen Gewächshauses war ein **Pomeranzenbaum** (Citrus bigaradia) mit dem Namen Grand Connetabel. 1412 hatte Eleonore, die Frau des damaligen Monarchen von Navarra, den Schößling herangezogen. Die Pomeranze oder Bitterorange war erst kurz vorher durch Araber nach Europa gebracht worden. Als die Pflanze 100 Jahre alt war, wurde sie dem französischen Konnetabel Charles de Bourbon zum Geschenk gemacht. Bourbon ließ sie auf seinem Schloß Chantilly einpflanzen. Allerdings blieb das wertvolle Gewächs dort nicht lange. Der ehrgeizige Bourbon, als Armeebefehlshaber die rechte Hand von François I., fiel 1521 bei seinem Herrn in Ungnade. Sein Vermögen inklusive Pomeranzenbaum wurde von der Krone eingezogen. 150 Jahre wurde der jetzt nach seinem Vorbesitzer »Grand Connétabel« oder **Grand Bourbon** genannte Baum im königlichen Garten von Fontainebleau bewundert, bis er schließlich nach Versailles kam, wo der vielbestaunte Methusalem im Jahre 1858 altersschwach einging.

Jacques Brousse, Magie der Pflanzen, Olten 1991

Grashalme
(Leaves of Grass)

Nationalcharakter-Chiffre

Der US-amerikanische Nationaldichter Walt Whitman (1819-1892) (»Oh Captain! My Captain! «) veröffentlichte 1855 anonym ein Lyrikbändchen mit dem Titel »Leaves of Grass«. In 12 Gedichten beschwor der »amerikanische Barde« Whitman das Ideal vom unabhängigen Menschen und die Vitalität des einfachen Volkes in den USA. Die Grashalme des Sammeltitels symbolisierten für Whitman einerseits das alltägliche Leben in Schönheit, Kraft und Banalität, andererseits die Doppelnatur des Menschen als freiheitsliebendes Individuum und als Teil einer sozialen Gruppe. Als Versinnbildlichung des stetigen organischen Wachstums steht das Gras auch für das Gedichtwerk selbst, dessen Teile für sich eigenständig sind, aber auch ein Ganzes bilden. »Grashalme« wurde von Whitman ständig erweitert. In der letzten Ausgabe 1892 war das Werk schließlich von 12 auf fast 400 Gedichte angeschwollen.

James E. Miller, Walt Whitman, Boston 1990; Martin Klammer, Whitman, Slavery and the emergency of Leaves of Grass, University Park, Pa. 1995

Gretchens Sternblume

Liebesorakel

> Ja, mein Kind! Laß dieses Blumenwort Dir Götterausspruch sein. Er liebt dich! Verstehst du, was das heißt? Er liebt dich. Goethe, Faust I, Szene XII

Die Sternblume, deren Blütenblätter in Goethes »Faust« von Margarete gezupft werden, ist eine **Wucherblume** (Chrysanthemum leucanthemum) und gehört zu den Korbblütlern. Bekannter ist sie unter ihrem volkstümlichen Namen **Margerite**.

Ihren Namen hat die Margerite aber nicht von Fausts Gretchen, sondern von der heiligen Margarete, einer Märtyrerin, die während der Christenverfolgung unter dem römischen Kaiser Diokletian (284 bis 305) hingerichtet worden sein soll. Die eifrige Verkünderin der Lehre Jesu hätte ihren Kopf retten können, wenn sie dem Liebeswerben des Präfekten Olybrius nachgegeben hätte. Was sie aber natürlich nicht tat. An ihrem Gedenktag, dem 20. Juli, blühen meist gerade die Margeriten. Sie werden wie auch die → **Gänseblümchen** seit Jahrhunderten als Orakel benutzt, vor allem in Liebesdingen. Beim Abzupfen der einzelnen Blütenbätter sagt man abwechselnd: »Er liebt mich – er liebt mich nicht«, bis das letzte Blütenblatt dann die Entscheidung bringt. Bei Faustens Margarete hieß das »Ja« – und das Unheil nahm seinen Lauf. Wem eine 50:50-Wahrscheinlichkeit zu riskant ist, der sagt beim Entblättern nacheinander: »Sie/er liebt mich – von Herzen – mit Schmerzen – über alle Maßen – oder gar nicht.« Und dann das Ganze wieder von vorn. Außerdem kann man die Margerite nach dem Wetter, dem zukünftigen Beruf, dem Geschlecht des werdenden Kindes usw. befragen.

Fritz C. Müller, Wer steckt dahinter?; Düsseldorf/Wien 1964;
Goethe, Faust, Leipzig 1927; Hanns Bächtold-Stäubli,
Handwörterbuch des deutschen Aberglaubens,
Berlin/New York 1927/1986

Grüne Tomaten

Verfilmter Roman

> Wenn ich auch im Pflegeheim Rose Terrace sitze – mein Herz ist drüben im Whistle Stop Café und ißt gebratene grüne Tomaten.
>
> Mrs. Cleo Threadgoode

Fannie Flaggs 1987 erschienener Roman »Fried Green Tomatoes at the Whistle Stop Café« (dt. »Grüne Tomaten«) erzählt die Geschichte der burschikosen Idgie, die ihre Freundin Ruth aus den Fängen ihres

brutalen Ehemannes rettet und mit ihr das »Whistle Stop Café« in Whistle Stop, Alabama, eröffnet. Spezialität des Hauses sind gebratene grüne Tomaten. Wer nicht kann, braucht nicht zu bezahlen, und schwarze und weiße Gäste sind gleichermaßen gern gesehen.
Die Altersheiminsassin Ninnie Threadgoode erzählt ihre Erinnerungen an diese Zeit einer Zufallsbekanntschaft, der dicken, verschüchterten Evelyn Couch, die dadurch neuen Lebensmut schöpft.
1991 wurde die Geschichte mit Mary Stuart Masterson, Kathy Bates und Jessica Tandy in den Hauptrollen verfilmt (»Fried Green Tomatoes at the Whistle Stop Café«, USA, Regie: Jon Avnet).
Einige Kritiker monierten, daß der lesbische Aspekt der Romanvorlage nicht genügend zum Ausdruck gekommen sei.
Das Rezept für gebratene grüne Tomaten ist wie folgt:
Eine mittelgroße grüne Tomate pro Person in 1-2 cm dicke Scheiben schneiden, mit Salz und Pfeffer würzen und in weißem Maismehl wälzen. Dann Speckfett in einer Pfanne erhitzen und Tomaten auf beiden Seiten hellbraun braten.

Fannie Flagg, Grüne Tomaten, Bergisch Gladbach 1993; TV TODAY, Nr. 26/1998

Grüner Zweig (Grüner Ast)

Planziel der Erfolgreichen

Wer es aus Faulheit, Unfähigkeit oder trotz aller Anstrengungen zu nichts bringt, der kommt nicht auf den grünen Zweig. Diese Redensart, die sich in unserer materiell ausgerichteten Gesellschaft meist auf den meßbaren wirtschaftlichen Erfolg bezieht, hat wahrscheinlich einen spirituellen Ursprung. In der Bibel wird den Gottlosen prophezeit, daß ihr Zweig nicht grünen wird (Hiob 15,32). Möglicherweise entstand das Bild vom grünen Zweig der Erfolgreichen aber auch im Zusammenhang mit einem germanischen Rechtsbrauch beim Grundstückserwerb. Für die Rechtsgültigkeit eines Kaufs war bei den Altvorderen nicht nur die Einigung über den Kauf, sondern lange bis ins Mittelalter hinein auch die tatsächliche Sachübergabe vor Zeugen erforderlich. Da der Verkäufer schlecht einen Hektar Land einpacken und dem Käufer in die Hand drücken konnte, begnügte man sich mit der Übergabe bestimmter Symbole: eine Erdscholle, ein Halm oder auch ein vom Grundstück stammender grünender Zweig genügten. Menschen, die in vorindustriellen Zeiten in der Lage waren, die wichtigste Eigentumsart, nämlich Land zu erwerben, galten als erfolgreich, sie waren auf den grünen Zweig gekommen. Eine weitere Ursprungserklärung für die Redensart bietet der Gegensatz des grünen Astes zu »einen dürren Baum reiten«, das heißt, am Galgen hängen.

Lutz Röhrich, Lexikon der sprichwörtlichen Redensarten, Bd. 2, Freiburg i. B. 1973; Dieter Joswig, Die germanische Grundstücksübertragung, Frankfurt/M. 1984; Heinrich Krauss, Geflügelte Bibelworte, München 1993

Guarana
Trend-Aufputschmittel

I don't like those drugs that keep you thin ...
Leonard Cohen,
First we take Manhattan

Guarana ist eine koffeinhaltige Paste oder ein ebensolches Getränk, das aus den Samen der Guarana (Paullinia cupana), einer Schlingpflanze im Amazonasgebiet, gewonnen wird. Unermüdliche Tänzer der 90er schätzen ihre Kraft und Ausdauer verleihende Wirkung, die brasilianische Indianer sich seit Jahrhunderten zunutze machen. In größeren Dosen bewirkt Guarana ein unangenehmes Völlegefühl, so daß es einigen Benutzern vermutlich eher um den appetithemmenden als um den aufputschenden Effekt geht. Und natürlich wird es auch – wie fast alles Genießbare außer Knödel und Sauerbraten – als Aphrodisiakum gehandelt.

SHAPE: Nov./Dez. 1998

Gürtelrose

Schmerzhafte Viruserkrankung

Trägt man plötzlich einen »Gürtel« von kleinen Wasserbläschen rund um den Leib, so handelt es sich um eine Gürtelrose (Zoster) oder **Gürtelflechte**. Sie wird durch einen Virus übertragen, auch wenn in Estland einmal geglaubt worden ist, derjenige bekäme diesen Ausschlag, über dessen Gürtel jemand getreten sei, weshalb man seinen Gürtel keinesfalls auf dem Fußboden herumliegen ließ.
An Kopf und Gliedmaßen können die Zosterbläschen auch flächig und langgestreckt verteilt vorkommen. Gruppenweise besiedeln sie das Gebiet über einem Hauptnerv. Gleichzeitig schwellen meist die regionalen Lymphknoten an. Eine Gürtelrose ist sehr schmerzhaft und dauert im Normalfall zwei bis vier Wochen. In hartnäckigen Fällen »überweisen« selbst Mediziner den Leidenden manchmal zum Besprechen. Das Besprechen ist eine uralte, wenn auch etwas suspekte Form des Heilens, eine Kunst, die sich oft in Familien »weitervererbt«. Über die Gürtelrose werden geheimnisvolle Worte, Gebete oder die Namen von Heiligen gesprochen, manchmal werden die Bläschen angehaucht oder berührt. Mitunter mit Erfolg.
Wie auch die durch Streptokokken hervorgerufene **Wundrose** (Gesichts-, Kopf-, Fuß- usw.) (Erysipelas) hat die Gürtelrose ihr blumiges Namensende wahrscheinlich von den mit der Krankheit verbundenen Hautrötungen.

Der große Brockhaus, Wiesbaden 1954; Hanns Bächtold-Stäubli, Handwörterbuch des deutschen Aberglaubens, Berlin/New York 1927/1986; Anita Höhne, Lexikon des Übersinnlichen, Frankfurt/M./Berlin 1996

H

Halloween-Kürbis
Horrorgemüse

Trick or treat!
Spruch, mit dem amerikanische Kinder
an Halloween von Tür zu Tür ziehen

Zahlreiche US-amerikanische Horrorfilme haben dem Publikum den Eindruck vermittelt, daß in der Nacht vor dem 1. November die Rate bizarrer Tötungsdelikte regelmäßig den alljährlichen Höchststand erreicht. Ganz so schaurig geht es aber in dieser, »Halloween« genannten, Nacht dann doch nicht zu. Als Gruselgestalten oder Prinzessinnen verkleidete US-Kinder ziehen lärmend durch die Straßen ihrer Wohnviertel, klopfen an Türen, bitten um Geschenke und veranstalten harmlose Streiche. Dieses fröhliche Kinderfest hat seinen Ursprung in der keltischen Mythologie. Für die alten Kelten war die letzte Oktobernacht das Ende ihres Kalender- und Wirtschaftsjahres. An diesem Datum pflegten sie ihre Toten, die in dieser Nacht zu Besuch kamen, zu ehren und symbolisch zu beköstigen und zu beschenken. Aber nicht nur die sympathischen Anverwandten aus dem Jenseits waren am 31. Oktober unterwegs, sondern auch Dämonen und Hexen, die es durch lodernde Feuer abzuschrecken galt. Papst Gregor IV. funktionierte 837 das der katholischen Kirche bei ihrer Missionsarbeit störende Neujahrsfest in das Fest Allerheiligen (1. November) um. Aus den altenglischen Wörtern »Hallow« für Heiliger und »eve« für Abend entstand die Bezeichnung »Halloween« für das nächtliche Spektakel, das trotz aller gegensätzlichen christlichen Bemühungen bis in unsere Tage heidnisches Brauchtum bewahrte. Irische Einwanderer brachten im 19. Jahrhundert viele Halloween-Bräuche in die Neue Welt. Symbol für das heute in den USA ungemein populäre Fest ist der ausgehöhlte Kürbis, in dessen dicke Schale ein meist grinsendes Gesicht geschnitten wird. In dem so zum Hohlkopf gewordenen Kürbis flackert sehr effektvoll eine Kerze. Eventuell ist diese Kerze ein Überbleibsel der keltischen Anti-Geister-Feuer aus grauer Vorzeit. Möglicherweise aber stellt der beleuchtete Kürbis auch einen Erntedank an die Sonne dar und die Aufforderung an sie, auch in der kommenden dunklen Winterzeit nicht völlig zu erlöschen. Eine weitere Erklärung des Halloween-Kürbisbrauchs weist auf die irische Legende von der »Jack-O'-Lantern« hin. Danach ist ein Mann namens Jack auf ewige Zeiten verflucht, zwischen Himmel und Hölle zu wandern. In der Hand trägt er als Laterne eine ausgehöhlte Rübe mit einem Stück glimmender Kohle, die ihm der Satan zugeworfen hat. Bei den Amerikanern, denen ja oft nachgesagt wird, alles gern etwas größer zu haben, wurde aus der Rübe ein Kürbis.

Robert Doyle (Hrsg.), Das mythische Jahr, Amsterdam 1992; Carole Potter, Wie man die schwarze Katze streichelt. Glücksmagie von A-Z, Freiburg i.B. 1997

Halub-Baum

Sumerische Legende

Im sumerischen Gilgamesch-Epos wird vom Halub-Baum berichtet, der als Steckling am Ufer des Euphrats heranwächst. Ein Sturm entwurzelt ihn, und er treibt auf dem Fluß fort. Die Göttin der Fruchtbarkeit, Ischtar, findet den kleinen Baum und pflanzt ihn in ihrem Garten in Uruk. Hier soll er heranwachsen und ihr irgendwann als Thron und Bett dienen. Vielleicht soll auch lediglich aus seinem Holz das entsprechende Holz für die göttlichen Möbel geschlagen werden. Der

Halub-Baum wächst heran, wird jedoch entweiht. Der Imdugud-Vogel, ein Unfriedensbote, hat sich ein Nest in seinem Wipfel gebaut und zieht seine Brut heran; die Schlange, die keinen Zauber kennt, haust an der Wurzel, und Lilith, die sumerische Göttin der Trostlosigkeit, hat das Mittelstück zu ihrer Wohnung gemacht. Da betritt der Held Gilgamesch die Szene und vertreibt mit seiner gewaltigen Axt die unsympathischen Baumparasiten. Er übergibt Ischtar den Halub im gereinigten Zustand. Zum Dank darf er sich ein bißchen Holz aus Krone und Stamm nehmen, aus denen er »pukku« und »mikku« fertigt, wahrscheinlich eine heilige Trommel und die dazugehörigen Trommelstöcke, die Gilgamesch möglicherweise bei seiner Suche nach dem ewigen Leben nützlich sein sollen.

Michael Jordan, Myths of the World, London 1987

Hanf

Nicht nur Rausch-, sondern auch Textilpflanze

> Wir sahen Gesh zu, wie er den Joint mit priesterlicher Würde drehte, ihn der Länge nach zuleckte und schließlich vor unseren Augen in die Höhe hielt, als segne er eine Hostie.
>
> T. C. Boyle, Grün ist die Hoffnung

Hanf (Cannabis sativa/Cannabis indica) stammt aus Zentralasien und ist eine der ältesten und bekanntesten Kulturpflanzen. Vom ersten Jahrtausend v. Chr. bis in die zweite Hälfte des 19. Jahrhunderts war sie sogar die am häufigsten angebaute Nutzpflanze der Welt. Der überall in den gemäßigten Breiten wachsende, robuste und anspruchslose Hanf wurde als Rohstoff für Kleidung, Seile, Papier, Heilmittel, Speise- und andere Öle genutzt. Auch die erste Jeans, die der Amerikaner Levi Strauss 1870 fertigte, bestand aus dem außerordentlich haltbaren Hanfgewebe. Doch die Konkurrenz von Jute, Sisal und insbesondere Baumwolle, aus der sich Textilien günstiger herstellen

ließen, läuteten den weltweiten Niedergang des Hanfanbaus gegen Ende des 19. Jahrhunderts ein.
Dazu kam noch die Ächtung der nützlichen Faserpflanze als Droge. In den kleinen Drüsen der fingerförmigen Blätter befinden sich (bei den weiblichen Pflanzen) berauschende und betäubende Stoffe. Erste Berichte über die Verwendung des Hanfs als Rauschmittel stammen aus dem 13. Jahrhundert. Sie erzählen, daß er in Nordafrika hauptsächlich zur Drogengewinnung angebaut wurde. Auch der **Bhang**, der im orientalischen Märchen immer wieder vorkommt, ist nichts anderes als Haschisch. Das erste Hanfverbot wurde 1911 in Südafrika verhängt. 1925 brachte Südafrika gemeinsam mit Ägypten und der Türkei Hanf auf die Verbotsliste der 2. internationalen Opiumkonferenz des Völkerbundes, worauf eine weltweite Ächtung dieser harmlosen Droge erfolgte. (Im Gegensatz zu Alkohol oder Tabak ist noch kein einziger Todesfall als Folge von Haschischgenuß belegt.) In Deutschland wurde der Handel und Konsum von Indischem Hanf und seinem Harz ab 1929 bestraft. In den beiden Weltkriegen lebte der Anbau der verbotenen Drogenpflanze hier allerdings kurz wieder auf, als Deutschland vom Weltfasermarkt abgeschnitten war.
Zur Zeit erleben Hanf, Flachs und Nessel eine neue Renaissance als allseits gepriesener (nachwachsender) Bio-Rohstoff, aus dem wieder Textilien, Papier, Öle und Medikamente, aber auch Bau- und Dämmstoffe hergestellt werden sollen. Hanf führt diesen Trend an, weil sein Image als subversive Droge (die in Deutschland etwa vier bis sieben Millionen Menschen rauchen) ihn für die Öffentlichkeit besonders interessant und attraktiv macht.

Katalyse-Institut für angewandte Umweltforschung, Hanf & Co., Göttingen 1995; Der große Brockhaus, Wiesbaden 1979

Hatim

Gütiger Mandelbaum

Hatim war eine marokkanische Märchenprinzessin. Sie war nicht nur schön, sondern auch großherzig. Freigebig reichte sie den Armen des Landes Geld aus der Schatulle ihres Vaters. Für den war diese Art von praktizierter Nächstenliebe schlicht und einfach Diebstahl. Er ließ seine Tochter hinrichten. Allah beurteilte Hatims Verhalten wesentlich wohlwollender und verwandelte die tote Pinzessin in einen lebenden Mandelbaum, der seitdem, Hatims Naturell entsprechend, die Armen mit seinen Früchten beschenkt.

Sibylle Selbmann, Der Baum. Symbol und Schicksal des Menschen, Karlsruhe 1993

Heidenröslein

Dreistrophige Ballade von Goethe

> Und der wilde Knabe brach/ 's Röslein auf der Heiden;/ Röslein wehrte sich und stach,/ Half ihr doch kein Weh und Ach,/ Mußt es eben leiden ...
>
> Johann Wolfgang von Goethe

> I'm a walking desaster/ I'm a demolition man.
>
> Grace Jones

Die Ähnlichkeit zwischen einer Rosenblüte und dem weiblichen Geschlechtsteil machte die Rose in jenen Kulturen, in denen sie bekannt war, zu einer vielbemühten Metapher für die Frau, insbesondere natürlich in erotischer Hinsicht. Und so zeugen Umschreibungen wie »In die Rosen gehen«, »Blumen knicken oder pflücken« und insbesondere »Rosen brechen« von dem leicht destruktiven Verhältnis blumig dichtender Männer zur Sexualität. Diese Ausdrücke können den Liebesakt ganz allgemein meinen, werden aber kaum für

innereheliche Sexualität benutzt, und zumeist beziehen sie sich auf eine Entjungferung. Auch das lateinische Wort für Entjungferung – »Defloration« – enthält das Motiv des Blumenbrechens.
Ums »Rosenbrechen« geht es auch in Goethes (1749-1832) »Heidenröslein« (Fumana), in dem bereits das später in Goethes Werken wesentlich werdende Thema Schuld anklingt. Entstanden ist das Gedicht in Straßburg, unter Verwendung eines Volksliedes, vermutlich im Sommer 1771.
Goethes »Heidenröslein« entzückte die Zeitgenossen mit seiner Schlichtheit und Volkstümlichkeit. Von einem Volkslied unterscheidet es sich jedoch durch die zügige Handlung und dadurch, daß es Goethe gelingt, Rose und Mädchen gleichzusetzen, ohne ein Mädchen auch nur zu erwähnen.
Prompt korrigierte die Druckerei anfangs irrtümlich das rückbezügliche »ihr« aus der dritten Strophe in ein grammatikalisch korrektes, aber dichterisch plumpes »ihm«.

Gerd Heinz-Mohr/Volker Sommer, Die Rose. Entfaltung eines Symbols, München 1988; Goethes Werke, Bd. 1. Textkritisch durchgesehen und kommentiert von Erich Trunz, München 1993

Herbe de la Reine (Kraut der Königin)

Tabak

Wo man raucht, da kannst du ruhig harren;/ Böse Menschen haben nie Zigarren.

David Kalisch

Hinter der wohlklingenden Bezeichnung »Herbe de la Reine« verbirgt sich die Nachtschattengewächs-Gattung Nicotiana, die allgemein als Tabak bekannt ist. Von den über 100 auf der südlichen Erdhalbkugel heimischen Tabakarten kamen im 16. Jahrhundert insbesondere der Virginische Tabak (Nicotiana tabacum) und der Bauerntabak (Nicotiana rutica) nach Europa. Katharina von Medici (1519-1589), die einflußreiche florentinische Gattin des französischen Königs Henri II., machte sich vor allem durch machtpolitische Intrigen und durch die Inszenierung der blutigen »Bartholomäusnacht« einen Namen. Daneben fand sie Zeit, die französische Kochkultur nachhaltig mit italienischen Elementen zu bereichern und sich energisch für den Anbau des Tabaks einzusetzen, der von der Öffentlichkeit damals noch mehrheitlich abgelehnt wurde. Katharina von Medici machte die exotische Rauchware zunächst als Heilpflanze, schließlich auch als Genußmittel am Hof salonfähig. Zwar wurde der Verbrauch der nach der durchsetzungsfähigen Königin benannten Pflanze nach dem Tode Katharinas immer mal wieder verboten, doch konnte das den Siegeszug dieser sanften Droge weder in Frankreich noch anderswo stoppen.

Helmut Hochrain, Das Lexikon des Pfeifenrauchers, München 1987

Hildesheimer Rosenstock (Tausendjähriger Rosenstock)

Mutmaßlich ältester Rosenstock Deutschlands

Das niedersächsische Hildesheim kann auf eine fast 1200jährige Geschichte zurückblicken. Als eigentliches Gründungsjahr gilt 815. Kaiser Ludwig der Fromme erhob damals den winzigen Marktflecken zum Sitz eines Bistums und ließ hier eine Kirche errichten. Ausschlaggebend für die Ortswahl war die günstige Lage des Dorfes an Straße und Furt. Die Legende aber berichtet anderes. Demnach hatte sich der fromme Ludwig bei einer sommerlichen Hirschjagd im tiefen Tann verirrt und fürchtete, in der Wildnis umzukommen. Er hängte sein Mutter-Maria-Amulett über einen wilden Rosenstrauch und betete um Rettung. Daraufhin fiel er in Schlaf. Als er erwachte, war der üppig blühende Rosenstrauch mit Schnee bedeckt und das Maria-Amulett an dem Gehölz festgefroren. Ludwig ordnete das als Wunder ein und gelobte, dort, wo der Schnee gefallen war, eine Kirche zu bauen. Nachdem er von seinen Jagdgenossen entdeckt worden war, setzte er sein Gelöbnis in die Tat um. Seitdem soll der Rosenstock, der bei den Bauarbeiten nicht entfernt wurde, ununterbrochen an der Mauer der immer größer werdenden Bischofskirche gestanden haben. Der Rosenstrauch überstand Brände und Umbauten am Dom; selbst ein Bombenangriff im Jahr 1945, der den Dom einäscherte und den Rosenstock teilweise verbrannte und vollkommen verschüttete, konnte das zähe Gewächs nicht zerstören. Aus dem intakten Wurzelstock der rosablühenden **Hundsrose** (Rosa canina) schlugen neue Triebe aus, und heute bedeckt die Blume wieder meterhoch die Apsis des Domes. Ob die Hildesheimer Rose aber tatsächlich ganz so alt ist, wie die Legende es wahrhaben möchte, ist fraglich. Immerhin gibt es schriftliche Zeugnisse aus der Mitte des 17. Jahrhunderts, die den Rosenstock als »uralt« bezeichnen.

Anton Joseph Knott, Hildesheim. Ein Führer durch die Stadt, Hildesheim 1990

Hiroshima-Ginkgo
Ginkgo von Hosenbo

Mahnmal

In Japan haben Ginkgobäume (Ginkgo biloba, → **Gingo biloba**) in Mythologie und Volksglauben eine besondere Bedeutung. Insbesondere wegen ihrer oft erstaunlichen Überlebensfähigkeit genießen sie große Verehrung. Von vielen japanischen Ginkgos wird berichtet, daß sie Erdbeben, Taifune, Blitzeinschläge oder Feuersbrünste überstanden haben. Die beeindruckendste Widerstandsfähigkeit bewies jedoch der alte Baum, der im Hiroshimaer Stadtteil Hosenbo neben einem Tempel den 6. August 1945 überstanden hat. An diesem Tag wurde zum ersten Mal in der Geschichte eine Atombombe eingesetzt. Die US-Bombe detonierte 800 Meter vom Standort des Ginkgos entfernt und vernichtete alles Leben im Umkreis von etwa zwei Kilometern. Schätzungsweise 80000 Menschen wurden sofort getötet. Zigtausende starben später an ihren Verbrennungen oder an Strahlenschäden. Sämtliche Häuser und Bäume im Explosionszentrum wurden vernichtet. Lediglich der Ginkgo in Hosenbo und der von ihm geschützte Tempel standen noch. Obwohl die Rinde des Baums verbrannt und der obere Teil des Stammes durch die Explosionshitze ausgehöhlt war, trieb er im Herbst frische Zweige. Der Hosenbo-Ginkgo, der heute noch steht, wurde in vielen Gedichten als Symbol für den Lebenswillen nach der Katastrophe und als Mahnmal gegen den Atomkrieg verewigt.

Atsuko Kato, Ginkgobäume in Japan, in: Maria Schmid/
Helga Schmoll gen. Eisenwerth (Hrsg.), Ginkgo, Stuttgart
1994

Hyakinthos (Hyazinthus)

Vegetationsgottheit

Einen besonders blutigen Fall der zahlreichen Pflanzenmetamorphosen in der griechischen Mythologie stellt die Entstehungsgeschichte der **Hyazinthe** (Hyacinthus orientalis) dar. Der schöne Jüngling Hyakinthos, manchmal als eine Vegetationsgottheit, manchmal als spartanischer Prinz dargestellt, war mit dem vielliebenden Apoll liiert. Beim gemeinsamen Diskustraining zerschmetterte das scheibenförmige Wurfgerät dem armen Hyakinthos den Schädel. Einigen Überlieferungen nach ist das Unglück kein Freizeitunfall gewesen, sondern durch den eifersüchtigen Zephyros, den Westwind, herbeigeführt worden. Der betrübte Apoll ließ dem blutigen Hirn-Knochensplitter-Brei, der auf dem Sportfeld herumlag, eine schöne Blume entsprießen, auf deren Blättern der Schmerzenslaut des Sterbenden: »Ai! « verewigt sein sollte. Das Hahnenfußgewächs **Acker-Rittersporn** (Delphinium consolida) trägt eine dem altgriechischen Diphthong αι ähnelnde Zeichnung und wurde deshalb von Homer als gemeinte Blume genannt. Später ging die Bezeichnung möglicherweise wegen einer Vermischung verschiedener Blumenkulte auf die heute als Hyazinthen bekannten Pflanzen aus der Gattung der Liliengewächse über. Im Hochsommermonat Hyakinthos feierten die antiken Griechen ein Volksfest (Hyakinthien), das die Wehmut über die jetzt absterbende und die Vorfreude über die im nächsten Jahr wiedererwachene Vegetation ausdrückte.

Herbert Hunger, Lexikon der griechischen und römischen Mythologie, Reinbek 1974; Robert von Ranke-Graves, Griechische Mythologie. Quellen und Deutung, Reinbek 1984

I

Irisches Kleeblatt

Nationalsymbol

Gute Iren glauben, daß auf englischem Boden kein echter Klee wachsen kann.
Kathleen Timbs, »Irish Harpo«, 1980

Das Kleeblatt war ein uraltes religiöses Zeichen im keltischen Irland. Unter anderem stand es für die Dreiheit der keltischen Priester aus Druiden, Barden und Ovaten. Das den heidnischen Iren vertraute Dreiheitssymbol setzten christliche Missionare in der Zeit zwischen Altertum und Mittelalter geschickt für ihre Missionsarbeit auf der Grünen Insel ein. Der Legende nach soll der heilige Patrick das geteilte und dennoch ein Ganzes bildende Kleeblatt verwendet haben, um den schwer zu bekehrenden Einheimischen die Trinität von Gott, Sohn und Geist zu erklären. Ob St. Patrick ein **Wiesenklee**-Pflänzchen (Trifolium pratense) oder den gelbblühenden **Futterklee** (Medicago lupulina) bei seinem anschaulichen Religionsunterricht benutzt hat, ist ungeklärt. Auf jeden Fall hatte die christliche Mission Erfolg. Die Iren wurden bekehrt und verehrten St.Patrick bald als ihren Schutzheiligen und das Kleeblatt als ihr Nationalgewächs. Am St. Patricks Day (17. 3.) gibt es weltweit nur wenige Iren, die sich nicht ein Sträußchen Klee nature oder aus Kunststoff ins Knopfloch stecken.

Möglicherweise ist das mit dem heiligen Mann in Verbindung gebrachte Kleeblatt aber auch auf eine verunglückte zeichnerische Überlieferung des Kreuzstabes zurückzuführen, den St. Patrick einer das Urböse verkörpernden Schlange ins Maul stieß.

Marianne Beuchert, Symbolik der Pflanzen, Frankfurt/M. 1995, Carole Potter, Wie man die schwarze Katze streichelt, Freiburg i. B. 1997

J

Jack-in-the-Green (Laubmännchen, Green Boy)

Böser grüner Mann

In Wald und Flur Englands soll der böse Geistermann Jack-in-the-Green für viele Unfälle, die Forstleuten, Jägern und Landwirten passieren, verantwortlich sein. Einige Überlieferungen beschreiben den tückischen Naturbewohner als nackten Mann mit grüner Haut. In den meisten Geschichten wird von Jack-in-the-Green aber eindeutig als Pflanzenwesen berichtet. Wahrscheinlich sind sein holziger Körper und seine Beine baumstammartig. Seine Hände sollen wie kleine Baumkronen aussehen und sein Gesicht hinter Laub versteckt sein. Bei solch einer perfekten Tarnung wundert es nicht, daß bisher kaum jemand Jack-in-the-Green gesehen hat. Er spielt im englischen Brauchtum eine nicht unwesentliche Rolle. Bei Jahresanfangsumzügen muß oft ein mit grünen Zweigen als Laubmensch verkleideter Mann oder Junge als Jack-in-the-Green deftige Scherze der Landbevölkerung über sich ergehen lassen. Möglicherweise hat Jack-in-the-Green einen Verwandten, der einen völlig anderen Charakter besitzt: den wohl ebenfalls baumgestaltigen **Apple Tree Man**. Der freundliche und scheue Apfelbaummann paßt auf die Obstgärten auf und sorgt dafür, daß englische Kinder immer genug heimisches Vitamin C bekommen.

Michael Page/Robet Ingpen, Faszinierende Welt der Phantasie, Augsburg 1991

Jericho-Rose

Auferstehungswunder

Eine **Rose** ist sie nicht, die Rose von Jericho. Ihr Name bezeichnet verschiedene Pflanzen des östlichen Mittelmeergebietes und einiger Wüstenregionen. Anastatica hierochuntica ist ein etwa 20 Zentimeter hoher **Korbblütler**, der seine Zweige beim Vertrocknen kugelig einbiegt. Stellt man eine dieser vom Wind entwurzelten und über den Boden rollenden Pflanzenkugeln ins Wasser, so strecken sich die Zweige wieder, und die Jericho-Rose breitet sich aus. Es handelt sich dabei um eine rein physikalische Erscheinung (hydrochastische Bewegung), die auch bei einer bereits toten Pflanze funktioniert. Anastatica hierochuntica kommt bei Jericho nicht vor. Dort findet man jedoch den kleinen Korbblütler **Odontospermum pygmaeum** (Asteriscus Pygmaeus), der ebenfalls als Jericho-Rose bezeichnet wird und dessen Hüllkelchblätter auch ähnliche Bewegungen ausführen. Vermutlich handelt es sich bei ihm um die echte Jericho-Rose der Kreuzfahrer.
Die erstaunlichen Bewegungen dieser Pflanzen galten früher als Wunder. Unter anderem bestand der Aberglaube, daß die Jericho-Rose nur in der Christnacht zur Geburtsstunde des Jesukindes erblühen würde, weswegen sie auch Weihnachtsrose hieß. In der Schweiz gab es Familien, wo sich die Jericho-Rose von Generation zu Generation vererbte. Zu Weihnachten strömten dort noch im 19. Jahrhundert manchmal ganze Ortschaften zusammen, um aus dem »Aufblühen« der als Orakel benutzten Pflanze Schlüsse auf die Witterung oder Fruchtbarkeit des kommenden Jahres zu ziehen. Andernorts sollte die Jericho-Rose Blitzschlag abwehren. Sehr alt ist der Glaube, daß sie die Geburt erleichtert. Bereits im 16. Jahrhundert wurde sie als geburtsförderndes Mittel unter dem Namen **Rosa Hierochuntis** in den Apotheken geführt. Das hängt zum einen mit dem Auseinandergehen der Zweige zusammen, die das Öffnen des Mutterschoßes symbolisieren. Dazu kommt noch, daß die Jericho-Rose mit der Heiligen Jungfrau Maria (als Geburtshelferin) in Verbindung gebracht

wird. Eine Legende erzählt, daß die auch **Marien-Rose** genannte Pflanze überall dort wuchs, wo Maria auf der Flucht vor Herodes ihren Fuß in den Wüstensand setzte. Nach einer anderen Legende passierte das auf dem Weg, den die schwangere Maria zu ihrer Freundin Elisabeth ging. Die dritte Variante meint, daß die Jericho-Rose, die in angefeuchtetem Zustand ein bißchen wie eine gespreizte Hand aussieht, an den Stellen wuchs, wo die Gottesmutter ihre Handabdrücke zurückließ, als sie den Felsen von Golgatha hinaufkletterte.

Hanns Bächtold-Stäubli, Handwörterbuch des deutschen Aberglaubens, Berlin/New York 1927/1986; Der große Brockhaus, Wiesbaden 1955 und 1979

Jesse-Baum (Wurzel Jesse)

Stammbaum Christi

Und es wird eine Rute aufgehen von dem Stamm
Isais und ein Zweig aus seiner Wurzel Frucht bringen.
Jesaja 10,1

Im 16. Jahrhundert entstand mit der Vertonung des frommen Textes von der entsprungenen Rose eines der bekanntesten Weihnachtslieder: »Es ist ein Ros'entsprungen/ aus einer Wurzel zart/ wie es die Alten sungen/ von Jesse kam die Art.« Dabei ist mit »Ros'« allerdings keine Rose gemeint, sondern ein Reis, ein Jesus symbolisierendes Zweiglein. In dem Lied wird nämlich auf die christliche Urform des Stammbaums hingewiesen, »Jesse-Baum«, manchmal auch »Wurzel Jesse« genannt. Nach der Messias-Vorhersage des Propheten Jesaja beginnt mit Jesse die Ahnenreihe von Jesus Christus. Jesse (Isai) war der Vater König Davids. Nach einer Legende, die die Jesaja-Prophezeiung illustrierte, soll Jesse im Traum gesehen haben, wie aus seinem Leib ein Baum wuchs, in dessen Verzweigungen er seine Nachkommen erblicken konnte. In den Blättern des letzten Zweiges erschien Maria mit dem Kind. Das Bild vom schlafenden Jesse, aus dem nach den von Matthäus und Lukas aufgestellten Genealogien 28 Generationen herauswuchsen, war insbesondere im Mittelalter ein beliebtes Motiv für Miniaturen und Glasmalerei. Bei der Betrachtung des Jesse-Baums stellte sich den Theologen eine heikles Problem. Denn aus der Bibel war lediglich zu entnehmen, daß Josef der amtliche, aber nicht leibliche Vater des durch Jungferngeburt auf die Welt gekommenen Heilands, von davidischem Stamm war. Mutter Marias Herkunft dagegen ist ungeklärt. Eine Verwandtschaft zwischen Jesus und David nur aufgrund einer Adoption von Jesus durch Josef war für die lange überwiegend in Kategorien biologischer Abstammung denkenden Christen und Juden unannehmbar. Die Kirchenväter des 4. Jahrhunderts lösten das Problem nur halbwegs überzeugend, indem sie behaupteten, daß Josef, den Gesetzen seines Volkes entsprechend sich nur eine Frau aus dem eigenen Stamm ausgesucht haben konnte. Und somit war Jesus wie Josef vom Stamm Davids und durfte zu Recht als Endzweiglein des Jesse-Baums dargestellt werden. Diese Überzeugung übernahm auch der Koran, in dem die Mutter des von den Muslimen als Prophet verehrten Jesus »unbefleckte Jungfrau aus dem Stamme Davids« genannt wird.

Josef Zmijewski, Die Mutter des Messias, Kevelaer 1989; Ludwig Hagemann/Ernst Pilsfort, Maria, die Mutter Jesu, in Bibel und Koran, Altenberge 1992; Klaus Schreiner, Maria. Jungfrau, Mutter, Herrscherin, München/Wien 1994

Johanniskraut (Tüpfelhartheu, Jageteufel, Tausendlöcherlkraut)

Heilstaude

Die populärste der über 300 Johanniskrautarten ist das **Echte Johanniskraut** (Hypericum perforatum). Die anspruchslose, zwischen 40 Zentimeter und einem Meter hohe Pflanze mit den fünf leuchtendgelben Blütenblättern gilt dem Landwirt zwar bestenfalls als minder-

wertiges Trockenviehfutter (Hartheu); im Volksglauben und in der Naturheilkunde genießt das Johanniskraut dagegen hohes Ansehen. Die alten Germanen verehrten die Blume mit den an Sonnenstrahlen erinnernden Staubgefäßen als Symbol des Lichts und als Pflanzenattribut von Frühlingsgott Balder. Im Mittelalter wurde das Kraut, das zur Sommersonnenwende, etwa zeitgleich am Festtag von Johannes dem Täufer (24. Juni), zu blühen beginnt, mit christlichen Legenden belegt. Die bekannteste erklärt, wie die Löcher in die Blätter des Echten Johanniskrauts kamen. Danach wuchs das Urjohanniskraut unter dem Kreuz Jesu in Golgatha. Tropfen vom Blut des Messias fielen auf die Pflanze, perforierten deren Blätter und drangen in sie ein. Der Jünger und spätere Evangelist Johannes pflückte die so geheiligte Blume und verteilte sie stückweise unter den Gläubigen. Tatsächlich sind die scheinbaren Löcher auf den Johannisblättern winzige durchsichtige Öldrüsen. Eine andere Sage behauptet, daß ein junges Mädchen auf der Flucht vor dem Teufel in einem Johanniskrautbusch Schutz fand. Satan, der sich nicht in das Gestrüpp wagte, ließ seine Frustration am Johanniskrautlaub aus und durchlöcherte es mit Tausenden von Nadelstichen.

Das Johanniskraut gehört zu den wenigen Zauberpflanzen, die niemals für, sondern ausschließlich gegen das Böse eingesetzt werden. Auch spielte es als Orakelpflanze eine große Rolle. Der rötliche Saft, »Christi Kreuzblut«, der beim Ausquetschen der Blütenknospe austritt, gibt insbesondere bei Liebesfragen Auskunft. Dem Farbstoff Hypericin, der die rote Färbung hervorruft, verdankt das Johanniskraut auch seine herausragende Stellung in der Heilkunde. Hypericin verbessert unter anderem die Zellatmung und ist als mildes Anti-Depressivum gut geeignet. In Kombination mit weiteren pflanzeneigenen Wirkstoffen wie Hyperosid, ätherischen Ölen und Falvonglykosiden hilft Johanniskrauttee oder -pulver bei einer Vielzahl von Beschwerden, wie Durchblutungsstörungen, Durchfall, Gallenschmerzen oder Bettnässen. Äußerlich angewendet, unterstützt es die Wundheilung und wirkt als schmerzstillendes Antiseptikum. Lichtempfindliche Menschen sollten allerdings vorsichtig mit dem Gebrauch von Johanniskraut sein, wenn sie nicht Hautausschläge riskieren wollen. Das Gerücht, Johanniskraut könnte die naturheilkundliche Alternative zu Viagra sein, hat sich nicht bestätigt. Dessenungeachtet erlebt das Heilkraut in den letzten Jahren einen ausgesprochenen Boom.

Günther Liebster, Heilkraft aus dem Garten, München 1985; Hans Schöpf, Zauberkräuter, Graz 1986; Dietmar Aichele/Marianne Golte-Bechtle, Was blüht denn da? Wildwachsende Blütenpflanzen Mitteleuropas, Zug 1991, Margret Madejsky, Sonnenkind der Pflanzenwelt, in: kraut & rüben, Nr. 6/1996, S.18-21

Johannisrosen

Freimaurersymbol

> Zu Haupt die sanft erblühende,/ die dunkle niederwärts./ Die weiße, ewig blühende,/ die leg ich Dir auf's Herz.
> Freimaurer-Grabspruch

Die Johannisrosen begleiten einen Freimaurer sein ganzes Freimaurerleben lang. Er bekommt die drei verschiedenfarbigen Rosen bei der Aufnahme in eine Loge überreicht, sie schmücken das Logenhaus, und sie werden ihm von seinen Logenbrüdern aufs Grab gelegt. Rosen spielen in der freimaurerischen Symbolik besonders in Deutschland eine große Rolle. Sie gelten als Sinnbild von Schönheit und Vollkommenheit. Die Maurer des Mittelalters krönten daher einen Bau nach seiner Fertigstellung oft mit einer Rose aus Stein oder Erz. Vor allem aber steht die Rose für die Sehnsucht des Menschen nach einem höheren Leben. Ferner ermahnt sie an die Verschwiegenheitspflicht der Logenbrüder (→ **»Sub Rosa«-Rose**) und wird von den Freimaurern auch als Attribut der Mutter Maria verehrt. Die Zusammenstellung der drei Rosen wird als Ausdrucksmittel für die Devise »Licht, Leben und Liebe« gedeutet und ist dem Schutzpatron der Steinmetze und Freimaurer, Johannes dem Täufer, gewidmet.

Egon Lenhoff/Oskar Posner, Internationales Freimaurerlexikon, Wien/München 1932; Ernst-Günther Geppert, Die Herkunft der Gründer und der Namen der Freimaurerlogen in Deutschland seit 1737, Hamburg 1976, Jürgen Holtorf, Die verschwiegene Brüderschaft, München 1984

Jojoba

Wal-Ersatz

Das Öl, das sie aus den Beeren herstellen, ist auch ein ausgezeichnetes Hilfsmittel bei bösen Geschwüren.
Jesuitenpater Francisco J. Claviero, 1789

Der Jojobastrauch (Simmondsia chinensis californica) ist ein immergrünes Gewächs mit mehreren Stämmen und weitverzweigten Ästen. Er kann bis zu drei Meter hoch werden und gedeiht in den Wüsten Arizonas und Kaliforniens. Aus seinen unscheinbaren Blüten, die bei den männlichen Blütenständen gelb, bei den weiblichen grünlich gefärbt sind, entstehen die Jojobafrüchte. Es sind zwei Zentimeter lange Nüsse oder Bohnen, die das bekannte hellgelbe Jojobaöl bergen. Strenggenommen ist Jojobaöl gar kein Öl, sondern ein flüssiges Wachs, das in seinen physikalischen Eigenschaften jedoch einem Öl ähnelt. Die Apachen, die Pima, Papago und Azteken nutzten Jojobaöl schon lange bevor Kolumbus versuchte, einen neuen Seeweg nach Indien zu entdecken. Sie gebrauchten es für Heilzwecke, Haut und Haarpflege und zum Kochen. Der Name »Jojoba« leitet sich von dem Papago-Wort »Jojowi« ab und müßte, da es sich um einen spanischen Hörfehler handelt, eigentlich als ein tief aus dem Rachen geholtes »Chochoba« ausgesprochen werden.

Bis 1933 wurde der unscheinbaren Pflanze mit den graugrünen Blättern wenig Aufmerksamkeit geschenkt. Dann fanden zwei Forscher der Universität Arizona heraus, daß Jojobaöl nicht wie anderes Pflanzenöl beschaffen ist, sondern große Ähnlichkeit mit Walrat (Cetaceum) besitzt. Walrat ist ein Wachsgemisch, das nur in den Stirnhöhlen von Pottwalen vorkommt und von dem man noch im 19. Jahrhundert glaubte, daß es sich um das Sperma der Wale handelte. Allerdings stand dieses Walratöl, das in der Lederverarbeitung, als Rohstoff für die Pharma- und Kosmetikindustrie und als hochwertiger Schmierstoff gebraucht wurde, kostengünstig zur Verfügung. Noch schwammen genug Pottwale durchs Meer. Und so wurde das Jojobaöl zwar im Zweiten Weltkrieg von der US-Arme als Zusatz zu Motoröl und als Schmieröl für Maschinengewehre benutzt, aber erst in den 50er Jahren wandelte sich das Image des Jojobastrauchs vom botanischen Außenseiter zum vielversprechenden Rohstofflieferanten. In den 70ern setzte dann ein regelrechter Jojobaboom ein. Der vielseitige Wüstenstrauch wird inzwischen auf allen fünf Kontinenten angebaut, und sein Öl, bzw. Wachs, deckt all jene Bereiche ab, in denen bisher das Wachsgemisch aus dem Pottwalschädel Verwendung fand. Seine Geruchlosigkeit und Reinheit – in der Wüste ist der Strauch kaum der Umweltverschmutzung ausgesetzt – macht das Jojobaöl nicht nur zu einem begehrten Rohstoff für medizinische und unzählige kosmetische Produkte, sondern auch zu einer idealen Trägersubstanz für ätherische Öle.

Birgit Frohn, Natürlich heilen und pflegen mit Jojoba, München 1998

Judasbaum

Verrätergalgen

Da warf er die Silberlinge in den Tempel und machte sich davon, ging hin und erhängte sich.
Matthäus 27, 5

Judas Ischariot hat seinen Verrat an Jesus Christus nicht lange überlebt. Die Bibel bietet zwei Versionen seines Todes an. In der Apostelgeschichte kauft sich Judas mit seinem Verräterlohn von 30 Silberlingen ein Grundstück am Stadtrand von Jerusalem, den sogenannten Blutacker. Viel Freude hat er an diesem Erwerb allerdings nicht. Judas stürzt hin und birst auseinander, so daß alle seine Eingeweide heraustreten (Apostelgeschichte 1,18). Nach Matthäus 27,3-8 bereut der ehemalige Jesusjünger seine Tat, wirft den Hohepriestern die 30 Silberlinge vor die Füße und hängt sich aus Verzweiflung an einem Baum auf. Mittelalterliche Miniaturen haben beide Versionen verbunden und zeigen einen am Baum hängenden Judas mit aufgerissenem Bauch und hervortretenden Eingeweiden. Die christliche Theologie und der Volksglaube haben sich früh mit der Frage beschäftigt, um was für einen Baum es sich denn bei Judas' Selbstmord gehandelt haben mag. In der Evangelien-Harmonie des Jubvencus aus dem 4. Jahrhundert wurde behauptet, daß Judas sich an einem **Feigenbaum** erhängte. Noch im 16. Jahrhundert wollen Pilger in Jerusalem, an verschiedenen Stellen der Stadt, einen großen Feigenbaum gesehen haben, der als Judasgalgen galt. In den Mittelmeerländern ist die Feigenbaum-These auch im Volksglauben weit verbreitet. Nördlich der Alpen brachte man eher heimische Gewächse mit dem Tod des Verräters in Verbindung. Dabei spielte die Frage, ob es diese Bäume in Palästina überhaupt gab, offensichtlich keine Rolle. Im Vordergrund stand das Bemühen, biblische Vorgaben zur Erklärung von ansonsten unerklärlichen Eigenschaften bestimmter Pflanzen heranzuziehen. In West- und Mitteleuropa war die Vorstellung weit verbreitet, Judas habe sich an einem **Holunder** erhängt. So wurde der unangenehme Geruch der Holunderblätter, die Weichheit des Holzinneren und die Bitterkeit der Beeren erklärt. In Vollmondnächten kann man angeblich Judas an den Füßen oder an den Haaren aufgehängt an Holundersträuchern baumeln sehen. Einen Pilz, der oft auf Holunderstämmen wächst, nennt man entsprechend **Judasohr** (Auricularia auricula judae). Typisch für den Volksglauben ist aber auch, daß dem Holunder, der der Sphäre des Unheimlichen zugeordnet wurde, auf der anderen Seite Heilkraft gerade wegen dieser Nähe zum Dämonischen nachgesagt wurde und wird. Unter anderem sollte Holunder bei Ohrenkrankheiten helfen. Neben dem Holunder wurden aber auch **Espen**, **Birken**, **Weiden** oder **Eichen** in den verschiedenen Regionen Europas als Judasbäume bezeichnet. Erst relativ spät zählte man den bis zu acht Meter großen **Wilden Johannisbrotbaum** (Cercis seliquastrum) dazu. Dieser ursprünglich in Vorderasien beheimatete Baum erlangte das ihm noch immer anhaftende Negativattribut des Judasgalgens wahrscheinlich durch eine Verballhornung der früheren geographiebezogenen Bezeichnung »Baum von Judäa« zu »Judasbaum«. Sein knorriger Wuchs, sein üblicher Standort an unfruchtbaren Kalkhängen, die an Blut erinnernden roten Blüten, die, für außertropische Pflanzen ungewöhnlich, auch direkt am Stamm blühen, und die – mit etwas Phantasie an Silbermünzen erinnernden – Blätter haben es der Legendenbildung einfach gemacht, einen Zusammenhang mit Judas herzustellen. Ein ähnliches Schicksal hatte das stumpfe **Silberblatt** (Lunaria annua), ein Kreuzblütler mit großen rundlichen Schoten, deren Scheidewände silbrig glänzen und wie Münzen erscheinen. Örtlich unterschiedlich wird die Pflanze entweder als Petruspfennig geehrt oder als **Judassilberling** geschmäht.

Gustav Hagi, Illustrierte Flora Mitteleuropas, München 1924; Heinrich Marzell, Wörterbuch deutscher Pflanzennamen, Leipzig 1972; Bernhard Dieckmann, Judas als Sündenbock, München 1991; Urania Pflanzenreich Bd. 3, Leipzig 1993; Georges Minois, Geschichte des Selbstmords, Düsseldorf 1996

Die Judenbuche

Fluchbuche im Buche

Leg hin die Wagschal', nimmer dir erlaubt! / Laß ruhn den Stein – er trifft dein eigen Haupt!

Annette von Droste-Hülshoff,
Prolog zu »Die Judenbuche«, 1842

1842 veröffentlichte Annette von Droste-Hülshoff (1797-1848) im Stuttgarter »Morgenblatt für gebildete Leser« die Kriminalgeschichte »Die Judenbuche«. Ort der Handlung: ein westfälischer Forstbezirk am Ende des 18. Jahrhunderts. Der jüdische Händler Aaron wird erschlagen unter einer hohen Buche im Wald gefunden. Der des Mordes verdächtigte Dorfangeber und Kleinkriminelle Friedrich Mergel und sein Kumpan Johannes Niemand verschwinden. Die jüdische Gemeinde, der Aaron angehörte, kauft den von da an Judenbuche genannten Tatort-Baum und läßt eine hebräische Inschrift in dessen Holz schnitzen. 28 Jahre später taucht ein verkrüppelter Mann im Dorf auf. Er behauptet, Johannes Niemand zu sein. Damals sei er zusammen mit Mergel österreichischer Soldat geworden und bald darauf in türkische Gefangenschaft geraten. Nach 26 Jahren Sklaverei sei ihm die Flucht nach Hause gelungen. 14 Tage später wird der Heimkehrer erhängt in der Judenbuche entdeckt. Durch eine Narbe am Hals wird er als Friedrich Mergel identifiziert. Die hebräische Inschrift am Baum lautet übersetzt: »Wenn du dich diesem Orte nahest, so wird es dir ergehen, wie du mir getan hast.«
Annette von Droste-Hülshoff hat einen tatsächlich in der Nähe von Höxter aktenkundigen Mordfall, für den einer ihrer Verwandten als gutsherrlicher Polizei- und Gerichtsherr zuständig gewesen war, zum Vorbild für ihre gruselige Geschichte genommen. Die erste Reaktion bei Kritik und Publikum auf die Veröffentlichung war nur verhalten freundlich. Erst drei Jahrzehnte nach dem Tod der Autorin gelang der Kriminalgeschichte der Durchbruch zum Millionenseller. Literaturwissenschaftler stufen sie als eine der wichtigsten deutschen Novel-

len des 19. Jahrhunderts ein. Besonders wird auf die Funktion der Judenbuche als Dingsymbol hingewiesen. Der geheimnisvolle Baum mit der magischen Inschrift stellt nach herrschender Meinung eine meisterhafte Allegorie des in Wechselbeziehung zur Natur eingebetteten Geheimnisses des menschlichen Seins dar.

Heinz Rölleke, Annette von Droste-Hülshoff: Die Judenbuche, Frankfurt/M. 1972; Walter Huge, Die Judenbuche. Erläuterungen und Dokumente, Stuttgart 1979; Horst-D. Krus, Mordsache Soistmann Berend, Münster 1990; Cornelia Becher-Caldwell, Generation und Genre. Ein Beitrag zur Novelle des 19. Jahrhunderts, Erlangen 1991

K

Kamelien

Erkennungszeichen einer Kurtisane

> Nie sah man Marguerite mit anderen Blumen. Bei Madame Barjon, ihrer Blumenfrau, wurde sie zuerst Kameliendame genannt.
>
> Alexandre Dumas, »Die Kameliendame«

1848 erschien der Roman »La Dame aux Camélias« (»Die Kameliendame«) von Alexandre Dumas dem Jüngeren und wurde ein großer Erfolg. Die Bühnenfassung (Erstaufführung 1852 in Paris) war eines der spektakulärsten französischen Theaterereignisse des 19. Jahrhunderts. Bereits ein Jahr später hatte Verdi aus der traurigen Geschichte die Oper »La Traviata« gemacht.

Heldin des Romans ist die die großherzige, aufopferungsvolle Kurtisane Marguerite Gautier. Aus Liebe zu Armand Duval gibt sie ihr halbseidenes Leben auf. Als ihr aber der Vater ihres Geliebten vorhält, daß sie Armands Leben und den Ruf seiner Familie ruiniert, nimmt sie ihren alten Beruf wieder auf, um die Trennung zu provozieren. Der verzweifelte Armand straft sie mit Verachtung und erkennt ihre wahren Motive erst, als die lungenkranke Marguerite schon im Sterben liegt. Duval läßt ihr Grab mit so vielen weißen Kamelien bepflanzen, das es davon vollkommen bedeckt ist.

Vorbild für die Romanfigur war die in Frankreich berühmte Kurtisane Marie Duplessis, die 1847 mit 23 Jahren an Tuberkulose starb. Dumas war einer ihrer Liebhaber gewesen. Marie Duplessis liebte alle Arten von Blumen, ganz besonders aber Kamelien, die sie vielleicht sogar als eine Art »Markenzeichen« trug. Entsprechend taucht auch die Romanheldin Marguerite nie ohne einen Strauß Kamelien (Camellia/Thea japonica) in ihrer Theaterloge auf. 25 Tage im Monat hat sie weiße Kamelien dabei, an fünf Tagen rote. Nicht ganz ausgeschlossen, daß deswegen die erste Wegwerf-Damenbinde, die 1926 auf den deutschen Markt kam, den Markenname »Camelia« erhielt. Angeblich soll es aber früher auch den Brauch gegeben haben, daß Frauen, wenn sie ihre Regel hatten, sich eine »wohlduftende Kamelienblüte« ansteckten.

David Wallechinsky/Irving & Amy Wallace, Rowohlts Bunte Liste, Reinbek 1983; Kindlers Literatur Lexikon, München 1974; Alexandre Dumas, Die Kameliendame, Leipzig 1986; Presse-Info der Kimberly-Clark GmbH

Kanzlerbäume (Bundeskanzlerbäume)

Bundesdeutsche Gedenkbäume

Teils um die eigene Eitelkeit zu befriedigen, teils um ein angenommenes Bedürfnis der Untertanen nach Götzenbildern zu bedienen, setzen sich viele Monarchen und republikanische Staatsführer Denkmäler. In Deutschland ist man nach 1945 recht vorsichtig mit Formen staatlichen Personenkults geworden. Bereits die Abbildung des Bundespräsidenten auf einer Briefmarke führte in der Vergangenheit zu der Frage, ob nicht schon damit die Grenze zum Byzantinismus überschritten sein könnte. Eine besonders sympathische Idee, sich politisch korrekt ein Denkmal zu setzen, kam ausgerechnet von einem Bundeskanzler, dem zumindest während seiner Amtszeit das Image des sachlichen, gegenwartsbezogenen Machers anhaftete, und der wenig Wert auf persönliche Ehrungen legte. 1978 schlug Helmut Schmidt vor, jedem Bonner Regierungschef einen Baum im Park des

Bundeskanzleramtes zu widmen. Dadurch sollte auf unaufdringliche Weise den Kanzlern eine grüne Ehrung zukommen, die der deutschen Neigung zum romantischen Baumkult entgegenkommt und gleichermaßen wegen der vorgegebenen Vergänglichkeit der pflanzlichen Denkmäler die Wichtigkeit bundeskanzlerischer Macht mit einer gewissen Demut relativiert.
Unter der Leitung von Parkgärtner Dewes pflanzten am 13.10.1979 Helmut Schmidt und sein Vorgänger Willy Brandt gemeinsam die von ihnen ausgesuchten Jungbäume. Brandt hatte einen **Ginkgo** gewählt (→ **Gingo biloba**). Schmidt setzte eine **Trauerweide** (Salix alba Tristis), die vom Bundespresseamt hartnäckig als **Hängeweide** bezeichnet wurde, um nicht den Eindruck zu erwecken, der Regierungschef hätte Grund, wegen seiner Politik zu trauern. Am Pflanztag war auch Ex-Kanzler Kurt-Georg Kiesinger anwesend, für den schon 1978 ein schwarzroter Spitzahorn (Acer platanoides Faassen's Black) in die Erde gebracht worden war. Damals konnte Kiesinger wegen Krankheit aber dem Pflanzakt nicht beiwohnen. Den 1979 bereits verstorbenen Altkanzlern Konrad Adenauer und Ludwig Erhard wurden postum zwei Parkbäume zugewiesen, die in der jeweiligen Amtszeit der beiden gepflanzt worden waren. Adenauer hatte im Garten seines Rhöndorfer Hauses nicht nur **Rosen** gepflegt, sondern mit besonderer Liebe auch zwei aus China stammende **Blauglockenbäume** (Paulownia tomentosa) umsorgt. Dementsprechend wurde ihm der 1962 am Bundeskanzleramt gesetzte Blauglockenbaum gewidmet. Die Adenauer-Paulownia ging im harten Winter 1984/85 ein. Wenige Monate später konnten sich die betrübten Parkgärtner über einen Wurzelschößling freuen, den sie neben dem abgestorbenen Altbaum entdeckten. Heute hat sich daraus ein stattlicher Jungbaum entwickelt. Für Ludwig Erhard wurde ebenfalls ein Exot ausgesucht, ein 1966 in die Erde gebrachter Urwelt-Mammutbaum (Metasequoia glyptostroboides). Auch der letzte Kanzler, der sich hier mit einem Baum eingrub, pflanzte keine → **Deutsche Eiche**. 1987 wählte Helmut Kohl trotz ihrer roten Blätter eine **Blutbuche** (Fagus syvtica Atro-

punicea). Daß die Buche etwas abseits von den anderen fünf Bäumen steht, die nahe am Rhein aneinandergereiht sind, hat keinen besonderen Grund. Es gab lediglich nicht mehr genügend Platz für die dicke Kohl-Buche. Ob, wo und wann Neukanzler Gerhard Schröder zur Pflanzschaufel greifen wird, ist noch ungeklärt. Als sicher gilt aber, daß die sechs Kanzlerbäume den Umzug des Bundeskanzleramts nach Berlin nicht mitmachen werden. Bei einer Umpflanzung könnte das Anwachsen der zum Teil relativ betagten Bäume nicht garantiert werden.

Martin Schloemann, Luthers Apfelbäumchen, Göttingen 1994; Mitteilung des Bundeskanzleramtes, 12.11.1998

Karat

Gewichtseinheit

Über sieben Brücken mußt du geh'n, sieben dunkle Jahre übersteh'n. DDR-Rockpopband Karat

Viele Leute beginnen bei Nennung des Begriffs »Karat«, deren Hit mit den sieben Brücken zu summen oder sich über den sinkenden Wert ererbter Goldbarren zu ärgern. Kaum jemand in nördlichen Breiten wird dagegen bei dieser Gelegenheit einen **Johannisbrotbaum** assoziieren. »Karat« ist nämlich die arabische Bezeichnung für den getrockneten Samen des Johannisbrotbaums (Ceratonia siliqua), einem kleinen, besonders im Mittelmeerraum beheimateten Hülsenfrüchtler-Baum. Früher wurden seine etwa ein Fünftel Gramm schweren Trockensamen im Orient und in Afrika wegen ihrer Ebenmäßigkeit als Handelsgewichte bei Juwelen- und Goldgeschäften geschätzt. Heute bezeichnet »Karat« zwei unterschiedliche Maßeinheiten. Zum einen wird das Gewicht bestimmter Edelsteine wie Diamanten in Karat (1 Karat = 200-205 mg) angegeben. Zum anderen wird bei Münzen, Schmuck und Barren das Verhältnis zwischen Gesamtgewicht und Goldanteil in Karat festgestellt: reines Gold hat 24 Karat.

Peter Rischmüller, Juwelen, Hamburg 1983

Karotte

Hose

Schlecht und modern!
Goethe, Faust II

Eine beliebte Hosenform der 80er Jahre (die ja bekanntlich schon in den späten 70ern anfingen) war die Karotte. Insgesamt luftig, an Hüften und Oberschenkeln weit, verengte sie sich zu den Fußgelenken hin in einer geraden Linie. Wenn man sich mit geschlossenen Beinen hinstellte, sah man aus wie eine **Mohrrübe** (Daucus carota). Was da oberhalb des Gürtels wuchs, mußte man sich eben als Grünzeug denken. Die Beliebtheit der Karottenhose erklärte sich aus ihrer Eigenschaft, Figurprobleme zu überspielen, sofern man noch schlimmer als eine Mohrrübe aussah. Aus diesem Grund ist die Karotte trotz ihrer Abscheulichkeit immer noch nicht vom Hosenmarkt verschwunden und wird gern in der fatalen Kombination mit Stökkelschuhen getragen. (Das streckt!) Karotten- und Bundfaltenjeans waren das Grabgeläut für eine Ära, in der Bluejeans revolutionäre Jugend und Absage an die bürgerliche Bügelfalte symbolisierten. Von nun an wurden die Drillichhosen von Leuten jeden Alters, jeden Gewichts und jeder politischen Anschauung getragen.
Allerdings findet sich in der Geschichte der Mode eine noch albernere Hosenform als die Karotte: die ballonartigen **Kürbis**hosen des späten 16. Jahrhunderts.

Hanne Meedom, Hosen. Form und Funktion, Baltmannsweiler 1987

Karin

Vegetarierin auf Käpt'n Blaubärs Kutter

Der notorische Seemannsgarnspinner Käpt'n Blaubär schippert seit 1991 durch diverse Kinderprogramme. Produziert werden die Folgen vom WDR. Buch und Idee zur blaubefellten, maritimen Bärenpuppe stammen von Walter Moers, der u. a. auch Schöpfer des »kleinen Arschlochs« ist. 1995 erhielt die Blaubär-Crew Verstärkung durch Karin. Karin ist die vermutlich einzige vegetarische fleischfressende Pflanze der Welt. Sie ähnelt keiner der uns bekannten etwa 450 Karnivoren (Pflanzen, die sich von tierischem Eiweiß nähren), denn als Vegetarierin braucht sie logischerweise weder klebrige Tentakeln noch zu Kesselfallen umgewandelte Blätter oder sonstige Fangvorrichtungen. Und so sieht Karin aus wie ein pummeliges → **Gänseblümchen**.

Info-Material der WDR-Pressestelle; Reinhardt Höhn, Seltsames aus dem Reich der Pflanzen, Leipzig 1976

Kaugummi

Wrigley's Spearmint, gum, gum, gum ....
Werbelied

Kaugummi gibt es seit Jahrhunderten. Die Maya in Südmexiko waren es, die entdeckten, daß **chicle**, der dicke, milchige Saft des **Sapodilla-Baums** (Archas Zapota), an der Luft zu einer kaubaren, gummiartigen Masse erhärtet, die auch noch schmeckt. Das Kaugummikauen fand Einlaß in die Maya-Mythologie – die als Gottheit verehrte Heldengestalt Kukulkan (Gefiederte Schlange) betrieb es eifrig – und überdauerte sogar die Herrschaft der spanischen Eroberer im 16. Jahrhundert.

1870 fand der Amerikaner Thomas Adams jr. das kiefermuskelstrapazierende Genußmittel bei den Dschungelbewohnern Mexikos. Ohne davon erfahren zu haben, machte William Wrigley jr. einige

Jahre später dieselbe Entdeckung. Inzwischen ist die als uramerikanisch geltende Süßigkeit auf der ganzen Welt verbreitet, und das Chiclegummi, dem noch Aromastoffe, Zucker oder Zuckerersatzstoffe zugefügt werden, ist oft durch Kunststoffe wie Polyäthylen oder Polyvinylester ersetzt. In Deutschland machten die amerikanischen Besatzungssoldaten nach dem Zweiten Weltkrieg das Kaugummi populär.

Peter James/Nick Thorpe, Keilschrift, Kompaß, Kaugummi,
Zürich 1998

Kibele-Bäume

Kastraten-Mandelbaum und Göttinnen-Pinie

Göttervater Zeus hatte sich einst zum Schlafen auf den Berg Dindymos gelegt und bei einem feuchten Traum Samenflüssigkeit verloren. Dort wo das göttliche Sperma den Boden berührte, entstand ein Wesen, das mit weiblichen und männlichen Geschlechtsorganen ausgestattet war. Die Götter erschraken über die Möglichkeiten, die sie so einem androgynen Wesen unterstellten, und schnitten ihm kurzerhand Penis und Hoden ab. Aus dem auf die Erde gefallenen Gemächte wuchs ein Mandelbaum, und aus dem jetzt nur noch weiblichen Wesen wurde die Göttin Kibele. Jahre später fiel eine Mandel des ungewöhnlich gesäten Baums in den Schoß einer Göttertochter, die so den Knaben Attis empfing. Als Attis zum Hübschling herangewachsen war, verliebte sich Kibele in ihn. Doch Attis verschmähte die Göttin, die darauf in heiligen Zorn geriet und den Sterblichen irrsinnig werden ließ. Im Wahn kastrierte sich Attis selbst und verblutete an seiner Wunde. Kibele bereute ihre Tat und verwandelte sich in eine Pinie. Nach anderen Überlieferungen war es Attis, der nach seinem Tod zum immergrünen Nadelbaum wurde. Anders als im antiken Griechenland, wo der Kibele-Kult nur relativ wenige Anhänger hatte, war er in Rom sehr populär. Am Ende der März-Zeremonien zogen Kibele-Priester, die sich selbst kastriert hatten, mit einer Pinie durch Roms Straßen zu ihrem Tempel, geißelten sich dort und besprengten den Altar mit ihrem Blut. Nach dieser ritualisierten Totentrauer schlug die düstere Stimmung in wilden Jubel und wüstes Gelage um, an der sich die römische Stadtbevölkerung gern und ausgiebig beteiligte.

Michael Grant/John Hazel, Lexikon der antiken Mythen und Gestalten, München 1980; Robert Doyle (Hrsg.), Das mythische Jahr, Amsterdam 1992

Killertomaten

Monstergemüse

Alles, was wir wollten, war eine größere, gesündere Tomate.

Zitat aus dem Film »Angriff der Killertomaten«

Aggressive Tomaten (Lycopersicon lycopersicum) von üblicher Handelsgröße bis zu Kürbisformat und Monstersize sind aus einer Versuchsfarm entkommen und machen Jagd auf amerikanische Bürger. Vor sich hin murmelnd hopsen, rollen und gleiten die gefährlichen Nachtschattengewächse durch die Gegend, hetzen Hausfrauen über Supermarkt-Parkplätze und führen Unterwasserangriffe à la Weißer Hai aus. Wie sie töten, wird nicht ganz klar. Die größten springen anscheinend einfach auf ihre Opfer drauf. Erst mit Musik kann den Killertomaten schließlich beigekommen werden.
Hartnäckig hält sich der Irrtum, die Low-Budget-Produktion »Angriff der Killertomaten« (»Attack of the Killertomatoes«, USA 1978, Regie: John de Bello) wäre unfreiwillig komisch, sie ist aber allenfalls unfreiwillig langweilig. Die unsäglichen Scherze und albernen Versprecher der Horrorfilm-Parodie mit Gesangseinlagen wirken nicht nur gewollt, sondern sind es auch. Desungeachtet feiern Leute, die gern Begriffe wie »Trash« und »Kult« benutzen, den »Angriff der Killerto-

maten« bis heute als »Meilenstein des schlechten Geschmacks«. Dieser Erfolg führte zu dem Nachfolgefilm »Die Rückkehr der Killertomaten« (»Return of the Killertomatoes«, USA 1987, Regie: John de Bello) und einer TV-Zeichentrickserie.

TV Today, Nr. 21/1998; Lexikon des Internationalen Films, Reinbek 1995

Kirschen der Freiheit

Buch von Alfred Andersch

Am 6. Juni 1944 setzte sich der Wehrmachtssoldat und spätere Schriftsteller Alfred Andersch (1914-1980) in Italien von seiner Einheit ab, um sich freiwillig in amerikanische Kriegsgefangenschaft zu begeben. Diese Fahnenflucht war sein »ganz kleiner«, zeitlich vorgezogener »20. Juli«. Für Andersch war dieser Schritt das Ende der Phase passiver Reflexion des eigenen Ichs, in das sich der ehemalige Jung-Funktionär der KPD nach dem Zusammenbruch der Weimarer Republik und nach drei Monaten Haft im KZ Dachau zurückgezogen hatte. Als Andersch davon überzeugt war, daß seine Fahnenflucht gelingen werde, aß er eine Handvoll wilder Kirschen »meiner Freiheit«. Zum Ärger der nachkriegsdeutschen Stahlhelm-Fraktion versuchte er seine Desertion nicht zu entschuldigen, sondern warb offensiv für sie in seinem autobiographischen Bericht »Die Kirschen der Freiheit« (1952) als fast einzig mögliche und akzeptable Reaktion des einfachen Soldaten auf das Nazi-Regime.

Alfred Andersch, Die Kirschen der Freiheit, Hamburg 1952; Munzinger-Archiv/Biographisches Archiv, 12.7.1980, Maria Elisabeth Brunner, Der Deserteur und Erzähler Alfred Andersch, Frankfurt/M. 1997

Kopfnuß

Mißhandlung

Ein Schlag auf den Kopf erhöht das Denkvermögen.
Alter Lehrerspruch

Noch vor gar nicht so langer Zeit war es üblich, daß Lehrer in der Kopfnuß ein vertretbares Hilfsmittel sahen, Schülern lateinische Grammatik oder binomische Formeln näherzubringen. Der schmerzhafte Schlag mit dem angewinkelten pädagogischen Zeigefinger sollte die Merkfähigkeit träger Schüler angeblich erheblich verstärken. Heute ist diese Art körperlicher Gewalt beim Lehrpersonal verpönt. Unter Schülern wird die relativ ungefährliche Schlagtechnik allerdings immer noch gern auf der Konfliktebene zwischen harmloser Neckerei und ernsthafter Schägerei angewendet. Bei brutalen Prügeleien kommt dagegen eine andere Form der Kopfnuß, die regional auch als »Barmbeker Kuß« berüchtigt ist, zum Einsatz. Dabei stößt der Schläger seinem Kontrahenten das Stirnbein mit Wucht ins Gesicht. Platzwunden, Nasenbeinbruch und Gehirnerschütterung sind die erwünschten üblichen Folgen dieses Kopfstoßes. Beide Formen der Kopfnuß haben ihren seit dem 16. Jahrhundert gebräuchlichen Namen nicht etwa von der Nußähnlichkeit der Beulen, die sie zur Folge haben können. Wahrscheinlich leitet sich der Begriff von dem untergegangenen mittelalterlichen Wort »nussen« (für »prügeln«) ab.

Friedrich Kluge, Etymologisches Wörterbuch der deutschen Sprache, Berlin 1989; Uwe Wilczek, Gottes Zorn in Hamburg-Horn, Hamburg 1998

Kotzebue National Forest

Kleinster Wald der Welt

Der kleinste Wald der Welt befindet sich im nördlichen Alaska und besteht aus einer eingezäunten Tanne, die trotz des stets bis wenige Zentimeter unter der Erdoberfläche vereisten Bodens vier Meter hoch gewachsen ist. Ein Hinweisschild erklärt, daß es sich hierbei um Kotzebues National Forest handelt.

Das Mosaik Lexikon der Superlative, München 1979

Der künstliche Baum

Gedicht bzw. Gedichtsammlung von Ernst Jandl

1969 fügte der Schriftsteller Ernst Jandl (geb. 1925 in Wien) seiner reichen Produktion an experimentellen Gedichten einen weiteren Gedichtband hinzu: »Der künstliche Baum«. Als Ergänzung erschien eine gleichnamige Schallplatte, auf der das akustische Moment der Dichtung zur Geltung kommt. (Jandl ist ein hervorragender Rezitator seiner Sprechgedichte.)
Das Buch enthält 97 nach Gedichttypen geordnete Gedichte: visuelle Gedichte, einen Lesetext, Lese- und Sprechgedichte, Lautgedichte und einen Sprechtext. Es beginnt mit seinem namengebenden visuel-

frucht frucht frucht frucht frucht frucht

frucht frucht frucht frucht frucht

frucht frucht frucht frucht

frucht frucht frucht

frucht frucht

fracht

fracht

fracht

fracht

fracht

fracht

fracht

fracht

fracht

fracht

fracht

fracht

fracht

fracht

fracht

fracht

fracht

fracht

fracht

fracht

frucht frucht

frucht frucht frucht

frucht frucht frucht frucht

frucht frucht frucht frucht frucht

frucht frucht frucht frucht frucht frucht

len Gedicht »Der künstliche Baum«, das, wie bei Jandl nicht anders zu erwarten, den üblichen Rahmen eines Gedichtes sprengt. Gewiß, es hat Zeilen, nämlich dreißig, und auf diesen Zeilen befinden sich Wörter, nämlich vierzigmal das Wort »frucht« und zwanzigmal das Wort »fracht«, aber diese allesamt kleingeschriebenen Wörter sind so auf dem Papier verteilt, daß man in den untereinander geschriebenen »fracht«s mit etwas gutem Willen einen Baumstamm erkennen kann, während die vierzig »frucht«s bei erster oberflächlicher Betrachtung die Flächen von Baumkrone und Baumwurzeln abstecken. Dieses Gedicht soll nicht nur gelesen, sondern vor allem als optischer Eindruck wahrgenommen werden.

Ernst Jandl, Der künstliche Baum, Neuwied/Berlin 1970;
Manfred Brauneck (Hrsg.), Autorenlexikon, Reinbek 1995

Kumi Ori

Gurkenkönig

> Wir heißt Königs Kumi-Ori das Zweit aus das Geschlecht die Treppeliden. Wir ist gewohnt, daß uns jedliches küssen den Hand. Gurkenkönig

Eines Tages sitzt er in der Küche der Familie Hogelmann. Er ist ungefähr einen halben Meter groß und sieht aus wie eine dicke **Gurke** (Cucumis sativus) mit dünnen Armen und Beinen. Auf dem Kopf hat er eine goldene Krone mit roten Edelsteinen. Seine Hände stecken in weißen Zwirnhandschuhen, und die Fußnägel sind rot lackiert. Wie sich herausstellt, ist er unfotografierbar. In majestätisch gebrochenem Deutsch erzählt er, daß er von seinen Untertanen vertrieben wurde, und bittet um Asyl. Er kommt aus dem unteren der zwei Keller im Hogelmannschen Haus, wo ein ganzes Volk von Kumi Oris lebt, die aber viel kleiner sind als der König. Familie Hogelmann ist der despotische Gurkinger unsymphatisch. Nur der autoritäre Vater erhofft sich Vorteile durch den Monarchen, und der jüngste Sohn, der kleine Nik, schleppt den Kumi Ori, der sich wie roher Hefeteig in einer Plastiktüte anfühlt, gern herum. Als der Gurkenkönig dem Vater einen Direktorenposten in einer Autoversicherung in Aussicht stellt, erklärt Herr Hogelmann sich dazu bereit, die aufrührerischen Gurkenuntertanen im zweiten Keller mit einem fingierten Wasserrohrbruch zu ersäufen. Gerade noch rechtzeitig entdecken die beiden älteren Geschwister diesen Plan.
Christine Nöstlinger (geb. 1936) erhielt für ihren Kinderroman »Wir

pfeifen auf den Gurkenkönig« (1972) den Deutschen Jugendbuchpreis 1973. Hark Bohm verfilmte das Buch 1975.

Christine Nöstlinger, Wir pfeifen auf den Gurkenkönig, Reinbek 1992; Bernhard Matt (Hrsg.), Der Kinderfilm von A bis Z, München 1988; Lexikon der Kinder- und Jugendliteratur, Weinheim/Basel 1984

Kunigunden-Linde

(bei Burgerroth)

Opfer der Naturschutzbehörde

Drei Schleier warf Kaiserin Kunigunde der Sage nach vom Bamberger Dom und gelobte, an den Stellen, wo die Schleier landeten, Kapellen zu stiften. Einer soll in der Linde auf dem »Alten Berg« beim unterfränkischen Burgerroth hängengeblieben sein, weswegen diese jetzt Kunigunden-Linde heißt. 1230 baute man die romanische Kunigunden-Kirche daneben. Nach dem Zweiten Weltkrieg wurden Kirche und Baum restauriert. Daß die Kunigunden-Linde inzwischen hohl und geborsten war, daran ließ sich freilich nichts mehr ändern. Sie blühte aber auch als Baumruine weiter. Im Herbst 1978 sägten Facharbeiter auf Anordnung der Naturschutzbehörde beim Landratsamt Würzburg-Land die Krone und alle Äste ab, um den befürchteten Zerfall aufzuhalten. Sie gingen aber so laienhaft und brutal rigoros vor, daß die Form der Linde zerstört wurde.

Peter Schille/Wilfried Bauer (Fotos), Deutschlandbilder 3/
Grüne Patriarchen – Von den ältesten Bäumen der Bundesrepublik Deutschland, Stuttgart 1985

Kunigunden-Linde

(in Kasberg)

Lebende Baumlegende

Die Kasberger Kunigunden-Linde soll der Legende nach um das Jahr 1000 von der heiligen Kunigunde gepflanzt worden sein. Jahr und Umstände der Pflanzung sind zweifelhaft. Archivalisch belegt ist hingegen, daß die Linde bereits vor 1373 so groß und beeindruckend war, daß der Sulzbacher Landrichter Volkelt von Taun unter ihr Recht sprach. Bis in 15. Jahrhundert diente der Baum als Gerichtslinde. Die gewaltigen Ausmaße des inzwischen hohlen, geborstenen und sich auf Krücken stützenden Baums lieferte Stoff für viele Legenden und Anekdoten. So soll sich während der Napoleonischen Kriege ein preußischer Husar samt seinem Pferd im hohlen Stamm vor dem französischen Heer verborgen haben.

Herbert Grabe/Hubert Weinzierl, Lindenzeit, Amberg 1991;
Peter Schille/Wilfried Bauer (Fotos), Deutschlandbilder 3/
Grüne Patriarchen – Von den ältesten Bäumen der Bundesrepublik Deutschland, Stuttgart 1985

Kyparissos

Die erste Zypresse

Zypressen sind die typischen Friedhofsbäume in Südeuropa und Kleinasien. Das Attribut der Trauer hat die Zypresse (Cupressus sempervirens) bereits in der Antike gehabt. In der griechischen Mythologie wird der Ursprung des Trauerbaums durch die tränenreiche Geschichte vom schönen Kyparissos erklärt. Kyparissos, ein sanfter Jüngling und Favorit des Gottes Apollon, führte zusammen mit einem heiligen Hirschen ein idyllisches Leben auf der Insel Keos. Beim Üben mit einem Jagdspeer tötete er versehentlich das Tier. Über diesen Unfall war Kyparissos so verzweifelt, daß er sich ebenfallls töten wollte. Apollon redete ihm den Selbstmord aus, konnte aber nicht verhindern, daß Kyparissos unablässig weinte und dadurch austrocknete. Aus Mitleid, oder vielleicht auch, weil er das heulende Elend nicht mehr ertragen konnte, verwandelte der Gott den Jüngling in eine Zypresse (griech.: kyparissos). Nach einer anderen, weniger harmlosen Version der Zypressen-Sage verwandelte sich ein junger Mann aus Kreta namens Kyparissos in eine Zypresse, weil er sich anders den amourösen Nachstellungen Apollons nicht zu entziehen wußte.

Michael Grant/John Hazel, Lexikon der antiken Mythen
und Gestalten, München 1980

L

Liberty Tree (Tree of Liberty, Liberty Pole)

Baum der Amerikanischen Revolution

An Appeal To Heaven
Motto auf der Liberty-Tree-Fahne von New England
während des amerikanischen Unabhängigkeitskrieges

1776 sagten sich Vertreter der 13 nordamerikanischen Kolonien von ihrem englischen Mutterland los und hoben die USA aus der Taufe. Die mehr oder weniger begeisterte Bevölkerung der Ex-Kolonien erfuhr diese Nachricht meist dadurch, daß ein revolutionärer Aktivist die Unabhängigkeitserklärung der lokalen Einwohnerschaft unter einem Baum vorlas. Diese Bäume spielten in der Folgezeit eine wichtige Rolle für die patriotische Verklärung der US-amerikanischen Frühzeit. Es gibt heute kaum einen Ort in den östlichen Vereinigten Staaten, der nicht mindestens einen »Tree of Liberty« als Zeuge großer Zeit hegt und pflegt. Zumindest eine Gedenktafel, wo der oft inzwischen eingegangene Freiheitsbaum gestanden haben soll, wird man in der Regel nicht weit von der obligatorischen Bürgerkriegskanone finden. Der Liberty Tree, der während des Unabhängigkeitskriegs auch in vielen Fahnen der Aufständischen geführt wurde, tauchte 1765 das erste Mal in der politischen Auseinandersetzung auf. Aus Protest gegen die Einführung der als ungerecht empfundenen Stempelsteuer hängten am 14.8.1765 radikale »Sons of Liberty« zwei Strohpuppen an einer alten Ulme auf dem Bostoner Hanover Square. Die symbolisch hingerichteten Puppen sollten den königlichen Gouverneur und seinen Steuereintreiber darstellen. Ein Jahr später wurde das Stempelsteuergesetz zurückgenommen. Die Bostoner Ulme symbolisierte den ersten Sieg der noch relativ kleinen Unabhängigkeitsbewegung. Sie wurde das Vorbild für viele andere koloniale Freiheitsbäume, die zunächst an einigen Orten vorübergehend als Sinnbild für den Ausgleich mit London galten, aber bald ausschließlich von der Los-von-England-Bewegung instrumentalisiert wurden. Wo es keine Ulmen gab, wurden auch Eichen und vor allem Fichten zu Liberty Trees erklärt, unter denen die sich langsam immer mehr radikalisierenden Kolonisten Versammlungen abhielten. Bei Mangel an geeigneten wildwüchsigen Bäumen errichteten die unzufriedenen Amerikaner in Anlehnung an die → **Maibäume** ihrer europäischen Herkunftsländer geschmückte Masten und Pfähle, die Liberty Poles. Den Engländern waren die Liberty Trees und Liberty Poles natürlich ein Dorn im Auge, und sie hackten sie bei Gelegenheit gern um. Der Urfreiheitsbaum in Boston fiel 1775 britischen Soldaten zum Opfer, die die Ulme zu Feuerholz machten, mit dem sie nicht nur ihre Öfen, sondern vor allem die explosive Stimmung im Lande anheizten. Im selben Jahr begann der Unabhängigkeitskrieg.

Arthur Schlesinger, Liberty Tree. A Genealogy; in: The New England Quarterly 25, 1952, S. 435-458; M. B. Schnapper, American Symbols, Washington, D.C., 1974

Lilien

Biblische Gleichnispflanzen

> Und warum sorget ihr für die Kleidung? Schauet die Lilien auf dem Felde, wie sie wachsen: sie arbeiten nicht, auch spinnen sie nicht. Matthäus 6,28

In seiner Bergpredigt ergänzte Jesus den Hinweis auf die Vögel, die weder säen noch ernten und doch ernährt werden, durch das Gleichnis von den Lilien, die trotz Faulheit prächtiger gewandet seien als

König Salomo. Das Wort stößt bei vielen Menschen auf Unverständnis. Anhänger der »Anarchistischen Pogo Partei Deutschlands«, die seit Mitte der 90er Jahre mit den Slogans »Arbeit ist Scheiße« und »Recht auf Arbeitslosigkeit bei vollem Lohnausgleich« Achtungserfolge bei Landtags- und Bundestagswahlen erzielen, fühlen sich dagegen durch das Lilien-Zitat bestätigt. Theologen haben die bemühte Interpretation ausgeknobelt, daß das Jesus-Wort nicht als Aufforderung zum verantwortungslosen In-den-Tag-Leben zu verstehen ist, sondern als verschlüsselte Anweisung, sich nicht in Vollkaskomentalität zu verlieren und sich unnötige Sorgen zu machen. Bei aller Notwendigkeit zur Lebensvorsorge soll auch im Alltag Gottvertrauen im Vordergrund stehen. Vor allem aber soll der Mensch sich auf mystischer Ebene dem Willen Gottes getrost ausliefern.
Die Bezeichnung »Lilie« meint in dem Fall der Bergpredigt nicht die spezielle Gattung Lilium, sondern ist wohl als Sammelbegriff für die Blumen Galiläas, insbesondere Anemonen, Krokusse, Mohnblumen, Narzissen und gelbe Chrysanthemen, zu verstehen.
1963 griff Regisseur Ralph Nelson in seinem Film »Lilien auf dem Felde« (»Lilies of the Field«, USA) auf das Blumengleichnis zurück. In seinem Kinostück machen sich einige aus der DDR geflohene Nonnen ohne jegliche materielle Voraussetzungen in der Einöde des US-Südwestens daran, eine Missionsstation aufzubauen. Hilfe bekommen sie von dem ihrer Meinung nach vom Himmel geschickten Ex-GI Homer Smith. Sidney Poitier bekam für die Verkörperung des Homer als erster schwarzer US-Schauspieler den Oscar.

Hans-Werner Asmus, Das große CINEMA-Filmbuch, Hamburg 1992; Pat Alexander, Die Welt der Bibel, Wuppertal 1994

Limmersdorfer Stufenlinde

Letzte betanzte Linde

Unter den Linden pflegen wir zu singen, trinken und tanzen und fröhlich zu sein, denn die Linde ist uns ein Freude- und Friedebaum.

Martin Luther

Früher traf sich die Jugend unter der Dorflinde, um zu musizieren, zu tanzen und einander näherzukommen. Etwas Besonderes waren die Tanzlinden. Sie hatten einen gestuften Wuchs, so daß man in ihr Geäst ein Gerüst samt Tanzboden installieren konnte. Die Limmersdorfer Stufenlinde südwestlich von Kulmbach in Oberfranken soll die letzte ihrer Art sein, in der noch einmal im Jahr getanzt wird.
Zur »Linden-Kerwa« (Kirchweih) – am Sonntag nach Bartholomäus, gewöhnlich der letzte Sonntag im August – wird in zweieinhalb Meter Höhe ein Tanzboden in den hohlen Baum gezimmert, den die Tänzer über eine Leiter erreichen.
Die Limmersdorfer **Kerwa-Linde** ist eine der Friedenslinden, die 1648 von Bauern aus Dankbarkeit, daß sie den Dreißigjährigen Krieg überstanden hatten, gepflanzt wurden.

Herbert Grabe/Hubert Weinzierl, Lindenzeit, Amberg 1991;
GEO, Nr. 5/1980

Der Lindenbaum

Gedicht von Wilhelm Müller

Am Brunnen vor dem Tore
Da steht ein Lindenbaum:
Ich träumt in seinem Schatten
So manchen süßen Traum.

Wilhelm Müller (1794-1827) war zu seiner Zeit ein populärer Verfasser von politischen Gedichten und von Reise-, Wander- und Trinkliedern, in leicht sangbarem Volkston. Heute ist er kaum noch bekannt.

Sein literarisches Hauptwerk ist der aus 24 Liedern bestehende Zyklus »Die Winterreise« (1823/24), in dem es um die Seelenzustände eines einsamen, melancholischen und von der Liebe enttäuschten jungen Mannes auf Wanderschaft geht. 1827 wurde der Zyklus von Franz Schubert vertont. Das berühmteste Lied daraus ist »Der Lindenbaum«, in dem sich neben dem Grundgefühl der Entfremdung auch sehnsuchtsvolle und versöhnende (und möglicherweise ein wenig sentimentale) Motive finden.
Schubert lehnte sich bei der Vertonung an die schlichte Rhythmik und die einfache Form des Volksliedes an, und unter dem heute geläufigeren Titel »Am Brunnen vor dem Tore« wurde »Der Lindenbaum« Volksgut.
Bei jenen **Dorflinden** – ob sie nun vor dem Tore oder auf dem Dorfplatz standen –, denen Wilhelm Müller und Franz Schubert ein lyrisch-musikalisches Denkmal gesetzt haben, handelt und handelte es sich zumeist um **Sommerlinden** (Tilia platyphyllos), die ein stattliches Alter erreichen können. Die älteste Linde Deutschlands soll die **Kirchlinde beim Dorf Elbrinxen** nahe Bad Pyrmont sein. Sie wurde um das Jahr 1000 gepflanzt. Der Umfang ihres Stammes beträgt 12 Meter. Mehr oder weniger großzügig werden auch die folgenden Bäume als **Tausendjährige Linden** bezeichnet: die **Wolframslinde** in Ried (in deren Nähe der Minnesänger Wolfram von Eschenbach sich aufgehalten haben soll), die **Edignalinde** in Puch (in dem damals hohlen Baum soll vor 800 Jahren die heilige Edigna als Einsiedlerin gelebt haben), die **Tassilolinde** in Wessobrunn und die **Gerichtslinde in Kasberg**. Die jüngste »Tausendjährige« ist die **Linde von Holzhausen** am Starnberger See. Sie wurde vermutlich erst 1420 gepflanzt. In ihrem hohlen Stamm steht eine Madonnenfigur.

Kindlers Literatur Lexikon, München 1974; Der große Brockhaus, Wiesbaden 1955; Herbert Grabe/Hubert Weinzierl, Lindenzeit, Amberg 1991; GEO, Nr. 5/1980; Das Mosaik Lexikon der Superlative, München 1979

Linné-Baum

Familienbaum

In Skandinavien war es bis ins 20. Jahrhundert üblich, daß auf den Bauernhöfen ein bestimmter Baum als unmittelbar mit dem Schicksal der Familie verbunden galt und besonders gepflegt wurde. Wahrscheinlich spielten dabei ursprünglich heidnische Vorstellungen von Schutzgeistern, die in Bäumen wohnten, eine Rolle. Auch für den berühmten schwedischen Botaniker und Systematiker Carl von Linné (1707-1778) gab es einen solchen Baum. Die Linnés und die mit ihnen verwandten Sippen Lindelius und Tiliander hatten eine Linde als gemeinsamen Familienbaum. Als die Lindelius-Linie ausstarb, soll angeblich einer der drei Hauptäste der Linde abgestorben sein. Nach dem Tod der Tochter von Carl von Linné vertrocknete der zweite Ast, und nachdem auch der letzte Tiliander tot war, gab der Baum seinen Geist endgültig auf.

Wilhelm Mannhardt, Wald und Feldkulte, Berlin 1904

Lippische Rose

Ostwestfälisches Wappensymbol

Das nordrhein-westfälische Landeswappen weist im wesentlichen eine Zweiteilung auf. Rechts bäumt sich das silberne Westfalenroß auf roten Grund auf, und links schlängelt sich ein zum welligen Silberbalken vereinfachter Vater Rhein durchs Grün. Erst beim genauen Hinsehen erkennt der Betrachter in der eingebogenen silbernen Spitze des Wappens eine rote fünfblättrige **Hundsrose** mit goldenen Butzen und fünf Kelchblättern: die Lippische Rose. Die bescheidene Größe der Wappenblume des Lipperlandes läßt einerseits Rückschlüsse zu auf die relativ geringe Bedeutung des von ihr symbolisierten Gebietes, andererseits aber auch auf eine gewisse historische

Sonderstellung im einwohnerstärksten Bundesland der Bundesrepublik Deutschland. Die Geschichte der Lippischen Rose ist, verglichen mit der anderer deutscher Wappen, uralt. Die ersten eindeutig belegten Lippischen Rosen tauchen seit 1218 auf den Siegeln der Edelherren zur Lippe auf. Ob die ostwestfälischen Kleinfürsten die Blume in Anlehnung an den im Hochmittelalter bei Rittersleuten modernen, auch Rosendienst genannten, Minnedienst gewählt haben oder vielleicht im Zusammenhang mit der religiösen Rosensymbolik bei der Marien-Verehrung, ist noch nicht geklärt. Reine Spekulationen dürften aber die aus dem 18. Jahrhundert stammenden Vorstellungen sein, nach denen die Rose etwas mit Hermann den Cherusker zu tun hat oder auf eine hohe altsächsische Abkunft der Lipper Edelherren hinweisen könnte. Das zunächst persönliche Wappen des Adelsgeschlechts entwickelte sich trotz der üblichen dynastischen und territorialen Zersplitterungen über die Jahrhunderte so zu einem bei der Bevölkerung identitätsstiftenden hoheitlichen und landsmannschaftlichen Symbol, daß es auch nach Ende der lippischen Fürstenherrlichkeit 1918 die Wappen der neugeschaffenen Freistaaten Lippe und Schaumburg-Lippe beherrschte. In der Nazi-Zeit verschwand die Lippische Rose auf den Amtssiegeln zugunsten des Reichsadlers mit dem Hakenkreuz. Nach dem Zweiten Weltkrieg knüpften die nur kurze Zeit in der britischen Zone bestehenden selbständigen Länder Lippe und Schaumburg-Lippe wieder an die Rosentradition bei ihrer Wappengestaltung an. Den Politikern in den kleinen, von niedersächsischem und nordrhein-westfälischem Gebiet umgebenen Ländchen war es klar, daß sie über kurz oder lang einem ihrer größeren Nachbarn zugeschlagen werden würden. Die Frage war nur, wem und unter welchen Umständen. Damals machte der Vers die Runde: »Das Röslein (= Lippische Rose) steht im Garten/ steht und schweigt/ die Rößlein (= Niedersachsenroß und Westfalenroß) draußen warten/ wem es sich neigt.« Lippe neigte sich schließlich Nordrhein-Westfalen zu, weil dessen Landesregierung zu größeren Zugeständnissen bereit war. Im Januar 1947 gab Lippe seine Eigenständigkeit auf und mutierte zum Regierungsbezirk Detmold. Möglicherweise mag auch das Entgegenkommen der nordrhein-westfälischen Landesregierung, die Lippische Rose ins neue Landeswappen hineinzunehmen, ein wenig für die lippische Entscheidung, sich NRW anzuschließen, mitverantwortlich gewesen sein. Lippe-Schaumburg dagegen, das sich Niedersachsen bereits 1946 angeschlossen hatte, wurde im Pferdewappen seines neuen Landes nicht berücksichtigt. Aber sowohl in offiziellen als auch in privaten Wappen und Emblemen beider Lipper Gebiete ist die Rose weiter präsent. In Kreis-, Stadt- und Gemeindewappen, auf Firmensignets, als ovaler Autoaufkleber und auf Fußballtrikots kann man die populäre Rose überall zwischen Detmold und Bückeburg, Lippstadt und Lemgo finden. Nicht verwechseln darf man sie mit ähnlichen heraldischen Rosen der Region wie der Pappenburger Grafenrose von Wennigsen oder der Oldenburger Rose von Wildeshausen.

Klemens Stadler, Deutsche Wappen, Bd. 5, Berlin 1965;
Peter Veddeler, Die Lippische Rose, Detmold 1978

Lorbeer

Klassisches Ehrenlaub

Wollten keine Ovationen/ von dem Publico auf
Pump,/ keine Vorschuß-Lorbeerkronen ...
Heinrich Heine, »Der Romanzero«, 1851

Nachdem er im Herbst 1998 durch die Wähler vom Kanzlerthron gestürzt worden war, wurden Helmut Kohl zahlreiche Abschiedsehrungen zuteil. Sehr gefreut hat sich der Politiker über eine exklusive Auszeichnung, die ihm Bundespräsident Roman Herzog für »Verdienste um Deutschland und Europa« um den Hals hängte: das Großkreuz des Bundesverdienstordens. Kohl bekam den zweithöchsten BRD-Orden (das Maximal-Ehrenblech, die Sonderstufe des Großkreuzes,

ist Staatsoberhäuptern vorbehalten) in der Spezialausführung mit schmalem Gold-Lorbeerkranz. Vor ihm hat als bisher einziger Geehrter Konrad Adenauer das Großkreuz mit Lorbeer bekommen. Die Tradition, das Laub des Lorbeerbaums (Laurus nobilis) als Ehrung zu verwenden, geht angeblich auf eine peinliche Abfuhr des griechischen Gottes Apoll zurück. Die keusche Nymphe Daphne entzog sich dem zudringlichen Gott durch die Flucht in die Metamorphose. Sie wurde der welterste Lorbeerbaum. Bekümmert und reumütig flocht sich der verhinderte Sittenstrolch aus dem Daphnelaub einen Kranz, den er sich auf den Kopf setzte. Das von ihm seitdem als Heiligtum betrachtete Blattwerk galt bei den Griechen als physisch und moralisch reinigend. Krieger, die aus der Schlacht heimkehrten, wurden zunächst mit Lorbeer bekränzt, um das Blut, das an ihren Händen klebte, symbolisch zu entfernen. Aus dieser Verbindung mit dem Militär entwickelte sich später der Brauch, Soldaten für Verdienste im Kampf mit Lorbeer zu ehren. Aber auch Zivilisten wurde das immergrüne Ehrenlaub verliehen. Da das Lorbeer als Symbol für dichterische Inspiration galt, wurden in der Antike auch hervorragende Autoren mit ihm und mit dem Titel »Poeta laureatus« (»lorbeerbekränzter Dichter«) geehrt. Die deutschen Kaiser belebten die Dichterkrönung im Spätmittelalter wieder und praktizierten sie bis zum Ende des 18. Jahrhunderts. Francesco Petrarca, Ulrich von Hutten und Martin Opitz gehörten zu den auf diese Weise kaiserlich Geehrten. In England wird noch heute der Titel »Poet laureat« verliehen.

Jörg Nimmergut, Deutsche Orden, München 1982; Hans Schöpf, Zauberkräuter, Graz 1986; Yann Le Bohec, Die römische Armee, Stuttgart 1989; Der Spiegel, Nr. 44/1998

Lotis

Nymphen-Lotosbaum

Der wegen seiner Häßlichkeit von seiner Mutter verstoßene griechische Gott der Gärten, Priapos, hatte ein trauriges Liebesleben. Laut Ovid verliebte sich der verwachsene Gartengott mit dem großen Phallus ausgerechnet in die für ihre zarte Schönheit gerühmte Nymphe Lotis. Priapos traute sich aber nicht, sich seiner Angebeteten zu offenbaren, und näherte sich ihr erst, als sie schlief. Doch Lotis erwachte, erschrak und floh. Der sexuell erregte Priapos jagte ihr hinterher. Die Götter hatten Mitleid mit der armen Nymphe und verwandelten sie in einen Lotosbaum. Allerdings waren damit ihre Leiden noch nicht vorbei. Die Apollon-Enkelin Dryope gab ihrem Sohn Amphissos, ohne die wahre Identität des Baums zu kennen, dessen rote Blüten zum Spielen. Amphissos zermanschte die Blüten nach Kleinkinderart, und als Blut aus den Blumen trof, merkte Dryope, daß sie einen Fehler gemacht hatte. Die unnachsichtigen Götter verwandelten die unglückliche Mutter wegen des Baumfrevels prompt in eine schwarze Pappel, ließen ihr aber noch Zeit, Amphissos seinem Vater zu übergeben und ihn vor den Lotosblüten zu warnen.

Michael Grant/John Hazel, Lexikon der antiken Mythen und Gestalten, München 1980

Lutherbaum

Protestanten-Denkmal

So wahr dieser Stock Wurzeln schlagen und zum
Baum emporwachsen wird, so wahr ist Luthers Lehre.
Lutherbaum-Legende

April 1521: Auf dem Reichstag in Worms verteidigte Martin Luther vor Kaiser und Reichsständen seine Thesen zur Reformation der Kirche. Die Stimmung in der Wormser Bevölkerung war bereits eindeutig »martinisch«, die alte katholische Bischofsstadt war wenige Jahre später auch offiziell evangelisch. Mit dieser Zeit ist die Legende vom Lutherbaum verbunden, nach der eine alte Frau im Streit mit einer antilutherisch eingestellten Kontrahentin ihren Krückstock in den Boden gerammt haben soll. Sie prophezeite, daß ihr Stock als Zeichen für die Wahrheit und Dauerhaftigkeit der protestantischen Lehre zu einem Baum heranwachsen werde. Im Wormser Stadtteil

Pfiffligheim konnte bis ins 19. Jahrhundert an der Alzeyer Straße eine mächtige Ulme, angeblich die damals größte Ulme der Welt, als mutmaßliches Ergebnis der Stockpflanzung bestaunt werden. Ganz in der Nähe ist 1796 von Jakobinern eine andere, immer noch intakte Wormser Baum-Ikone gepflanzt worden: die **Pfiffligheimer Freiheitslinde** (→ **Freiheitsbaum**). 1870 verlor der 40 Meter hohe Lutherbaum durch Blitzschlag seine Krone, und 1949 war er so marode, daß er abgesägt werden mußte. An dem etwa fünf Meter hohen Stumpf, der einen Umfang von elf Metern hat, wurde eine hölzerne Reliefplatte angebracht, die die fromme Lutherbaum-Geschichte erzählt. Um klarzumachen, daß der Untergang des Baums nicht einhergehen muß mit dem Niedergang des Protestantismus, wurde die Reliefszene mit dem Vers : »Der Lutherbaum vergeht/ Luthers Glaubenstat besteht« versehen. Um ganz sicherzugehen, hat der örtliche Heimatverein 1996 unweit der Baumruine eine junge Lutherulme gepflanzt.

Otto Kammer/Fritz Reuter, Auf den Spuren Luthers in Worms, Worms 1994; Heimatverein Worms-Pfiffligheim, Pfiffligheimer Jahresblatt 1997; Jörg von Uthmann, Ein Wirtshaus steht an der Lahn, Zürich 1998

Luther-Rose

Heraldische Rose mit Herz und Kreuz

Des Christen Herz auf Rosen geht/ Wenn's mitten unterm Kreuze steht. Martin Luther

Martin Luthers Wappen ist eine weiße Rose auf blauem Grund, umgeben von einem goldenen Ring. Die Rose ist mit einem roten Herz belegt, in dem sich ein schwarzes Kreuz befindet. Luther erläuterte sein Wappen in einem Brief an den Nürnberger Ratsschreiber Lazarus Spengler vom 8. Juli 1530.

Demnach ist das Wappen »ein Merkzeichen« seiner Theologie. Das rote Herz sollte ihn stets daran erinnern, daß der Glaube selig macht. »Denn so man von Herzen glaubt, wird man gerecht.« (Römer 10,10) Das schwarze Kreuz ist zwar ein Zeichen des Todes, da es aber dem Herzen seine lebendige Farbe läßt, es also nicht tötet, steht es dafür, daß der Gerechte »aus dem Glauben an den Gekreuzigten« leben wird. Daß das Herz sich in einer Rose befindet, zeigt an, »daß der Glaube Freude, Trost und Frieden gibt«. Aber nicht die weltliche Art von Freude und Frieden ist gemeint. Denn die Farbe der Rose ist weiß, und »die weiße Farbe ist der Geister und aller Engel Farbe«. Darum steht die Rose auch vor einem himmelfarbenen Hintergrund und ist von einem goldenen Ring eingefaßt als Zeichen, daß die Seligkeit im Himmel ewig währt.

Luthers Rosenkreuz wurde namengebendes Sinnbild der im 17. Jahrhundert entstandenen Rosenkreuzer (Fraternitas Rosae Crucis, FRC). Die Geheimgesellschaft berief sich auf einen fiktiven Ritter namens Christian Rosenkreuz, der angeblich bis 1378 bis 1484 gelebt und die Bruderschaft gegründet haben sollte. Ihre Anhänger strebten eine Generalreformation im Geiste eines weltoffenen Luthertums an. Verfasser mindestens einer der anonymen Schriften, die zur Bildung der Rosenkreuzer führten, war der Theologe Johann Valentin Andreae (1586-1654), der in seinem Wappen ein Andreaskreuz mit vier Rosen, welche die Martyriumswunden symbolisierten, führte. Wie auch bei Luther stand das Kreuz für Leiden und Tod Jesu und die Rose für die Hoffnung auf das ewige Leben.

Sogar Hegel (1770-1831) bediente sich später des Rosenkreuz-Symbols. Nach seiner nicht ganz einfach zu begreifenden Philosophie war es die Aufgabe derselben, im »Ergründen des Vernünftigen das Gegenwärtige und Wirkliche zu erfassen«. Wobei das Schicksal der Gesellschaft davon abhinge, ob es gelänge, die Vernunft als »Rose im Kreuz der Gegenwart« zu erkennen.

Gerd Heinz-Mohr/Volker Sommer, Die Rose, München 1988; Der große Brockhaus, Wiesbaden 1979

Luthers Apfelbäumchen

Lutherwort

> Wenn alle Hoffnungen verdorr'n,/ Mit dir beginn' ich ganz von vorn,/ Und Unerreichbares erreichen, ja, ich kann's! / Du bist das Apfelbäumchen, das ich pflanz'!
>
> Refrain des Reinhard-Mey-Liedes
> »Mein Apfelbäumchen«, 1989

Realistische Kirchenleute protestantischer Konfession liegen wohl richtig, wenn sie resigniert feststellen, daß es mit der Luther-Festigkeit ihrer Schäflein in der Regel nicht allzuweit her ist. Mit anderen Geistesgrößen teilt der Reformator das Schicksal, daß sich die allgemeine Erinnerung an sein Leben und Werk lediglich auf wenige Anekdoten und Bonmots beschränkt: Geschichten wie die vom Thesenanschlag an die Wittenberger Schloßkirchentür oder die vom Tintenfaßwurf nach dem Teufel. Einige ihm zugeschriebene Zitate wie das derbe »Warum rülpset und furzet ihr nicht, hat es euch nicht geschmecket?« oder das trotzige »Hier stehe ich, ich kann nicht anders« genießen ähnliche Volkstümlichkeit. Das bekannteste Luther-Wort dürfte aber wohl der Spruch vom Apfelbäumchen sein: »Und wenn ich wüßte, daß morgen die Welt unterginge, würde ich heute noch mein Apfelbäumchen pflanzen.«

Schade nur, daß Luther mit an Sicherheit grenzender Wahrscheinlichkeit diesen in mehreren Varianten kursierenden Satz nie gesagt hat. Der vermeintlich frühneuzeitliche Spruch taucht erst in der Mitte des 20. Jahrhunderts auf. Der früheste schriftliche Beleg stammt von einem Pastor der Bekennenden Kirche von Kurhessen-Waldeck, und zwar in einem Brief aus dem Jahr 1944. Damals schon als Luther-Wort bezeichnet, sollte das Apfelbäumchen-Bild der Ermahnung zur brüderlichen Zusammenarbeit und zum Neubeginn mitten in einer Untergangssituation dienen. Vermutlich war das Wort bereits seit Mitte der 30er Jahre in bestimmten Kirchenkreisen verbreitet. Richtig etabliert wurde es nach 1950. In diesem Jahr befaßte sich auch Gottfried

Benn in seinem Gedicht »Was meinte Luther mit dem Apfelbaum?« mit dem berühmt werdenden Bäumchen. Drohende Atomkriegsgefahr und die Unsicherheit der politischen Situation im Nachkriegseuropa verschafften dem Luther-Satz die zweckoptimistische Funktion eines zaghaft-trotzigen Pfeifens im dunklen Wald. Staatlich-offizielle Weihen erhielt das Wort 1958, als es in zwölf verschiedenen Sprachen auf großen Wänden prangend den bundesdeutschen Pavillon auf der Brüsseler Weltausstellung schmückte. Als Quasi-Wahrzeichen der jungen Wirtschaftswunder-Republik war es vielen Deutschen zu bescheiden, in der ausländischen Presse dagegen wurde das Diktum sehr wohlwollend als Hinweis für eine Zivilisierung des ehemaligen Großdeutschland aufgenommen. In den folgenden Jahrzehnten ist die politische Optimismusformel zum Allgemeingut des Sprachgebrauchs geworden und wird seit den 70er Jahren auch als ökologische Natursymbolik-Parole, immer unbekümmert mit dem Hinweis auf Luther, verwendet. Kaum jemand hat sich daran gestört, daß es für Historiker und Theologen schon seit den 50er Jahren feststand, daß Luther wohl nicht der Autor war. Als mögliche Wortschöpfer wurden unter anderem der aufklärerische Gartenfreund Friedrich Christian Laukhard (1757-1822), Cicero (106-43 v.Chr.) , schwäbische Pietisten der Biedermeierzeit und der Dichter Eduard Mörike (1804-1875) ins Gespräch gebracht. Aber alle mit diesen und anderen mutmaßlichen Autoren in Verbindung gesetzten Hypothesen blieben unbewiesen, und so wird wohl der von Bischof Martin Kruse im Luther-Jahr 1983 ausgelobte Preis für den Identitätsnachweis des pseudolutherischen Apfelbäumchen-Pflanzers nie zur Auszahlung kommen.

Theodor Knolle, Legendäre Luther-Worte, in: Luther. Mitteilungen der Luther-Gesellschaft 30,1959, S.114-120; Anja von Freier, Rahel und das Apfelbäumchen, Kiel 1966; Martin Schloemann, Luthers Apfelbäumchen, Göttingen 1994

Luzienweizen

Weihnachtliche Tellersaat

Im Mittelmeerraum ist der Brauch entstanden, Anfang Dezember Getreidekörner in eine Schale zu säen und die Tellersaat, genannt »Adonisgärtlein«, zu Weihnachten festlich geschmückt auf den Tisch zu stellen. Dieser Brauch wird in der Form des »Luzienweizens« auch nördlich der Alpen gepflegt. Am 13. Dezember, dem Tag der heiligen Luzia, werden in Teilen Mitteleuropas und vor allem in Skandinavien Weizenkörner in einem Teller angesetzt. Mit etwas Glück grünt dieser »Luzienweizen« zu Weihnachten. Das Keimen des Weihnachtsgetreides, in dessen Saatschale man an den Festtagen eine brennende Kerze steckt, gilt als günstiges Vorzeichen für die Wohlstandslage im folgenden Jahr.

Leopold Kretzenbacher, Santa Lucia und die Utzlfrau, München 1959; Helga-Maria Wolf, Das Brauchbuch, Wien 1992

M

Machandelbaum (Machandel-Boom)

Märchenbaum

> Do füng de Machandelboom an sik to bewegen, un de Twyge deden sik jümmer so recht vo eenanner, un denn wedder tohoop, so recht as wenn dik eener so recht freut un mit de Händ so dait.
>
> Grimm, Van dem Machandel-Boom

1812 brachten die Brüder Grimm die gruselige Geschichte »Van den Machandel-Boom« im ersten Band ihrer »Kinder- und Hausmärchen« heraus. Über Umwegen waren sie an eine überarbeitete Fassung des vorpommerschen Volksmärchens gelangt, das der Maler Philipp Otto Runge (1777-1810) im Jahr 1806 aufgezeichnet hatte.

Eine Frau steht vor einem Machandel (Wacholder), schält einen Apfel und schneidet sich dabei in den Finger. Inbrünstig wünscht sie sich einen Sohn so weiß wie Schnee und so rot wie das Blut, das ihr vom Finger tropft. Der Wunsch wird erfüllt, doch die Mutter stirbt bei der Geburt. Der Vater heiratet wieder und hat mit der Zweitfrau eine Tochter. Die böse Stiefmutter bringt den ihr verhaßten Sohn um, indem sie ihn in eine Apfelkiste gucken läßt und ihm dann hinterlistig mit dem Deckel den Kopf abschlägt. Provisorisch bastelt sie den Kopf wieder auf den Hals und veranlaßt ihre Tochter, dem scheinbar Verstockten eine Ohrfeige zu geben. Dabei rollt der Kopf zum Entsetzen des Mädchens zu Boden. Die abgefeimte Mörderin gibt ihrer Tochter die Schuld, verspricht aber, die Sache zu vertuschen. Sie zerhackt die

Jungenleiche und serviert das Ragout dem ahnungslosen Vater. Die traurige Halbschwester des Ermordeten sammelt heimlich dessen Knochen auf und legt das Gebein unter den Machandelbaum. Aus den sterblichen Überresten entsteht ein wunderschöner Vogel, der von allen bewundert wird und sich schließlich wieder in den Sohn verwandelt. Die Stiefmutter ereilt ein gerechtes Schicksal: Sie wird von einem Mühlstein erschlagen.
Der **Wacholder** (Juniperus communis) erscheint in vielen Märchen und Sagen. Da wird eine weiße Schlange mit einem Wacholderzweig geschlagen, oder der Schlüssel zu einem Schatz liegt unter einem Wacholderstrauch vergraben. Denn eigentlich ist der Wacholder ein Strauch, hin und wieder wächst er aber auch baumartig. Schon bei den Germanen genoß er große Verehrung. Im Volksglauben schrieb man ihm lange Zeit antidämonische Wirkung zu, weil seine spitzen Nadeln, sein aromatischer Geruch und das Kreuz auf den blauschwarzen Beeren alles Böse vertreibe. Es ist auch kein Zufall, daß die Frau im Märchen sich ausgerechnet vom Wacholder einen Sohn wünscht. Der immergrüne Strauch ist ein Fruchtbarkeitssymbol, und mancherorts glaubte man, daß wenn der Wacholder fruchtbar ist, besonders viele Knaben geboren werden.

Walter Scherf, Lexikon der Zaubermärchen, Stuttgart 1982;
Hanns Bächtold-Stäubli, Handwörterbuch des deutschen Aberglaubens, Berlin/New York 1927/1986.

Magic Mushrooms

Psilocybinhaltige Drogenpilze

Alles war Haut und wurde angetastet, auch die Retina – dort wurde die Berührung Licht.
Ernst Jünger über seinen Pilzrausch

Neben dem seit Jahrtausenden bekannten Rauschkaktus → **Peyotl** haben die Indianer Mittelamerikas auch für halluzinogene Pilze rituelle und profane Verwendung gehabt und ihnen gottähnliche Eigenschaften zugeschrieben.

Nanacatl, **Quahtlanacatl** und **Teo-Nanacatl** (Gottes Fleisch) sind kleine schwarze oder gelbe Pilze mit hohen, dünnen Stielen, die unter Wiesengras wachsen. Die Azteken haben das Wissen um die Pilze bereits von erheblich älteren Kulturen übernommen. Obwohl der aztekische Pilzkult in dem überwiegenden Teil Mexikos nicht mehr praktiziert wird und der alte Name Teo-Nanacatl erloschen ist, gelten die Pilze immer noch als heilig. Sie werden nicht verkauft, sondern nur privat überbracht und hinter verschlossenen Türen genommen. Überhaupt darf der Pilz nur »befragt« werden, wenn ernsthafte Gründe vorliegen. Dieses Befragen findet manchmal innerhalb einer komplexen schamanistischen Zeremonie statt. Die heiligen Pilze Mexikos gehören überwiegend zu der Gattung Psilocybe, und ihre Wirkung beruht auf den Inhaltsstoffen Psilocybin und Psilocin. Sie wirken ähnlich wie LSD oder Meskalin, berauschen und rufen Visionen, mitunter sogar Wollust hervor. Ihre Effekte halten jedoch nicht so lange an. Wie bei LSD und Meskalin werden die Rauschzustände nicht immer als lustvoll empfunden. Bad Trips bzw. angstbetonte Begegnungen mit dem Pilzgott kommen vor.

Der Wissenschaft sind die Pilze vor allem durch den 1957 erschienenen ersten Bericht des Ehepaars Pavlovna/Wasson bekanntgeworden. Pavlova und Wasson hatten an den Riten südmexikanischer Indios teilgenommen. Bei profanen Drogenkonsumenten werden Teo-Nanacatl und andere Pilze unter dem Namen Magic Mushrooms gehandelt.

Wolfgang Schmidbauer/Jürgen vom Scheidt, Handbuch der Rauschdrogen, München 1981; Ernst Jünger, Annäherungen. Drogen und Rausch, Stuttgart 1970

Maibaum

Brauchbaum

Komm lieber Mai und mache/ Die Bäume wieder grün!
Christian Adolf Overbeck, Fritzchens Lieder/
Fritzchen an den Mai, 1775

München rühmt sich, die maibaumfreundlichste Stadt der Welt zu sein. Am 1. Mai werden hier bis zu 40 um die 25 Meter hohe geschälte und herausgeputzte Baumstämme aufgestellt. Die Stadt bezuschußt dieses Treiben großzügig aus dem Folklore-Fonds, und katholische Pfarrer geben ihren Segen dazu. Dieses Wohlwollen ist relativ neu und das Ergebnis zähen Festhaltens unbotmäßiger Untertanen an heidnischen Frühlingsbräuchen.

Für Kelten und Germanen begann mit der Ankunft des Frühlings, der (umgerechnet auf den heute üblichen Kalender) etwa auf den 1. Mai festgelegt werden kann, ein neuer Jahreszyklus. Der Übergang von der weniger arbeitsintensiven zur aktiven Zeit und das Wiedererwachen der Fruchtbarkeit wurde mit einem festlichen und ausgelassenen Ritus begangen. Die Germanen glaubten, daß sich an diesem Tag die Erdgöttin Freia mit Himmelsgott Wotan vermählte. Junge Männer holten einen besonders schönen Baum aus dem Wald und stellten ihn geschmückt zur Ehre des göttlichen Paares auf. Den Germanen galten Bäume grundsätzlich als beseelt, oft sogar als heilig. Durch das Abholzen eines lebenden Baumes und das Wiederaufrichten innerhalb der Wohnstätte einer Gemeinschaft sollte die Kraft des Frühlings auf die Menschen abstrahlen. Die Jungmänner, die sich beim Aufrichten des (auch als Phallussymbol zu deutenden) Baumes abrackerten und in Pose setzten, demonstrierten bei der Gelegenheit ihr Recht, sich mit den heiratsfähigen Mädchen der Gruppe zu vermählen.

Der Baumbrauch hat im Laufe der Jahrhunderte zahlreiche Variationen durchlaufen. Heute wird er besonders in Österreich und Bayern gepflegt. Aber auch in anderen deutschen Gegenden, in der Schweiz,

Teilen Frankreichs und Großbritanniens gibt es Maibäume. Neueren Datums ist der Bandeltanz um den bis auf einen kleinen Restwipfel (**Maibusch**) entrindeten und entästeten Nadel-(oder Birken)baum, der in der Regel angemalt und mit Kränzen, Bändern, Fahnen, Ehrentafeln und Holzfiguren auf Sprossen prachtvoll herausgeputzt wird. Mancherorts wurden Wecken, Eier und Würste hoch oben in den Maibaum gehängt, nach denen Jungen mit pechbestrichenen Füßen um die Wette den glatten Stamm hinaufkletterten. Ursprünglicher hingegen dürfte der Brauch sein, dem Nachbardorf den Maibaum umzusägen und zu stehlen. Mit dieser Art ritualisierter Kriegsführung mußte sich 1972 sogar der Oberste Gerichtshof Österreichs beschäftigen. Die Richter schmetterten die Klage wegen Sachbeschädigung unter Hinweis auf tiefverwurzeltes und damit strafausschließendes Brauchtum ab. Üblicherweise werden die Maibäume aber von der eigenen Dorfgemeinschaft zu Pfingsten, mancherorts auch erst am nächsten Mai im Rahmen des karnevalsähnlichen »Baumumschneiden-Festes« umgelegt. Selten bleiben die Stämme länger als ein Jahr stehen. Den Langzeitrekord dürfte wohl der 40 Meter hohe Riesen-Maibaum für sich beanspruchen, der 1661 in London aufgestellt worden war und erst 50 Jahre später kirchlichen Eiferern zum Opfer fiel. Klerus und staatlichen Organen war der Maibaum lange Zeit mehr als suspekt. 1633 verlangte eine oberpfälzische Polizeiverordnung, »dieses unchristliche und unflätige Ding« abzuschaffen, und ein Pastor glaubte zu wissen, daß »ein Drittel der bis dahin tugendsamen Jungfrauen« aufgrund dieser Veranstaltung ihre Unschuld verlören. 1760 wurde in Altbayern der »zu nichts, als zur bloßen Bürger- und Bauernlust dienende ... Brauch des Maibaumschlagens«, der alljährlich einen enormen Anstieg der Holzwilderei zur Folge hatte, verboten. Auch Kurfürst Karl Theodor drohte fürs Maibaumsetzen Prügelstrafe und Gefängnis an. Durch die Abneigung der Obrigkeit kam der Brauch in den Ruch einer gewissen volkstümlichen Widerständigkeit. Nicht verwunderlich also, daß der Maibaum für die → **Freiheitsbäume** der Französischen Revolution Pate stand und als »**Baum**

der Arbeit« auch in Verbindung mit den 1.-Mai-Feiern der frühen Arbeiterbewegung gebracht werden kann. Heute ist er nicht mehr revolutionär, sondern fest etabliert. Auf ihre Volkstümlichkeit bedachte Minister, Landräte und Weihbischöfe lassen sich gern mit ihm zusammen fotografieren, und es kommt schon mal vor, daß der umsatzsteigernde Festbaum nicht am 1. Mai, sondern aus Rücksicht auf die örtliche Geschäftswelt am nächstfolgenden verkaufsoffenen Sonnabend aufgestellt wird.
Den höchsten Maibaum aller Zeiten installierte die Tiroler Gemeinde Mariastein am 19.5.1974 mit Hilfe eines Krans. Zwar scheiterte der Versuch der Mariasteiner, einen 88 Meter hohen Maibaum zu »setzen«, aber als der Stamm auf 78 Meter gekürzt war, klappte es. Wobei sich die Frage stellt, wie dieser Baum transportiert wurde. Bis heute darf ein Maibaum nämlich nicht auf einem Wagen gefahren, sondern muß mit den Händen aus dem Wald geschleppt werden.

Paul Kaufmann, Brauchtum in Österreich, Wien 1982; Ingeborg Weber-Kellermann, Saure Wochen, frohe Feste. Volksbräuche im Wandel, München 1985; Elyane Werner, Bayerisches Leben – bayerischer Brauch, München 1990; Hans Meinl/Alfons Schweiggert, Der Maibaum, Dachau 1991; Sibylle Selbmann, Der Baum. Symbol und Schicksal des Menschen, Karlsruhe 1993, Marianne Bernhard, Altes Brauchtum, München 1985; Das Mosaik Lexikon der Superlative, München 1979

Maien

Zuneigungszeichen

Dein Herz ist kalt wie das Grab, drum schreckst Du jeden Menschen ab.

Bedeutung von einem Bund Löwenzahn vor dem Haus

In ländlichen Gegenden war es einmal Brauch, daß junge Männer ihrer Angebeteten am 1. Mai eine bändergeschmückte Birke oder kleine Tanne vor das Haus, auf das Dach oder vors Schlafzimmerfenster stellten. Allerdings gab der Brauch den Jungen auch Gelegenheit, unbeliebte Mädchen bloßzustellen oder zu kränken. Wurde statt des »Maien« eine Pappel vor das Haus plaziert, so hieß das: Dieses Mädchen redet zuviel. Kirschblütenzweige klagten Leichtfertigkeit an, Eiche Unfreundlichkeit, Weißdorn Zanksucht, und ein Faulbaumzweig meinte die Langschläferin. Moralapostel, Denunzianten und abgeblitzte, rachsüchtige junge Männer stellten der »gefallenen Jungfrau« einen geknickten Erlen- oder Tannenzweig vors Fenster.

Marianne Bernhard, Altes Brauchtum, München 1985

Manets Spargel (L'Asperge)

Gemüsegemälde

1880 malte der französische Maler Edouard Manet (1832-1883) als Auftragsarbeit ein Bund Spargel vor schwarzem Hintergrund in Öl auf Leinwand. Vereinbart war ein Werklohn von 800 Franc. Der Kunde war so zufrieden mit der Ausführung seines kulinarisch-malerischen Auftrags, daß er 1000 Franc bezahlte. Manet malte daraufhin ein 16 mal 21 Zentimeter großes Ölbildchen, das er dem zufriedenen Kunden mit der Mitteilung: »In Ihrem Bund fehlt eine« zusandte. Das kleine Gemälde, das heute bei Kunsthistorikern als besonders gelungenes Beispiel ungezwungen-impressionistischer Malerei gilt und seit 1959 im Louvre hängt, zeigt eine einzige Spargelstange vor hellem Hintergrund auf einer Marmorplatte. In den letzten Jahren seines Lebens hat Manet eine Vielzahl ähnlicher Miniaturen mit Früchten, Blumen, Blättern und Zweigen als Zeichen seiner Sympathie an Freunde und Bekannte verschickt.

Reunions des Musées Nationaux, Manet 1832-1883 (Ausstellungskatalog), Paris 1983, Klaus Englert/Hans-Peter Wodarz, Spargel, Pfaffenhofen 1987

Maple Leaf

Ahornblatt Kanadas

Das Maple Leaf (**Ahornblatt**) gehört zu den bekanntesten pflanzlichen Nationalemblemen der Gegenwart. Weltweit wird das stilisierte Blatt des kanadischen **Zuckerahorns** (Acer saccharum) sofort mit dem nordamerikanischen Land zwischen St.-Lorenz-Strom und Arktis in Verbindung gebracht. Dabei ist dieses Baumlaub erst seit relativ kurzer Zeit das beherrschende Element der heute volkstümlich »The Maple Leaf« genannten kanadischen Flagge.1965 bekamen die Kanadier nach langer Debatte ihre erste offizielle Nationalflagge: ein großes rotes Ahornblatt auf weißem Grund zwischen zwei ebenfalls roten senkrechten Balken. Vor 1965 wurde die rote Handelsflagge (Canadian Red Ensign) mit einem kleinen kanadischen Wappen gewohnheitsrechtlich, das heißt ohne die erforderliche königliche Bestätigung, als Staatsfahne neben der britischen Union Flag verwendet. Das Ahornblatt-Emblem ist aber keine Kreation der 60er Jahre, sondern ein für kanadische Verhältnisse uraltes Nationalsym-

bol. Bereits in der frühen Kolonialzeit um 1700 tauchte es vereinzelt als lokales Identitätszeichen in Ostkanada auf. Die englischen und französischen Siedler schätzten den Zuckerahornbaum, von dem der begehrte Ahornsirup stammt, wegen seiner Anspruchslosigkeit und der Härte seines Holzes, Qualitäten, die sich die Kolonisten gern selbst zuschrieben. Das Maple Leaf dokumentierte daneben bildlich auch das Selbstbewußtsein der weißen Kanadier gegenüber ihren Mutterländern. Der einheimische Zuckerahorn sollte die pflanzlichen Embleme Englands (→ **Englands Rose**) und Frankreichs (→ **Fleur de Lys**) ergänzen. Im Laufe der Zeit wurde das Ahornblatt schrittweise auch in die offizielle Heraldik aufgenommen. Seit der Mitte des 19. Jahrhunderts wird es von kanadischen Truppenteilen als Abzeichen geführt. 1868 wurde es Bestandteil der Provinzwappen von Quebec und Ontario, und seit 1921 erscheint es im kanadischen Dominionwappen neben englischen und schottischen Löwen, irischer Harfe und französischen Lilien. Viel zur Popularität des Ahornblatts hat das 1867 von Alexander Muir geschriebene Lied »The Maple Leaf Forever« beigetragen. Das patriotische, recht probritische Musikstück wurde bis zum Ende des Zweiten Weltkriegs als inoffizielle Nationalhymne vor allem von Anglokanadiern gesungen und ist seitdem aus Rücksicht auf Empfindlichkeiten der französischsprechenden Minderheit nicht mehr so häufig zu hören.
Die seit 1982 geprägten, offiziell »Maple Leaf« genannten kanadischen Münzen aus Barrengold, -silber und -platin gehören neben dem südafrikanischen Krüger-Rand zu den beliebtesten Anlagemünzen der Erde.

E. M. C. Barraclough, Flags of the World, London 1969; John Ross Matheson, Canada's Flag, Ottawa 1986; The Canadian Encyclopedia, Edmonton, Alb. 1988; Helmut Pirc, Ahorne, Stuttgart 1994

Margerita de Piedra

Spanische Basaltrose

Zu den bedeutendsten geologischen und touristischen Sehenswürdigkeiten der Kanarischen Inseln gehört die Margerita de Piedra im zentralen Hochland von Teneriffa. Sie besteht aus radial angeordneten Basaltsäulen, die eine steinerne Rose von über fünf Metern Durchmesser bilden.

Hermann Schmidt, Pflanzen auf Teneriffa, Marburg
a.d. Lahn 1992

Marie Antoinettes Nelke

Nachrichtenversteck

Am 28. August 1793 besuchte der Chevalier de Rougeville die französische Königin in ihrer Zelle in der Pariser Conciergerie, wo Marie Antoinette, die Gemahlin des bereits guillotinierten Ludwig XVI., auf ihre Hinrichtung wartete. Bevor der Chevalier wieder ging, warf er eine Nelke (Dianthus) hinter den Ofen und machte die Königin durch ein Zeichen darauf aufmerksam. Marie Antoinette besah sich die Blume und entdeckte zwischen den Blättern die in winziger Schrift geschriebene Nachricht, daß royalistische Anhänger Geld aufgetrieben hatten, um ihren Wächter Gilbert zu bestechen und sie zu befreien. Die Königin stach mit einer Nadel eine Antwort auf ein Stück Papier – sie hatte weder Feder noch Tinte zur Verfügung – und übergab es Gilbert. Der Wächter überlegte fünf Tage lang, ob er der Versuchung des überaus hohen Geldbetrages nachgeben sollte. Dann zeigte er den Vorfall seinen Vorgesetzten an. Marie Antoinette wurde am 16. Oktober 1793 hingerichtet. Ihre in Nadelstichen verfertigte Antwort wird heute im Nationalarchiv in Paris verwahrt.

David Wallechinsky/ Irving & Amy Wallace, Rowohlts
Bunte Liste, Reinbek 1983

Marienmandel (Mandorla)

Stilisierte Mandel

Oft haben kirchliche Siegel im Gegensatz zu den runden oder eckigen Stempelabdrücken weltlicher Obrigkeiten eine ovale, spitz zulaufende Form. Diese Besonderheit geht auf die bereits seit frühchristlicher Zeit häufig abgebildete Marienmandel oder Mandorla zurück: ein mandelförmiger, stilisierter Lichtkranz, in dem meist Maria, mit oder ohne Kind, dargestellt wird. Damit sollte das Mysterium des göttlichen Lichts einerseits und die Unantastbarkeit der heiligen Mutter Maria bzw. ihre Jungfräulichkeit andererseits versinnbildlicht werden. Möglicherweise steht die charakteristische Form der Marienglorie in Verbindung mit der im Alten Testament erwähnten Stellung des Mandelbaums als Baum des sich ständig erneuernden Lebens (Jeremias 1,11f.). Auch ist ein Zusammenhang denkbar mit aus vorchristlicher Zeit stammenden Vorstellungen, nach denen die Mandel als Symbol für das verborgene göttliche Geheimnis (Frucht) hinter der menschlichen Natur (Schale) betrachtet wurde. Zunächst wohl auf die Einrahmung von Maria und ihr Kind beschränkt, werden Marienmandeln seit dem Mittelalter auch als graphisches Element bei der Gestaltung von Heiligenbildern und profaneren Motiven verwendet.

Hans Schöpf, Zauberkräuter, Graz 1986; Gerd Heinz-Mohr, Lexikon der Symbole. Bilder und Zeichen der christlichen Kunst, München 1998

Marienstab

Legendärer Urkaffeestrauch

Um den Ursprung des erst seit ungefähr 350 Jahren in Europa bekannten Kaffees ranken sich etliche Legenden. So soll der biblische Erzvater Jakob seinem Bruder Esau das Erstgeburtsrecht nicht gegen einen Teller Linseneintopf, sondern für einen Kaffeeaufguß eingetauscht haben. Auch Helena wird als Erfinderin des Kaffeebrühens vermutet. Etwas näher an der Wahrheit dürfte die christliche Geschichte vom heiligen Batra und seinem Maryam (Marienstab) sein. Danach soll St. Batra am äthiopischen Tana-See so lange und ausgiebig zu Maria gebetet haben, daß sein neben ihm in die Erde gesteckter Wanderstab Wurzeln schlug und zum weltersten Kaffeestrauch wurde. Tatsächlich ist Kaffee (Coffea arabica oder abessinica) wohl in Abessinien aus Wildformen kultiviert und von dort im 13. Jahrhundert nach Arabien ausgeführt und heimisch gemacht worden. Die Verbindung von Kaffee zu religiösen Aspekten in der St. Batra- und Maryam-Geschichte und anderen christlichen und mohammedanischen Legenden erklärt sich wahrscheinlich durch die Beliebtheit, den der Kaffee zunächst bei der Geistlichkeit genoß. Koptische Mönche und islamische Derwische tranken gern einige Kännchen vom schwarzen Gebräu, um sich bei Nachtgebeten wach zu halten oder sogar um in mystische Verzückung zu geraten. Im 16. Jahrhundert wurde der weltlichen und irdischen Obrigkeit der Kaffeegenuß zunehmend suspekt, und zeitweise wurde das aromatische Getränk verboten. Bekannterweise ohne durchschlagenden Erfolg.

Andreas Sprecher von Bernegg, Tropische und subtropische Weltwirtschaftspflanzen, Bd. III/2: Kaffee und Guarana, Stuttgart 1934

Mauerblümchen

Schöne Blömkes (Blümchen) un schöne Miäkens (Mädchen) staoht (stehn) nich lange.
Sprichwort, münsterisch

Als Mauerblümchen bezeichnet man ein unscheinbares Mädchen oder auch allgemein etwas Unscheinbares. Der Ausdruck meinte ursprünglich ein Mädchen, das bei einem Fest nicht aufgefordert wurde. Während alle anderen tanzen, sitzt sie einsam an der Wand und erinnert dabei an eine einzelne Blume, die an einer Mauer wächst.

Friedrich Kluge, Etymologisches Wörterbuch der deutschen Sprache, Berlin 1989

Mauritiuspalme

Seltenste Pflanze der Welt

Beim Stichwort »Mauritius« bekommen Briefmarkensammler strahlende Augen und denken an philatelistische Kostbarkeiten. Eine botanische Rarität der Insel macht die Naturschützer hingegen weniger glücklich. Die Mauritiuspalme (Hyophorbe amaricaulis), die im Botanischen Garten Curepipe auf Mauritius steht, ist die letzte ihrer Art. Alle Versuche, sie zu vermehren, schlugen bisher fehl. Ihr Aussterben scheint unausweichlich.

Das neue Guinness Buch der Rekorde 1998, Frankfurt/M. 1997

Mayflower

Maritime Nationalikone

Für weiße US-Patrioten fängt die Geschichte der USA mit der ersten selbstgegebenen Verfassung auf nordamerikanischem Boden an, auch wenn dieser Boden genaugenommen das Holzdeck eines vor Anker liegenden Schiffes war. Am 11. November 1620 unterzeichneten 41 männliche Auswanderer in der Bucht von Cape Cod/Massachusetts an Bord des englischen Segelschiffs »Mayflower« eine Übereinkunft. In ihr wurden die demokratischen Prinzipien festgelegt, nach denen die geplante Kolonie sich selbst verwalten sollte. Die 41 »Pilgerväter« genannten Verfassungsgeber gehörten zu einer Gruppe von 102 Pas-

sagieren, von denen die meisten zu den mit den Puritanern glaubensverwandten Separatisten zählten. Das Schiff, das sie von England in die Neue Welt gebracht hatte, war ein kleiner Handelsdreimaster von schätzungsweise 20 Meter Länge. Im April 1621 kehrte die »Mayflower« wieder nach England zurück.
Von genauem Aussehen, Herkunft und weiterem Schicksal des Schiffes, das auf dem Namen »**Maiglöckchen**« (Convallaria majalis) getauft worden war, ist wenig bekannt. Später wurde die »Mayflower« wegen dieser einen Pilgerväter-Reise 1620/21 zur Nationalikone. Die Spurensuche wurde durch den Umstand erschwert, daß sich in den englischen Hafenregistern von damals viele Schiffe mit dem um 1600 sehr beliebten Namen »Mayflower« finden. 1957 wurde zum Andenken an das Schiff der Nachbau »Mayflower II« in Neuengland fertiggestellt, der in etwa dem Original entsprechen dürfte.

William A. Baker, The Mayflower and other colonial vessels, Anapolis 1983

Melone

Abgerundeter Hut

An den großen Tagen von Chantilly bildete auf der Klubtribüne des Jockeyklubs neben den grauen Zylindern stets auch die graue Melone zum schwarzen Sakko mit grauem Beinkleid eine interessante Belebung.
Baron von Eelking

Für einen Gentleman des 19. Jahrhunderts gab es nur eine einzige standesgemäße Kopfbedeckung: den Zylinder – auch beim Reiten, wo der elegante, aber nicht festsitzende Hut schon mal von tiefhängenden Zweigen abgestreift wurde oder bei einem Geländesprung verlorenging. William Coke, ein Vetter des zweiten Earls of Leicester und passionierter Jagdreiter, wandte sich deswegen an James Lock, Londons berühmteste Hutfirma, und regte die Herstellung eines harten und fester sitzenden Hutes an. Die Firma Lock betraute Tho-

mas William Bowler mit der Anfertigung, und der »Coke«, ein oben gewölbter Halbzylinder aus mit Schellack versteiftem Filz wurde geboren. Am 16. April 1851 ging das erste Exemplar für 12 Shilling über den Ladentisch. Käufer war der Honorable Beilby Lawley. Da der Coke – verglichen mit dem Zylinder – ein sehr bequemer und formbeständiger Hut war, wurde er schnell Mode, nicht nur beim Reiten, sondern auch in der Stadt. Er war für halboffizielle Gelegenheiten gedacht. »Billycok« nannte man ihn nun nach seinem Erfinder. Später bürgerte sich der Name des Herstellers ein: »Bowler«. Obwohl selbst im Londoner Straßenbild immer seltener anzutreffen, ist der Bowler bis heute ein Symbol für den englischen Gentleman geblieben. Nicht zuletzt durch die Fernsehserie »Mit Schirm, Charme und Melone«. Korrekt heißt der meist schwarze Hut in Deutschland »Glocke«. Allgemein wird er jedoch Melone genannt, obwohl er eigentlich eher einer Bombe ähnelt als dem saftig-süßen Kürbisgewächs Cucumis melo. Die Melone, bzw. der Bowler, wurde Vorbild für die mit schwarzem Samt bezogene Reitkappe.

Baron von Eelking, Das Bildnis des eleganten Mannes, Berlin 1962; Der große Brockhaus, Wiesbaden 1954

Merlins Kiefer (Kiefer von Barenton)

Magiers Endlager

Der keltische Zauberer Merlin, der als Freund und Berater von König Artus eine wichtige Rolle im Sagenkreis um die Ritter der Tafelrunde spielt, zog sich nach vielen Abenteuern und Schicksalsschlägen in die Einsamkeit zurück. Als Eremitage wählte er sich den Zauberwald von Brocéliande in Armorica (Bretagne) aus und vereinigte sich hier mit der Fee Viviane. Wie einst Adam und Eva vor dem Sündenfall lebten sie hier in einer der Umwelt nicht zugänglichen Abgeschiedenheit, die einige Autoren als Obstgarten bezeichnen, andere im Wipfel der Kiefer von Barenton lokalisieren. Am Fuß dieser mächtigen Kiefer auf einer Lichtung soll sich ein Brunnen befunden haben, in dem Viviane ursprünglich gelebt hat und dessen Wasser heilig und heilend war. Es wird berichtet, daß Merlin den Nadelbaum mit Viviane bestiegen, hier seine letzte und höchste Erkenntnis gewonnen und seine endgültige Wohnung genommen hätte. Der Wald von Brocéliande ist heute fast verschwunden, es gibt aber noch ein Reststück in der Nähe von Paimpont, in dem ein Flurstück »Barenton« heißt. Einige Leute behaupten, daß dort immer noch Merlins Kiefer steht, wenn auch nur für wenige sichtbar. Manche halten diese Behauptung lediglich für einen Werbegag der westbretonischen Tourismusbranche.

Jacques Brosse, Mythologie der Bäume, Olten/Freiburg i. B. 1990

Methusalem

Ältestes Lebewesen der Erde

In den White Mountains in Kalifornien steht der älteste Baum der Erde, der damit gleichzeitig das älteste (bekannte) Lebewesen auf der Erde ist. Die 4600 Jahresringe zählende Grannen- oder Borstenkiefer trägt den Namen »Methusalem«.

David Wallechinsky/Amy & Irving Wallace, Rowohlts Bunte Liste, Reinbek 1983; Igor Akimuschkin, Launen der Natur, Moskau/Leipzig 1988

Mimose

Sensibelchen

Der Empfindsame ist der Waffenlose unter lauter Bewaffneten. — Berthold Auerbach

Leute, die sich selbst als sensibel bezeichnen, heißen in ihrem Umfeld meist Mimose. Die Redensart »Empfindlich wie eine Mimose« ist nicht aus der Luft gegriffen. Die Mimose, **Sinnpflanze**, **Nolimetangere** oder **Rührmichnichtan** (Mimosa pudica), ist ein überaus sensibles Pflänzchen, das auf Berührung und Erschütterung mit dem Zusammenklappen seiner Fiederblätter und dem Senken der Blattstiele in Richtung des Stengels reagiert. Diese seismonastischen Bewegungen entstehen durch Austritt des Zellsaftes in die Zellzwischenräume und den sich dadurch ändernden Spannungsdruck in der Pflanze. Nach zehn bis zwanzig Minuten finden die Blätter in ihre Ausgangsstellung zurück. Der Name Mimose ist eine Ableitung von lat. mimus = Schauspieler, wohl weil die Pflanze ihr Unbehagen deutlich, um nicht zu sagen pantomimisch, zur Schau stellt. Leicht eingeschnappte und schnell weinende Mitmenschen bezeichnet man seit dem 19. Jahrhundert als mimosenhaft.

Der Duden, Bd. 7, Herkunftswörterbuch, Mannheim 1963; Reinhardt Höhn, Seltsames aus dem Reich der Pflanzen, Leipzig 1976

Mistel

Heiligste Pflanze der Druiden

> Entsetzlich! Die Misteln haben keine Zauberkraft, wenn ich sie nicht mit einer goldenen Sichel geschnitten habe.
> Miraculix

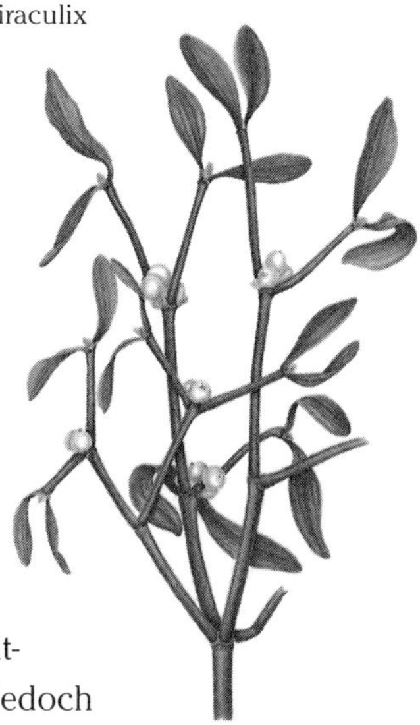

Wenn die Bäume kein Laub mehr tragen, kann man die Weiße Mistel (Viscum album) mit ihren ledrigen, immergrünen Blättern gut erkennen. November und Dezember sind auch die Monate, in der ihre weißen Scheinbeeren reifen. Eine Mistel voller Beeren sieht in ihrem Aufbau einer Aminosäure verblüffend ähnlich. Misteln wachsen in den Laubwäldern Europas und Nordasiens. Gelegentlich werden sie in Deutschland Mispeln genannt, was eigentlich falsch ist. Die **Mispel** (Mespilus germanica) ist ein Kernobstbaum der östlichen Mittelmeerländer. Mistelgewächse (Loranthaceae) jedoch sind auf Holzgewächsen lebende Halbschmarotzer (sie zapfen nicht nur ihren Wirtsbaum an, sondern filtern auch noch Kohlenstoff aus der Luft) mit eingeschlechtigen Blüten. Aus ungeklärtem Grund gibt es mehr weibliche als männliche Pflanzen. Äußerst selten findet man sie auf Eichen. Deswegen gab es für die Druiden, die Priester der Gallier, auch nichts Heiligeres als eine Mistel, die auf einer Eiche wuchs. Sie wurde mit großer Feierlichkeit geerntet, möglichst am sechsten Tag nach Neumond.

Der Druide stieg in einem weißen Kleid auf den Baum und schnitt die Misteln mit einer goldenen Sichel ab, worauf sie in weißen Tüchern aufgefangen wurden. Keinesfalls durften die geschnittenen Misteln den Boden berühren. In einen Trank getan, sollte **All-heal** (die »alles Heilende«) unfruchtbare Menschen und Tiere fruchtbar machen, ein Mittel gegen alle Gifte sein und Geschwüre heilen. Auch

im Zaubertrank des Druiden Miraculix, der Asterix und Obelix und die übrigen Bewohner jenes unbeugsamen kleinen gallischen Dorfes unbesiegbar macht, sind Misteln unverzichtbar.
Im nordischen Mythos wird der ansonsten unverwundbare Baldur oder Balder versehentlich mit einer Mistel getötet, weil sie von allen Wesen und Dingen als einzige nicht darauf eingeschworen wurde, Baldur nicht zu verletzen. Daß die Mistel in der Edda-Sage Wurzeln besitzt und selbst eine Art Baum ist, liegt daran, daß die Bewohner Islands und Nordskandinaviens gar nicht wußten, wie Viscum album aussah, weil bei ihnen keiner wuchs. Das Mistelmotiv ist vermutlich aus einer anderen Sage entnommen, deren Ursprung weiter südlich angesiedelt werden muß.
Vielerorts galt und gilt die immergrüne Mistel als Gleichnis für Geburt und Tod, Werden und Vergehen, Gesundheit und Krankheit in einem. Sie ist Glücks- und Schutzpflanze, kommt in Schatzsagen vor und war Zutat von Zaubermitteln.
In England werden Weihnachten Mistelzweige an die Zimmerdecke gehängt, und jeder Mann, der unter einem Mistelzweig einer Frau begegnet, darf sie küssen.

Hanns Bächtold-Stäubli, Handwörterbuch des deutschen Aberglaubens, Berlin/New York 1927/1986; Der große Brockhaus, Wiesbaden 1955; Reinhardt Höhn, Seltsames aus dem Reich der Pflanzen, Leipzig 1976; Bernd Dost, Heilung durch ganzheitliche Medizin, München 1995

Moly

Homerisches Zauberkraut

Moly ist die berühmteste Magiepflanze der Antike. Zum ersten Mal wird sie von Homer in der »Odyssee« beschrieben. Epos-Held Odysseus strandet auf seiner langen Kriegsrückkehr von Troja nach Ithaka auf der Insel Aiaia. Hier lebt die Zauberin Kirke (Circe), die Odysseus'

Gefährten in Schweine verwandelt. Der erfindungsreiche Held kann ihr aber Paroli bieten. Durch das vom Götterboten Hermes geschenkte Kraut Moly ist er gegen Kirkes Zauber immun und zwingt sie, seine Freunde zu rehumanisieren. Nach Autoren des Altertums soll die sehr seltene Moly-Pflanze in Arkadien zu Hause gewesen sein und eine weiße Blüte und eine schwarze Wurzel gehabt haben. Wahrscheinlich handelte es sich bei Moly aber um ein Produkt dichterischer Freiheit, wenn sie auch manchmal mit bestimmten griechischen **Knoblauch**- oder **Meerzwiebel**arten (Allium moly, Urginea maritima) gleichgesetzt wird.

Gustav Schwab, Die schönsten Sagen des klassischen Altertums, Leipzig 1971; Hans Schöpf, Zauberkräuter, Graz 1986

Muttergottesdorn

Ehrentitel

Als Mutter Maria auf der Flucht vor Herodes die Windeln vom Jesus-Baby trocknen mußte, hängte sie die antiken Pampers über eine Rosenhecke. Seitdem duften die Blüten der **Hunds**- oder **Heckenrose** (Rosa canina) besonders gut, und der Hundsrose wurde deshalb vom Volksmund der Ehrenname »Muttergottesdorn« verliehen. Angeblich sind einige Hundsrosen wegen der Erinnerung an die Hilfe bei der heiligen Säuglingshygiene nicht rot, sondern windelweiß. Deren weiße Blüten sollen hexenabweisende Kraft haben.

Hans Schöpf, Zauberkräuter, Graz 1986

Myrrhe

siehe **Weihrauch und Myrrhe**

N

Nabelpflanze von Limoges

Menschgewurzelte Blume

Reinlichkeit ist mir ein Graus …
Ougenweide, »Im Badehaus«

Zur Gattung der modernen Alltagssagen gehört der Fall eines Gärtners aus der Gegend von Limoges, der angeblich 1951 mit Bauchbeschwerden zum Arzt ging. Der Mediziner diagnostizierte, daß sich im Nabel des Patienten eine kleine Bocksbartblume tief eingewurzelt hatte. Die Pflanze wurde mit Pinzette und Skalpell aus ihrem ungewöhnlichen Mutterboden entfernt. Der Arzt vermutete, daß dem Gärtner bei der Arbeit ein Bocksbartsamen ins Hemd gerutscht war und im Nabel des offensichtlich nicht allzu reinlichen Mannes günstige Bedingungen vorgefunden hatte. Andere Fachleute vermuteten dagegen, daß sich irgend jemand bei der Verbreitung dieser wenig wahrscheinlichen Krankengeschichte einen Scherz erlaubt hatte. Französischen Tageszeitungen jedenfalls war die Sache einige Meldungen wert, und seitdem kursiert die Nabelpflanzen-Sensation in immer neuen Ausformungen unausrottbar durch die Welt. 1986 variierte der Bocksbart zu einer Erbse, die sich ein kleiner Engländer in die Nase gesteckt hatte. Wochen später klagte der Knabe über Atembeschwerden und wurde im Krankenhaus behandelt. Diagnose: die Erbse war gekeimt und hatte ihre Wurzeln bis ins Gehirn und in die Lungen des anscheinend überaus widerstandsfähigen Jungen getrieben. Eine holländische Version von 1987 mag manchen den Appetit auf niederländische Tomaten verderben. Danach hat sich der besonders robuste Samen einer Fleischtomate in dem künstlichen Gebiß einer Frau eingerichtet und war fröhlich gewuchert.

Rolf Wilhelm Brednich, Die Maus im Jumbo-Jet, München 1991

Napoleonsweide

Kaiserlicher Gedenkbaum

Nachdem Napoleon I. 1821 in der Verbannung auf der Insel St. Helena gestorben war, setzte ein nahezu hysterischer Kult um den toten Ex-Herrscher ein. Vom Zweispitz bis zur Locke des berühmten Korsen wurde alles, was jemals mit ihm in Verbindung gestanden hatte oder gestanden haben könnte, zur Reliquie erklärt. Kein Wunder also, daß auch die Trauerweide an Napoleons Haus Longwood auf St. Helena, unter der der Kaiser in seinen letzten Lebensjahren gesessen haben soll, Verehrungsobjekt der Napoleon-Fans wurde. Zahlreiche Stecklinge des Longwood-Baums wurden nach Europa gebracht und aus ihnen sogenannte Napoleonsweiden gezogen. Insbesondere in Frankreich und England sind sie in so großer Zahl nachzuweisen, daß der Zweifel berechtigt erscheint, ob alle diese Bäume tatsächlich Ableger des Originalbaumes sein können.
In den deutschen Rheinbundstaaten waren bereits zur Glanzzeit des Kaisers Bäume nach ihm benannt. Vielerorts wurden die Pappeln, die an den »Kaiserstraßen« genannten großen Chausseen gepflanzt worden waren, als »**Napoleon-Bäume**« bezeichnet.

Jacques Presser, Napoleon, Stuttgart 1977; Richard Gorer, Illustrated Guide to Trees, London 1980

Napoleonsveilchen (Violette)

Bonapartisten-Zeichen

Sagt, wo sind die Veilchen hin,/ Die auf jenem Rasen?
Karl August Svabe, Volksweise

Die Lieblingsblume Kaiser Napoleons I., das Veilchen, avancierte 1814 zum politischen Kampfzeichen der Bonaparte-Anhänger. Bevor der abgedankte Kaiser in die komfortable Verbannung nach Elba übersetzte, versprach er, »mit dem Veilchen« zurückzukommen. In der Folgezeit war die »Violette« das Gegensymbol zur bourbonischen Lilie (→ **Fleur de lys**) des restaurativen Regimes König Ludwigs XVIII. In den »Hundert Tagen« zwischen der Rückkehr des auch »Pere la Violette« oder »Corporal Violette« genannten Korsen und seiner endgültigen Niederlage bei Waterloo 1815 war das Veilchen das inoffizielle Emblem des Kaiserreiches. Für die nach 1815 lange im Untergrund rumorende Anhängerschaft der Bonapartes wurde das Veilchen zum Erkennungs- und Hoffnungszeichen. Auch harmlose Bürger, die das blaue Blümchen **Viola** ohne politischen Hintergedanken in ihren Gärten zogen, mußten damit rechnen, von der königlichen Geheimpolizei als Regimegegner verdächtigt zu werden.

Jean Tulard, Dictionnaire Napoléons, Paris 1989

Narkissos

Personifizierte Eigenliebe

Liebe macht blind, und am allermeisten, wenn man
in sich selbst verliebt ist. Peter Sirius

Jemandem eine weiße Narzisse (Narcissus poeticus) zu schenken sollte gut überlegt sein. Solch Präsent könnte als bösgemeinter Hinweis auf die ausgeprägte Selbstverliebtheit des Beschenkten ausgelegt werden. Die Verbindung von Narzißmus und Narzisse hat seinen Ursprung in der tragisch verlaufenden Leidenschaft der Bergnymphe

Echo, die sich in den schönen Narkissos verliebte. Der begehrte Jüngling zeigte ihr die kalte Schulter, und die Nymphe zog sich in enge Schluchten zurück und wurde aus Gram immer weniger, bis von ihr nur noch die Stimme, das Echo, übrigblieb. Liebesgöttin Aphrodite straft Narkissos mit unstillbarer Selbstliebe, die zur Folter wird, nachdem Narkissos sein eigenes Spiegelbild im Wasser erblickt. Er verliebt sich so rasend in sich selbst, daß er an dieser unerfüllbaren Sehnsucht schließlich zugrunde geht. Einige Autoren lassen ihn sich in eine Narzisse verwandeln, bei anderen tötet er sich selbst, und die weiße Blume sprießt aus seinem Blut.

Robert Ranke-Graves, Die Götter Griechenlands, Reinbek 1981; Helmut Göll, Illustrierte Geschichte der Mythologie, Eltville 1991

Nefertem

Göttlicher Lotos

Die Lotosblume ängstigt/ Sich vor der Sonne Pracht,/
Und mit gesenktem Haupte/ erwartet sie träumend
die Nacht. Heinrich Heine

Die Lotosblume spielte in der altägyptischen Mythologie eine wichtige Rolle. Der rote Lotos (Nymphaea lotus), die Seerose, war die Blüte, die ganz am Anfang der Schöpfung stand und aus der der älteste Gott, Nun, entsprang. Die Seerose versinnbildlichte auch die hervorbrechende Sonne, auf der Sonnengott Re aufstieg, und war Symbol für die Hoffnung der Menschen, nach dem Tode weiterzuleben. Personifiziert wurde sie in Gestalt des weniger wichtigen Gottes Nefertem. Nefertem war in der vielgestaltigen ägyptischen Götterwelt für das Ressort »Wohlgeruch« zuständig. Ein Pyramidentext beschrieb ihn als »Lotosblume in der Nase des Re«.

Manfred Lurker, Götter und Symbole der alten Ägypter, München 1987

Nesselblatt
(Holsteiner Nesselblatt)

Holstein-Wappen

Das Wappen des Bundeslandes Schleswig-Holstein ist zweigeteilt. In der rechten Schildhälfte strecken die beiden schleswigschen Löwen ihre Zungen heraus, die linke Hälfte zeigt als Symbol für den holsteinischen Landesteil ein flächiges silbernes Ornament mit 14 Zacken auf rotem Feld. Wegen ihrer Form, die entfernt einem Brennesselblatt ähnelt, wird diese heraldische Figur als »Nesselblatt« bezeichnet. Wenn auch manchmal so zu lesen, hat das holsteinische Nesselblatt herkunftsgeschichtlich nichts mit der Brennessel zu tun. Auch die Behauptung, daß es zwischen dem im Volksmund »Holst« genannten zackblättrigen → **Christdorn** (Ilex aquifolium) und dem Holstein-Wappen einen Zusammenhang geben soll, ist nicht nachgewiesen und kann keinen pflanzlichen Ursprung des Wappens begründen. Die Gelehrten vermuten, daß sich das Nesselblatt aus dem gezackten inneren Schildrand, mit dem einige Adelsgeschlechter ihre Wappenschilder verziert hatten, entwickelt hat. Im Hochmittelalter taucht das Blatt in unterschiedlichen Versionen als eigenständige heraldische Figur auf. Wahrscheinlich seit dem 13. Jahrhundert wurde es endgültig zum Wappen der Schauenburger (Schaumburger) Grafen, die außer in ihrem Stammgebiet im Oberwesergebiet bis ins 17. Jahrhundert auch als Holsteiner Herren regierten und dem Land ihr Wappen hinterließen.

Gert Oswald, Lexikon der Heraldik, Mannheim 1984; Ottfried Neudecker, Heraldik, Augsburg 1990; Arnold Rabbow, Deutsche Wappen und Flaggen, Bonn 1991

Newtons Apfel

Angeblicher Auslöser von Newtons Entdeckung der Gravitation

Der Apfel fällt nicht weit vom Stamm.
Sprichwort

Die vielleicht berühmteste Anekdote in der Geschichte der Naturwissenschaften ist die von dem Apfel, der vom Baum fiel, als der 24jährige Isaac Newton (1642/43-1727) im Garten seines Elternhauses in Woolthorpe/Linconshire über die Schwerkraft grübelte. Newton wurde aus seinen Gedanken gerissen. Doch als er sich verärgert über die Störung wieder seinen Berechnungen zuwenden wollte, kam ihm ein Geistesblitz, den er in hohem Alter seinem Freund Stukeley gegenüber so formulierte: »Weswegen fällt ein Apfel immer senkrecht herunter, warum nicht zur Seite, und stets nach der Erdmitte? Es muß eine Anziehungskraft in der Materie geben, welche im Erdinnern konzentriert ist. Wenn die Materie eine andere Materie so sehr anzieht, muß eine Proportionalität mit ihrer Masse bestehen. Deswegen zieht der Apfel die Erde genauso wie die Erde den Apfel

an. Es muß deswegen eine Kraft geben ähnlich der, welche wir Schwerkraft nennen, und die sich über das ganze Weltall ausbreitet.«
Obwohl Intuition und Zufall in der Geschichte der Naturwissenschaften stets eine große Rolle gespielt haben, ist diese Anekdote wahrscheinlich nicht wahr. Newton setzte sie selbst in die Welt, indem er sie seiner Nichte erzählte. Von der Nichte erfuhr sie der französische Philosoph de Fontenelle, der sie Voltaire weitererzählte. Voltaire sorgte für ihre internationale Verbreitung. Da lag das Ereignis allerdings schon ein halbes Jahrhundert zurück. Unvermeidlich tauchte natürlich auch eine Version der Geschichte auf, in der der Apfel Newton geradewegs auf den Kopf gefallen sei.
Newton selbst gelang es erst rund 20 Jahre nach dem angeblichen Apfelfall, seine Gravitationstheorie unter Benutzung der von ihm entwickelten Fluxionsrechnung vollständig zu formulieren. 1687 veröffentlichte er »Philosophia naturalis principia mathematica«, das vermutlich wichtigste jemals von einem einzelnen verfaßte physikalische Werk. Der Verdacht liegt nahe, daß Newton den Moment seines Geistesblitzes deswegen so weit zurückdatierte, um sicherzustellen, daß er diese Entdeckung lange vor der wissenschaftlichen Konkurrenz gemacht hatte. Wenn es darum ging, der erste zu sein, waren Newton viele Mittel recht. Als er sich mit Leibniz darüber stritt, wer von ihnen zuerst die Infinitesimalrechnung entwickelt hätte, veröffentlichte er unter dem Namen von Freunden mehrere Artikel zu seiner eigenen Verteidigung.
Newtons Gravitationstheorie hatte 200 Jahre lang Gültigkeit, bis Einstein sie revidierte. Trotzdem basiert bis heute die Schulphysik auf Newtons Lehre.

Thomas Bührke, Newtons Apfel. Sternstunden der Physik, München 1997; Der große Brockhaus, Wiesbaden 1953; Stephen W. Hawking, Eine kurze Geschichte der Zeit, Reinbek 1988

Der Niembaum

Heiliger indischer Baum
und Lieferant alternativer Heilmittel

Niembäume gibt es seit mindestens 38 Millionen Jahren. Ursprünglich stammen sie aus Burma und sind jetzt vor allem in Indien, aber auch auf dem afrikanischen Kontinent, in Mittelamerika und auf den Philippinen heimisch.
Im Hinduismus, der Hauptreligion Indiens, wird der bis zu 30 Meter hohe Straßenbaum seit 3000 Jahren als Geschenk der Götter verehrt. Bestandteile des bereits in den Veden, der alten indischen Religionslehre, erwähnten Baumes werden bei fast allen religiösen Ritualen verwendet. Vor 1500 Jahren wurde eine 200 Kilometer lange Hindu-Pilgerstraße mit Niembäumen bestückt.
Im Islam besitzt der Niembaum diesen religiösen Stellenwert nicht. Die saudiarabische Regierung wählte ihn jedoch wegen seiner Hitzefestigkeit und ließ in der Wüstenebene, wo der Prophet Mohammed seine letzte Predigt gehalten haben soll, 50 000 Exemplare pflanzen, damit sie den Pilgern auf ihrem Weg nach Mekka Schatten spenden. Kein anderer Baum hätte Temperaturen von über 50° Celsius und die Trockenheit ausgehalten.
Mit dem steigenden Ansehen natürlicher Heilmethoden sind Niembaumprodukte auch in die Industrieländer gekommen. Die Wirkstoffe aus den Früchten, Samen, Blättern und der Rinde stärken das Immunsystem, töten Bakterien, Viren und Pilze, fördern die Wundheilung und vertreiben Insekten. Der Niembaum liefert nicht nur kosmetische Zusätze und Medizin für Mensch und Tier, sondern auch Viehfutter, Bau- und Brennholz, Dünge- und Pflanzenschutzmittel, Schmieröl und Konservierungsstoffe. Nicht zuletzt haben gekaute Niembaumblätter eine empfängnisverhütende Wirkung bei Frauen *und* Männern.
Der Niembaum übertrifft den → **Teebaum** an Vielseitigkeit der Wirk-

stoffe und Verwendungsmöglichkeiten also bei weitem, ist aber aus irgendeinem Grund (noch?) nicht so trendy.

Sven-Jörg Buslau/Corinna Hembd, Das Niembaum-Praxisbuch, München 1997

Noldes Blumen

Mehr als Malmotive

> Ich wollte im Malen auch immer gern, daß die Farben durch mich als Maler auf der Leinwand sich so folgerichtig auswirken, wie die Natur selbst ihre Gebilde schafft, wie Erz und Kristallisierungen sich bilden, wie Moos und Algen wachsen, wie unter den Strahlen der Sonne die Blume sich entfaltet und blühen muß.
>
> Emil Nolde

Seine Blumen und Wolken sind unverwechselbar. Emil Nolde (1867 bis 1956), der eigentlich Hansen hieß und den Namen seines Geburtsortes als Künstlernamen führte, wird den deutschen Expressionisten zugerechnet. 1906/07 war er Mitglied der Künstlergruppe »Brücke«. Bewunderer loben die vollen satten Farbenklänge oder die Großzügigkeit des Blickes in den vereinfachend-deformierend und kontrastreich gemalten »Lichtbildern«.
Ab 1906 malte Nolde die ersten Blumenbilder. Zu Blumen hatte er ein besonders inniges Verhältnis. Er beschrieb sie als »emporsprießend, blühend, leuchtend, glühend, beglückend, sich neigend, verwelkend, verworfen in der Grube endend« und räumte ihnen ein gleichberechtigtes Sein neben dem des Menschen ein. Um das Alsener Fischerhaus, in dem er von 1917 bis 1926 lebte, und um sein Haus im nordfriesischen Seebüll, das er seit 1927 bewohnte, hatte Nolde jeweils einen Garten angelegt. Seine Gärten waren nicht lieblich, romantisch und ordentlich, sondern vor allem vital. Strotzende Blumeninseln inmitten der eintönigen Weite der norddeutschen

Marschlandschaft. So farbenprächtig, daß die Bauern von weit her kamen, um sich das anzusehen.
Nolde, der sich selbst als urdeutsch betrachtete, begriff nie, warum er 1941 als »Kunstbolschewist« und »entarteter Künstler« Malverbot erhielt. Von 1941 bis 1945 entstanden im geheimen die »Ungemalten Bilder«, viele winzige Zeichnungen. Nur 15 Ölbilder gibt es aus dieser Zeit – alles Blumenmotive.

Axel Schenck, Künstlerlexikon, Reinbek 1973; Günter Kunert, Nolde, in: GEO, Nr.10/1980; Gottfried Lindemann, Kunst Künstler Kunstwerke, Essen o. J.

O

O-Kiku

Chrysanthemengeist

Der größte Haufe hört beim hellen Tage mit Vergnügen
über die Gespenster spotten und bei dunkler Nacht
mit Grausen davon erzählen.

Gotthold Ephraim Lessing

Nach einer Legende lebte auf einem Schloß der Stadt Himeji eine Dienstmagd namens O-Kiku (Chrysanthemenblüte), deren Aufgabe unter anderem darin bestand, auf zehn Goldplatten aufzupassen. Als eines Tages tatsächlich eine fehlte, ertränkte Chrysanthemenblüte sich in einem Brunnen. Fortan spukte es im Schloß. Jede Nacht kehrte O-Kikus Geist zurück, um die Goldplatten zu zählen, kam wie gehabt nur bis neun, stieß dann einen fürchterlichen Schrei aus und begann von vorn zu zählen. Die Schloßbesitzer räumten ihr Domizil, und die Einwohner Himejis pflanzen seitdem aus Respekt vor O-Kikus Geist keine Chrysanthemen mehr. Es gilt sogar als Unglück bringend, wenn man auch nur eine **Chrysantheme** (Chrysanthemum) mit sich herumträgt. Ansonsten sind diese Blumen in Japan sehr beliebt. Ihre Kultivierung soll bis 300 v. Chr. zurückgehen. Es gibt ein Kikufest; der höchste japanische Orden, der verliehen werden kann, ist der 1877 gestiftete Chrysanthemenorden, und auch im japanischen Wappen befindet sich eine Chrysantheme.

David Wallechinsky/Amy & Irving Wallace, Rowohlts Bunte Liste, Reinbek 1983; Der große Brockhaus, Wiesbaden 1954 und 1979

Okumé (Gaboon, Gabun-Mahagoni)

Brotbaum der Sperrholzindustrie

Der Okumé-Baum (Aucoumea klaineana) wächst ausschließlich in einem relativ kleinen westafrikanischen Gebiet, das Gabun und Teile von Äquatorialguinea und Kamerun umfaßt. Der schnellwüchsige Tropenbaum ist bei den Einheimischen wegen seines öligen Harzes und seines leicht zu bearbeitenden Holzes sehr beliebt. Das weiche Holz erweckte Ende des19. Jahrhunderts auch bei der europäischen Holzindustrie Begehrlichkeiten, die bis heute anhalten. Okumé zählt zu den wichtigsten Furnier- und Sperrholz-Rohstoffen. Das hochverschuldete Gabun versucht sich mit so massiven Okumé-Exporten über Wasser zu halten, daß bereits weite Teile des Tropenwaldes dem Raubbau zum Opfer gefallen sind. Da tröstet es nur wenig, daß Gabun dem Okumé in seinem Staatswappen einen dominierenden Platz eingeräumt hat und dic gabunische Postverwaltung den Landesbaum auf einer einzigartigen Briefmarke ehrte, die aus Okumé-Furnier von 0,6 Millimeter Stärke gefertigt wurde.

Fritz Spannagel, Der Möbelbau, Hannover 1954; Bernhard Borgeest, Ein Baum und sein Land, Reinbek 1997

Olivenbaum der Athene

Athens Kultbaum

Viel wert ist die italienische 100-Lire-Münze zwar nicht, aber sie hat auf ihrer Vorderseite ein interessantes Motiv: die Göttin Minerva mit einem jungen Olivenbaum (Olea europaea). Dieses Bild hat seinen Ursprung in einer in mehreren Versionen erzählten Sage vom Wettstreit zwischen zwei Göttern. Der erste König Athens, Kekrops, stand in der griechischen Frühzeit vor der unangenehmen Situation, zu entscheiden, welcher Gott die Schutzherrschaft über Attika übernehmen sollte. Als Kandidaten bewarben sich Meeresgott Poseidon und Weisheitsgöttin Athene (lat.: Minerva). Kekrops wollte demjenigen der beiden Unsterblichen das Patronat übergeben, der Athen das nützlichste Geschenk machen würde. Poseidon schlug daraufhin mit seinem Dreizack in die Akropolis und legte dort eine Quelle frei, aus der Salzwasser in solchen Massen heraussprudelte, daß das Ägäische Meer entstand. Nicht schlecht, aber Athene konnte dieses Geschenk übertreffen: Sie pflanzte den ersten aller Olivenbäume. Kekrops schätzte die Bedeutung des Ölbaums für die Ernährung, die Körperpflege, die Heilkunde und den Handel richtig ein und bestimmte Athene zur Stadtgöttin. Um das heilige Salz und den heiligen Ölbaum herum wurde das Erechtheion, das neben dem Parthenon wichtigste Gebäude auf der Akropolis, gebaut. Hier soll der Prototyp der Olivenbäume bis zur Einäscherung Athens durch die Perser 480 v. Chr. gestanden haben. Aus dem verkohlten Stumpf des athenischen Olivenbaums sind aber der Sage nach sofort wieder neue Triebe gesprossen. Der Dichter Pausanias behauptet in einem Reisebericht, diesen Originalbaum Ende des 2. nachchristlichen Jahrhunderts noch selbst gesehen zu haben. Der heute neben der Ruine des Erechtheion stehende Ölbaum wurde 1917 gepflanzt und stammt angeblich von der Urolive ab.

Johannes Irmscher (Hrsg.), Lexikon der Antike, Bayreuth 1995; Horst Schäfer-Schuchardt, Die Olive. Kulturgeschichte einer Frucht, Würzburg 1993

Olympia-Eichen

Preissetzlinge

Bei den bombastisch inszenierten Olympischen Spielen 1936 in Berlin hatten sich die deutschen Organisatoren für die Siegerehrungen etwas Besonderes ausgedacht. Die Erstplazierten bekamen nicht nur den antiken Siegeskranz auf den Kopf gesetzt und Edelmetall um den Hals gehängt, sondern zusätzlich noch eine Topfpflanze in die Hand gedrückt. Ein eingetopfter **Stieleichensetzling** (Quercus robur) sollte als »Gabe des deutschen Volkes« den Olympioniken »ein schönes Sinnbild deutschen Wesens, deutscher Kraft, deutscher Stärke und deutscher Gastfreundschaft« sein. Die Sieger sollten die kleine → **Deutsche Eiche** in ihren jeweiligen Herkunftsländern zur Erinnerung einpflanzen. Ob die mit dem Töpfchen in der Hand ein wenig an Kleingärtner nach der Weihnachtstombola erinnernden Sportasse von der Originalität der pflanzlichen Beigabe beeindruckt oder eher peinlich berührt waren, ist nicht bekannt. Höflich akzeptiert wurde das Eichengeschenk aber von allen. Einen kleinen Eichenhain konnte sich der schwarze US-Athlet Jesse Owens, der zum Ärger der rassistischen Nazi-Führer der Rekordsieger der Spiele geworden war, anlegen: Für vier Goldmedaillen gab es viermal deutsches Grün.

Martin Schloemann, Luthers Apfelbäumchen, Göttingen
1994

P

Palme von Südcarolina (Palmetto of South Carolina)

Staatsbaum

Jeder US-amerikanische Bundesstaat hat eine bestimmte Blumenart (→ **Rose von Georgia**) und eine bestimmte Baumart als Symbole seiner regionalen Identität gewählt. Bei den Staatsbäumen, die durchgehend der jeweiligen heimischen Flora entstammen, sind insbesondere Eichen, Ahorne und Tannen beliebt. Obwohl in der Regel formell durch Beschluß der Legislative zum Staatsbaum ernannt, spielen die so hervorgehobenen Bäume in der offiziellen Heraldik meist keine Rolle und haben lediglich folkloristische Bedeutung. Eine Ausnahme macht die Palme von Südcarolina, die sowohl in der Staatsflagge als auch auf dem Staatssiegel als wesentliches Emblem erscheint. Die Palmenart Inodes palmetto ist im Süden der USA weit verbreitet. Sie wurde durch eine Episode aus dem amerikanischen Unabhängigkeitskrieg zum patriotischen Heiligtum von Südcarolina. In dem Jahr, als die Kolonie ihre Unabhängigkeit von Großbritannien erklärte, 1776, konnte die Besatzung des der Hauptstadt Charleston vorliegenden Inselforts Moultrie eine britische Flotte abwehren. Die Gebäude der standhaften Festung waren aus Blockhölzern des Inodes palmetto gebaut.

Harry Ward, The American Revolution, New York 1992;
Benjamin Shearer, State Names, Seals, Flags, and Symbols, Westport,Conn. 1994

Paradeisl
(Paradiesbaum)

Weihnachtsschmuck

Im Alpenraum war vor der Einführung des → **Weihnachtsbaums** ein anderer, heute eher seltener Baum als Festzubehör weit verbreitet: eine Paradeisl oder Paradiesbaum genannte Pyramide aus vier roten Äpfeln, die durch Holzstäbchen verbunden waren. Auf den oberen Apfel wurde eine Kerze gesteckt. Der stilisierte Apfelbaum symbolisierte die Verbindung zwischen Schöpfungsgeschichte und Geburt Christi, zwischen Sündenfall und Heilsversprechen. Das Paradeisl steht für die zwei wesentlichen Paradiesbäume der Bibel: den Tod bringenden → **Baum der Erkenntnis** und den Erlösung bringenden → **Baum des Lebens**, der mit Kreuz und Jesus gleichgesetzt wird.

Franz Huweiler, Lebensbaum. Begleiter im Werden und Vergehen, Olten/Düsseldorf 1993

Passionsblume

Pflanze mit der »wunderbaren Blüte«

Es gibt etwa 400 Arten von Passionsblumengewächsen. Die meisten wachsen im tropischen Amerika, wo sie zu Beginn des 17. Jahrhunderts von botanisierenden spanischen Jesuiten entdeckt wurden. Schon 1610 präsentierte ein Jacomo Bosio Zeichnung und Beschreibung dieser Pflanze.

Die mondän schönen Blumen aus dem Reich des Inka erinnerten die Missionare aber vor allem an ihren eigenen Gott. Sie sahen in den Einzelteilen der Blüte die Marterwerkzeuge und die Leidensgeschichte Christi versinnbildlicht. Die drei Griffel des Stempels stehen für die drei Nägel, mit denen Christus ans Kreuz geschlagen wurde, die fünf Staubkölbchen für die Wunden des Erlösers, der langge-

streckte Fruchtknoten für den Kelch und der rötlich besprenkelte Fransenkranz für die Dornenkrone. Die zehn Kelch- und Blütenblätter symbolisieren die zehn bei der Kreuzigung anwesenden Jünger (es fehlten Petrus und Judas), die drei Deckblätter versinnbildlichen die Dreieinigkeit. Und wenn so ein Jesuit erst einmal in Fahrt war, dann sah er in den Ranken der Pflanze auch gleich noch eine Geißel und in den Blättern Lanzenspitzen, während das Blau der **Himmelsblauen Passionsblume** (Passiflora coerulea) das königsblaue Gewand der Muttergottes darstellt.
Schon kurz nach ihrer Entdeckung wurden die schönen und oft auch eßbare Früchte bildenden Passionsblumen (Passiflora molissima, die **Bananenpassionsfrucht** ist die Nationalfrucht Kolumbiens) in Europa kultiviert. Wegen ihrer »Leidensblüte« (lat. passion = Leiden, flora = Blüte) wird Passiflora auf klerikalen Gewändern abgebildet.

Peter Klock, Attraktive Blüten und leckerste Früchte: Passionsblumen, in: Natürlich Gärtnern, Nr. 4/1997; Der große Brockhaus, Wiesbaden 1953; Margot Schubert, Zimmerpflanzen für Dich und mich, Darmstadt 1958

Peanuts

Comic

»Hilfe, Hilfe, ein giftiger Hund hat mich geküßt!«
Lucy

Kinder, ein Beagle und ein winziger Vogel, lebende »Kleinigkeiten« aus der Sicht der Erwachsenen, oder, wie Amerikaner und Deutschbänker sagen: »Peanuts«, bilden das Hauptpersonal in der vom US-Cartoonisten Charles M. Schulz geschaffenen Comic-strip-Serie »Peanuts«. 1947 veröffentlichte Schulz unter dem Titel »Li'l Folks« erste Cartoons mit der Kinderclique um den notorischen Verlierer Charlie Brown. 1950 änderte er den Titel in »Peanuts«. Erwachsene tauchen in der Peanuts-Welt nur am Rande, meist als Sprechblasen

aus dem Off, auf. Schulz konzentriert sich ganz auf die Gruppenprozesse zwischen den Kindern. Neben Charlie Brown und dem denkenden Hund Snoopy agieren vor allem die egomanische Lucy van Pelt, der idealistische Beethoven-Pianist Schroeder, der Piepmatz Woodstock, die verträumte Anarchistin Sally und das Freundinnenpaar Peppermint-Patty und Marcie. Liebling der Leser ist Linus, ein sarkastischer intellektueller Dreikäsehoch mit Schmusedecke (Security Blanket), der vergebens auf das Erscheinen des vermutlich messianischen **Großen Kürbis** wartet.
In den 50er Jahren standen noch kindspezifische Grausamkeiten im Vordergrund der Strips. Dann entwickelten sich die Konflikte aber immer mehr zu verzerrten Abbildungen vergleichbarer Auseinandersetzungen in der Erwachsenenwelt. Oft flüchten die Protagonisten vor der Bewältigung ihrer Probleme in absurde Tagträume. Vielleicht erklärt sich dadurch der weltweite immense Erfolg der »Peanuts«, die zeitweise in 2000 Zeitungen veröffentlicht wurden, in Alben mit einer Auflage von über 300 Millionen erschienen, zu TV- und Kino-Ehren gelangten und ihrem Schöpfer 1987 einen Platz in der US-amerikanischen »Cartoonist Hall of Fame« einbrachten.

Kai Riedemann, Comic, Kontext, Kommunikation, Frankfurt/M. 1988; Ron Goulart, The Encyclopedia of American Comics, New York 1990

Peanuts

Unwort

Das ist eine große Blamage der deutschen Banken.
Otto Graf Lambsdorff, 1994

Der inzwischen wegen Kreditbetrugs verurteilte Frankfurter Immobilienkaufmann Dr. Utz Jürgen Schneider galt in Insiderkreisen lange als einer der Größten seiner Branche. Im Wirtschaftsteil überregionaler Zeitungen wurde er zwei-, dreimal als Retter von Altbauten und Ankurbler der Bauwirtschaft gelobt, für die breite Öffentlichkeit war er eher ein Nobody. Das änderte sich schlagartig im Frühjahr 1994. Baulöwe Schneider hatte sich mit reichlich Geld ins Ausland abgesetzt und einen Milliardenschuldenberg in der Heimat zurückgelassen. Sympathie für den »cleveren Frankfurter Bub«, der feinen Bankern trickreich Riesenkredite ohne Deckung aus der Tasche gezogen hatte, wurde bald abgelöst durch die Empörung, daß 500 Handwerksbetriebe, denen Schneider den Werklohn schuldig geblieben war, zum Teil um ihre Existenz bangen mußten. Diese Empörung richtete sich auch auf die in der Öffentlichkeit schnell als Buhmänner im »Fall Schneider« ausgemachten Großbanken, die es dem Pleitier grob fahrlässig leicht gemacht haben sollen, sein finanziell schwachbrüstiges Bauunternehmen zu betreiben. Im Kreuzfeuer der Medienkritik stand Schneiders größte Gläubigerin, die Deutsche Bank, bei der der flüchtige Unternehmer mit 1,5 Milliarden Mark in der Kreide stand. Für den Primus der deutschen Bankenwelt stellte diese Affäre einen peinlichen Imageverlust dar. Presse und Fernsehen stürzten sich voll Freude und Häme auf das sonst so unantastbare Geldinstitut. Bei einer Pressekonferenz am 25. April 1994 bemühte sich der Vorstandssprecher der Deutschen Bank, Hilmar Kopper, um Schadensbegrenzung. Kopper machte klar, daß der Schaden, den die Deutsche Bank durch den »Fall Schneider« verkraften mußte, lediglich etwa drei Promille ihres Gesamtkreditvolumens betrage und er stellte die Begleichung der ausstehenden Handwerksrechnungen in Höhe von 50 Millionen Mark durch seine Bank in Aussicht. Eine Summe, die für die Deutsche Bank, »realistisch betrachtet«, »Peanuts« darstellen würden. In dem Moment, als dem von der dreistündigen Pressekonferenz genervten Banker diese Erdnüsse von der Zunge gerollt waren, war der laut »Spiegel« »publizistische GAU« eingetreten. Entzückt verbreitete die Journaille die Kunde vom kalten, arroganten Finanzriesen, für den das finanzielle Unglück armer Bauhandwerker eine unbedeutende Kleinigkeit darstelle. Koppers Schadensersatzversprechen ging im Peanuts-Trubel vollkommen unter. Ein Jahr später wurde das Wort, das wohl auf ewige Zeiten in hiesigen Gazetten mit der Deutschen Bank in Verbindung gebracht werden wird, zum Unwort des Jahres gewählt. Dabei hatte die Verwendung des aus dem Amerikanischen stammenden Synonyms für »Kleinigkeit, unbedeutende Summe« nicht erst 1994 Premiere auf der Chefetage der deutschen Wirtschaft. Bereits 1981 beschwerte sich Ernst Pieper, Vorstandsvorsitzender des Salzgitter-Konzerns, über die »Peanuts«, die sein Unternehmen als Subventionen bekommen hätte. Seitdem sind die kleinen Wort-Nüsse regelmäßig von Prominenten in den Mund genommen worden, allerdings noch nie so explodiert wie bei Hilmar Kopper.

Der Spiegel, Nr. 38/1995, S. 102; Udo Frank/Beate Thorn, Paläste, Pleiten, Peanuts, Hamburg 1996; Broder Carstensen/Ulrich Buss, Anglizismen-Wörterbuch, Berlin 1996

Pemba

Westafrikanischer Schöpferbaum

Im Glauben der Bambara aus dem westafrikanischen Mali sind Schöpfer und Mensch vom selben Holz. Nach der Bambara-Genesis hatte sich der Gott Pemba (»Große Sache«) in den Samen einer weißen **Akazie** verwandelt und sieben Jahre vom Wind durch den Raum tragen lassen. Schließlich sank der Samen zur Erde herab und wuchs zu einem großen Baum heran. Irgendwann starb die Akazie ab und wurde zu Pembele, einem Brett oder Balken, aus dem im Vermodern die Urmenschenfrau entstand. Nach einer anderen Überlieferung tischlerte der Pemba-Baum aus seinem eigenen Holz als erstes die Seelen und dann die Körper des ersten Menschenpaars. Die Bambara-Eva hatte am Anfang allerdings noch einen Schwanz und eine Schnauze und brachte in dieser Gestalt zunächst die Vorfahren sämtlicher Tiere auf die Welt, bevor sie endgültig Menschengestalt annahm.

Werner Bonin, Die Götter Schwarzafrikas, Graz 1979; Michael Jordan, Myths of the World, London 1987

Peyote/Peyotl

Halluzinogene Kaktuspflanze

> Das Wasser war eine leuchtende, zähe Flüssigkeit. Ich sah, wie es durch die Kehle des Hundes in seinen Körper floß. Ich sah, wie es gleichmäßig durch ihn hindurchlief und dann aus jedem einzelnen Haar herausschoß.
>
> Carlos Castaneda, Die Lehren des Don Juan

Bereits seit Jahrtausenden kennen die Indianer Mittelamerikas den Rauschkaktus Peyote oder Peyotl (Lophophora williamsii) und verehren ihn wie eine Gottheit. Mit der Eroberung des Aztekenreiches durch Cortez zu Anfang des 16. Jahrhunderts kamen die ersten Berichte über den Gebrauch des kultischen Rauschmittels auch nach Europa.

Der dunkle, saftige und dornenlose Kaktus hat die Größe und Form eines runden Nadelkissens und ist von Zentralmexiko bis Südtexas beheimatet. Er enthält mehrere Alkaloide, von denen Meskalin und Anhalamin die wichtigsten sind. In frischem oder getrocknetem Zustand gekaut oder gegessen oder (für eine stark abgeschwächte Wirkung) als Tee getrunken, führt Peyote-Genuß zu euphorischen Rauschzuständen, Halluzinationen, Farbvisionen und Bewußtseinsstörungen, verbunden mit einer erstaunlichen Ausdauer (die später in Passivität umschlägt), dem Verlust des Zeitsinns und einer an Schizophrenie erinnernden Persönlichkeitsspaltung. Häufig kommt es zu Übelkeit und Brechreiz. Größere Dosen führen zu Lähmungen oder sogar zum Tod.

Das ist die europäisch-medizinische Beschreibung. Die amerikanischen Ureinwohner glauben, daß Peyote sie in unmittelbaren Kontakt mit höheren Mächten und deren magischen Fähigkeiten bringt. Sie benutzen ihn zur Heilung, zur »Hexerei« und um einen Zustand von Ekstase zu erreichen, der ihnen Gewinn von Wissen und die Kenntnis der richtigen Lebensweise vermittelt. Seit 1890 hat sich der

Peyote-Gebrauch auch unter den nordamerikanischen Indianern, wie den Navajo (seit 1910), verbreitet. Um den Kaktus in der streng bewachten Wüste bei Laredo an der Südspitze von Texas ernten zu dürfen, müssen die Navajos allerdings Mitglied der »Native American Church« sein. Der ehrfurchtsvolle Respekt, den die Mitglieder dieser Peyote-Kirche (1980 waren das 75000 Indianer – die Hälfte der Bevölkerung der Navajo-Reservation) der heiligen Pflanze entgegenbringen und die ausschließliche Verwendung in ganz bestimmten rituellen Handlungen verhindert einen Mißbrauch des Peyote als Rauschgift.

Friedrich Abel, Die heilige Droge, in: GEO, Nr. 7/1980;
Reinhardt Höhn, Seltsames aus dem Reich der Pflanzen, Leipzig 1976, Der große Brockhaus, Wiesbaden 1955

Philosophischer Baum der Alchimisten (Arbor philosophica)

Alchimistensymbol

In der Alchimie spielten fruchttragende Bäume als Sinnbilder für die Prinzipien von Wandlung und Beständigkeit eine große Rolle. Die Gesamtheit der 12 alchimistischen Wandlungsphasen wird in der einschlägigen Literatur oft als »Philosophischer Baum« bezeichnet. Ebenfalls ein Arbor philosophica war der **Baum der Weisheit**, der den paradiesischen → **Baum der Erkenntnis** zum Vorbild hatte. Nur daß statt Eden-Obst die alchimistischen Symbole Sonne, Mond und Planeten an den Zweigen hingen, die manchmal noch durch geometrische Figuren ergänzt wurden. Dieser **Planetenbaum** sollte den Menschen den Weg zur Erkenntnis weisen. Der Baum sollte unter anderem die Verbundenheit des Menschen mit dem All versinnbildlichen und auf die Möglichkeit hinweisen, durch ständige baumähn-

liche Wandlungen – analog zur Verwandlung unedler Metalle in Gold – seelisch geläutert zu werden.

Gerda Gollwitzer, Bäume, Herrsching 1980, Sibylle Selbmann, Der Baum. Symbol und Schicksal des Menschen, Karlsruhe 1993

Pimpernuß

Aphrodisiakum

Den Namen hat der Zierstrauch von seinen kugeligen, häufig aufgeblasenen Fruchtkapseln, die je zwei harte und anscheinend geräuschvolle Samen bergen. »Pimpern« war nämlich einmal ein anderes Wort für »klappern« oder »rasseln«.

Daß die samentragenden Kapseln gewisse Übereinstimmungen mit menschlichen Hoden aufweisen, machte die Pimpernuß (Staphylea pinnata) seit urdenklichen Zeiten zu einem (vermutlich wirkungslosen) Aphrodisiakum (→ **Aphrodisiaka**). Vielleicht wurde auch dadurch aus dem Wort »pimpern« ein Synonym für »koitieren«.
Einer Sage aus Steyr zufolge schnitten sich die Nonnen eines vom Feind eroberten Klosters die Nasenspitzen ab, um sich vor Vergewaltigung zu schützen. Aus diesen Nasenspitzen soll dann ein Pimpernußstrauch gewachsen sein.

Hanns Bächtold-Stäubli, Handwörterbuch des deutschen Aberglaubens, Berlin/New York 1927/1986; Der große Brockhaus, Wiesbaden 1955 und 1979

Pitys

Urschwarzkiefer

Wie sind so süß die Tränen der Unglücklichen.
Euripides

Wenn Boreas, der griechische Nordwind, im Herbst über die Ägäis pfeift, sondern sich durchsichtige Harztropfen von den Zapfen der mittelmeerländischen **Schwarzkiefer** (Pinus nigra) ab. Die klebrige Masse sind die Tränen der zur Kiefer gewordenen keuschen Nymphe Pitys, die den sie umwerbenden Boreas verschmäht und Gott Pan vorgezogen hatte. Der windige Boreas pustete daraufhin Pitys von einer Klippe. Pan fand die Sterbende und verwandelte sie, um sie am Leben zu halten, in eine Schwarzkiefer, die im Griechischen nach ihr »Pitys« genannt wird. Die Harztränen beweisen regelmäßig, daß Pitys mit ihrer Metamorphose nicht sehr zufrieden ist.

Herbert Hunger, Lexikon der griechischen und römischen Mythologie, Reinbek 1980; Jacques Brosse, Mythologie der Bäume, Olten/Freiburg i. B. 1990

Plantagenet

Dynastischer Ginsterzweig

Von 1154 bis 1399, wenn man die Nebenlinien Lancaster und York dazurechnet, sogar bis 1485, saßen Angehörige des Hauses Plantagenet auf dem englischen Thron. Ursprünglich war »Plant-genet« (»Ginster«) der Spitzname des Grafen Geoffrey von Anjou, der sich bei Turnieren und im Schlachtgetümmel gern durch einen gelbblühenden Ginsterzweig (Planta genista) am Helm kenntlich machte. Geoffreys Sohn wurde als Henry II. (1133-1189) in Westminster gekrönt und begründete die den Ginster im Wappen führende Dynastie Plantagenet-Anjou, die zeitweilig England mit großen Teilen Frankreichs zum Angevinischen Reich vereinte.

Eric Delderfield, Kings & Queens of England & Great Britain, Newton Abbot 1994; Desmond Seward, The Wars of The Roses, London 1995

Die Pril-Blume

Blümchenaufkleber
von der Spülmittelflasche

Als die Pril-Blumen 1972 im Rahmen der Werbeaktion »Fröhliche Küche« das erste Mal auftauchten, waren sie als kurzfristige Beigabe gedacht. Niemand ahnte, daß sie es einmal zu einem Symbol für das Lebensgefühl eines ganzen Jahrzehnts bringen könnten. Doch aufgrund ihres riesigen Erfolgs gab es die knalligen, vierfarbigen Aufkleber, in deren Besitz man durch den Kauf einer himmelblauen Pril-Flasche kam, noch zehn Jahre lang. Millionenfach bappten sie auf Küchen- und Badezimmerkacheln, auf Spiegeln, Schränken, Türen, Schulheften und Bonanzarädern – stilisierte Blüten in fünf verschiedenen Farbzusammenstellungen.

Durch das Schlager- und 70er-Jahre-Revival mit Galionsfiguren wie Guildo Horn, Dieter Thomas Kuhn und Petra Perle kam es 1996 auch zu einem kurzen Revival der Pril-Blume. Zur Zeit (Stand: November 98) ist sie nicht im Handel.

Informationsbrief der Henkel Waschmittel GmbH vom 2.11.1998; Gerald Fricke/Frank Schäfer/Rüdiger Wartusch, Die Goldenen Siebziger, Leipzig 1997

The Purple Rose of Cairo

Film von Woody Allen

New Jersey in der Depressionszeit. Kellnerin Cecilia flüchtet sich vor der Tristesse ihres Lebens immer wieder in das Kino an der Ecke. Als sie sich zum wiederholten Mal den Film mit dem schwülstigen Titel »The Purple Rose of Cairo« ansieht, steigt Filmheld Tom Baxter plötzlich aus der Projektion heraus, küßt sie und brennt mit ihr durch. Die übrigen Leinwandfiguren weigern sich, ohne Baxter weiterzuspielen. Der Kinobesitzer alarmiert den Produzenten, und der Produzent schickt den Baxter-Darsteller Shepherd los, um Baxter zu überreden, in den Film zurückzukehren. Doch Baxter weigert sich. Er will mit Cecilia zusammenbleiben. Geschickt umwirbt Shepherd nun die Kellnerin und verspricht ihr, sie mit nach Hollywood zu nehmen. Tatsächlich entscheidet Cecilia sich für den echten Menschen. Das Kinoprodukt Baxter kehrt enttäuscht in den Film zurück, der gleich danach abgesetzt wird, Shepherd läßt daraufhin Cecilia fallen, und Cecilia sitzt am Ende wieder im Kino und träumt.
Die Tragikomödie »The Purple Rose of Cairo« (USA 1984, Regie und Drehbuch: Woody Allen) »verbindet eine Liebesgeschichte mit einer

intelligenten Reflexion über Schein und Sein« (Lexikon des Internationalen Films).

Lexikon des Internationalen Films, Reinbek 1991; Dieter Krusche, Reclams Filmführer, Stuttgart 1991

Puteri und Tunggal

Hölzerne Adam und Eva

In den Schöpfungsmythen vieler Völker werden die ersten Menschen aus Stein oder Lehm geformt. Bei dem Borneo-Volk der Dajaks herrscht der Glaube, daß ihre Urahnen aus einem Ast geschnitzt worden seien. Der oberste Dajak-Gott, Mahatara, vermißte nach getaner Schöpfungsarbeit Menschen auf der ansonsten bereits komplett eingerichteten Welt, brach kurzerhand einen Zweig von einem Garingbaum ab und begann zu schnitzen. An einem Ende des Garingholzes entstand ein Mann, Tunggal, am anderen Ende das weibliche Gegenstück Puteri. Mahatara warf die hölzerne Doppelskulptur vom Himmel herab auf die Erde, wo das Holz in zwei Teile zerbrach und beide Teile als Mann und Frau lebendig wurden.

Michael Jordan, Myths of the World, London 1996

Q

Questenbaum

Brauchstamm im Südharz

Als der spätere Kaiser Karl der Große im Jahr 772 bei einem seiner Sachsen-Feldzüge die **Irminsul** bei der Eresburg zerstörte, war das ein schwerer Schlag für die Sachsen. Die Irminsul, ein mächtiger, geschälter und verzierter Eichenstamm auf einer Steinpyramide, galt den heidnischen Norddeutschen als Inbegriff ihres Glaubens und als unzerstörbar, weil von den Göttern geschützt. Mit der Vernichtung dieser und etlicher ähnlicher heiliger Säulen im Elbe-Weser-Raum verloren die heidnischen Glaubensvorstellungen viel von ihrer Überzeugungskraft, und der Boden war für die Saat der christlichen Missionare bereitet. So ganz konnte aber auch die erfolgreiche Christianisierung die Erinnerung an die Irminsul nicht auslöschen. In dem kleinen Harz-Ort Questenburg östlich vom thüringischen Nordhausen steht auf einem Berghang ein etwa zehn Meter hoher, geschälter Eichenstamm, den einige Forscher mit den alten germanischen Kultsäulen in Verbindung bringen. Nach anderer Ansicht haben dieser thüringische Baumstamm und der → **Maibaum** gemeinsame »Wurzeln«. Der Questenburger Baum ist mit einem Kranz von über drei Meter Durchmesser aus Buchen- und Birkenzweigen und einem etwa zwei Meter hohen Laubbündel an der Stammspitze geschmückt. An den Seiten des Kranzes hängen zwei Quasten (= Questen) aus Zweigen herab, die dem Baum seinen Namen gegeben haben. Der Questenbaum steht das ganze Jahr an seinem Ort und wird in der Woche vor Pfingsten durch einen neuen, bis zu drei Tonnen schweren Stamm ersetzt. Die komplizierten Feierlichkeiten um den Abbau des alten und die Aufrichtung des neuen Questenbaums ziehen sich über mehrere Tage hin und haben Volksfestcharakter. Der Ursprung vieler der dabei gepflegten Rituale ist unklar, trotzdem hat das Questenfest für die einheimische Bevölkerung einen ähnlichen Stellenwert wie der Karneval für die Kölner oder die Mainzer.

Werner Ohnesorge, Das Questenfest – alter Brauch in neuer Zeit; in: Beiträge zur Heimatforschung, Sangerhausen 1980

R

Rapunzel

Märchen

»Rapunzel, Rapunzel, laß dein Haar herunter.«
Der Märchenprinz

»Rapunzel«, das Märchen von dem langhaarigen, jungen Mädchen, das abgeschieden von allen Menschen in einem Turm lebt, erschien 1812 in den »Kinder- und Hausmärchen« der Brüder Grimm. Jacob Grimm hatte eine von Joachim Christian Friedrich Schulz (1762 bis 1798) veröffentlichte Fassung auf ihre Essenz eingeschrumpft, weil er ganz richtig davon ausging, daß hinter Schulz' »Kleinem Roman« Volksüberlieferung stand. Allerdings keine deutsche. Jacob Grimm hatte nicht bemerkt, daß Schulz' Fassung eine Übersetzung des französischen Feenmärchens »Persinette« (1698) von Charlotte-Rose de Caumont de La Force (um 1650-1724) war, die wiederum französische Volksüberlieferungen verarbeitet hatte. Bei Mademoiselle de La Force und der Mehrzahl der volkstümlichen Fassungen ist es Petersilie, auf die die schwangere Frau zu Beginn des Märchens Appetit hat. Bei Schulz sind aus der Petersilie plötzlich Rapunzeln, also **Feldsalat** (Valerianella), geworden. Ob Schulz vom französischen Original abwich, weil Petersilie in hohen Dosen in der Volksmedizin lange Zeit als Abtreibungsmittel benutzt wurde, ist reine Spekulation.
Das Grimmsche Märchen geht so weiter, daß der Mann der schwangeren Frau die Rapunzeln aus dem Garten einer gefährlichen Zauberin stehlen will und von ihr erwischt wird. Um sich selbst zu retten, verspricht er ihr das werdende Kind. Die Zauberin nennt das Kind

Rapunzel und sperrt es in einem Turm im Wald ein, der weder Treppe noch Tür hat. Nur die Zauberin kommt herein. Sie klettert an Rapunzels 20 Ellen langen, goldenen Haaren hoch. Doch ein Königssohn beobachtet sie dabei und verschafft sich auf gleiche Weise Zutritt. Die Liebenden werden ertappt und getrennt, der Königssohn verliert bei einem Selbstmordversuch das Augenlicht, aber nach jahrelangem Herumirren findet er Rapunzel, die inzwischen Zwillinge geboren hat, wieder und bekommt durch ihre Tränen sein Augenlicht zurück. Die Firma Mattell, die die Barbie-Puppen mit den ungewöhnlich langen Beinen und Haaren herstellt, ließ es sich nicht nehmen, auch eine Rapunzel-Barbie im rosa Prinzessinnenkleid auf den Markt zu werfen.

Brüder Grimm, Kinder- und Hausmärchen, München 1977;
Walter Scherf, Lexikon der Zaubermärchen; Der große
Brockhaus, Wiesbaden 1957

Red Poppy (Poppy)

Mahnmohnblume

Am Sonnabend, dem 14. November 1998, konnte die Internationale der TV-Zuschauer live zugucken, wie Charles Prince of Wales seinen 50. Geburtstag feierte. Am Revers der Marineuniform, die der ewige Thronfolger zu diesem Anlaß bei einer nachmittäglichen Zeremonie trug, war eine rote Papierblume zu erkennen, die Nichtbriten wahrscheinlich eher in Schießbuden als an der Brust des mutmaßlich nächsten Königs von England erwarten würden. Viele Briten dagegen hätten es Charles mit Sicherheit sehr übelgenommen, wenn er an diesem Tag keine rote Blume getragen hätte. Denn im Vereinigten Königreich und in anderen Teilen des Commonwealth werden am, kurz vor und einige Zeit nach dem Remembrance Day – dem Sonntag, der dem 11. November folgt – die Toten des Ersten und Zweiten Weltkrieges durch diese Papierblume im Knopfloch mahnend geehrt. Die »Red Poppy« (»Mohnblume«) wird in großer Stückzahl von Mitgliedern der Royal British Legion, dem britischen Veteranenverband, hergestellt umd zum Remembrance Day gegen eine Spende verteilt. Der Erlös kommt bedürftigen Kriegsveteranen und ihren Angehörigen zugute. 1997 kamen so umgerechnet etwa 50 Millionen DM zusammen. Der handgemachte **Klatschmohn** (Papaver rhoeas) soll an die Mohnblumen erinnern, die in den Kornfeldern Flanderns blühen. Diese Kornfelder wurden im Ersten Weltkrieg zu Schlachtfeldern, auf denen Abertausende britische Soldaten getötet wurden. Die roten Papierblumen stehen darüber hinaus symbolisch für all die anderen Kriegsschauplätze in der neueren britischen Geschichte. Seit ihrer Einführung nach dem Ersten Weltkrieg sind die Red Poppys auch Zeichen für ein klassenübergreifendes Nationalgefühl, das sich angeblich insbesondere in Krisenzeiten bewährt hat.

John Keegan, Die Kultur des Krieges, Berlin 1995; Die Welt, 12.11.1998; Mitteilung des Britischen Generalkonsulats, Hamburg, 19.11.1998

Reichsapfel (Sphaira)

Imperiales Zeichen

Zu den Reichskleinodien der römisch-deutschen Kaiser gehörte neben Krone, Zepter, Mauritiusschwert, heiliger Lanze und bestimmten kostbaren Krönungsgewändern auch der Reichsapfel. In der Schatzkammer der Wiener Hofburg kann man ihn bewundern: eine 21 Zentimeter hohe Harzkugel, mit Goldblech ummantelt und mit Edelsteinen und Perlen verziert, auf der ein ebenfalls edelsteinbesetztes goldenes Kruzifix befestigt ist. Dieser wahrscheinlich am Ende des 12. Jahrhunderts hergestellte Reichsapfel war bis zum Untergang des Römischen Reiches deutscher Nation Sinnbild des kaiserlichen Weltherrschaftsanspruchs. Der Ursprung der imperialen Kugel ist aber wesentlich älter. Der Sage nach geht dieses Symbol auf Alexander den Großen zurück, dem der persische Großkönig Darius einen goldenen Ball geschickt haben soll, um Alexander als töricht und kindisch-verspielt zu verspotten. Der spätere Eroberer sah aber in der idealen Kugelgestalt die Verkörperung des Universums und interpretierte es als ein Zeichen für seine Bestimmung als Weltherrscher. Die goldene Weltkugel (griech.: Sphaira) wurde von den römischen, byzantinischen und deutschen Kaisern als Herrschaftszeichen übernommen; seit dem 4. Jahrhundert in der Kombination mit dem Kreuz. Allerdings existierte die Sphaira lediglich als Zeichen auf Bildern und Statuen. Die erste Kaiserkugel »in Gebrauch«, jetzt wegen ihrer Form Reichsapfel genannt, soll König Heinrich II. 1012, zwei Jahre vor seiner Kaiserkrönung, von Papst Benedikt VIII. geschenkt bekommen haben. Dieser Reichsapfel war angeblich mit Asche gefüllt, um den Herrscher an die irdische Vergänglichkeit zu erinnern. Die Idee des Reichsapfels blieb in der Neuzeit nicht auf die deutschen Kaiser beschränkt, sondern fand auch Nachahmer bei anderen Monarchien. So gehören zu den britischen Kronjuwelen gleich zwei Reichsäpfel.

Percy Ernst Schramm, Sphaira. Globus. Reichsapfel, Stuttgart 1958; Karlheinz Weissmann, Die Zeichen des Reiches, Asendorf 1989; Ernst Kubin, Die Reichskleinodien, Wien/München 1991

Rosa mystica

Mariensymbol

> Sei gegrüßt, du mystische Rose, daraus uns Christus entströmt.
> Hymnos Akathistos

Der wohl älteste Marienhymnus der christlichen Ostkirche, der 818 als Dank für die Befreiung Konstantinopels entstandene Hymnos Akathistos, setzt Muttergottes und Rose in einen engen symbolischen Zusammenhang. Die Rose, wahrscheinlich das erste Mal vom lateinischen Dichter Sedulius Caelius um 430 (»Carmen paschale«) als

»Rosa mystica« bezeichnet, steht für das Mysterium der Erlösung. Dante Alighieri (1265-1321) hat dieses Bild in seiner »Göttlichen Komödie« aufgegriffen und stellt die Gemeinschaft der Erlösten und Seligen als riesige weiße **Rosa candida** dar.
Die Rose als Sinnbild für das Geheimnisvolle haben die Christen wahrscheinlich aus heidnischen Vorstellungen übernommen. Verbindet man im stilisierten Grundriß einer Rose den Mittelpunkt eines jeden der fünf Kelchblätter mit dem übernächsten ergibt sich ein Pentagramm, eine uralte zauberische Bann- und Fluchfigur. Im Mittelalter war die Rose als Mariensymbol überaus verbreitet und verehrt. Ein besonders auffälliger Beleg für diese Rosenverehrung sind die zahlreichen bildlichen Darstellungen der Jesusmutter als »Maria im Rosenhag (= Rosengärtlein)«. Auch die Bezeichnung »Rosenkranz« für das nur wenig einem Blumengebinde ähnelnden Gebetsinstrument frommer Christen wird mit der »Rosa mystica« in Verbindung gebracht. Angeblich soll Maria dem heiligen Dominikus im Jahr 1211 erschienen sein und ihm die Einführung des Rosenkranzes aufgetragen haben.

Albert Hauck (Hrsg.), Realencyklopädie für protestantische Theologie und Kirche, Leipzig 1906; Josef Höfer/Karl Rahner (Hrsg.), Lexikon für Theologie und Kirche, Freiburg i. B. 1964; Dorothea Forstner, Die Welt der christlichen Symbole, Freiburg i. B. 1977

Romularius (Ruminal)

Römischer Staatsbaum

Im antiken Rom genoß ein **Feigenbaum**, der auf dem Forum Romanum wuchs, große Verehrung. Er galt als »Arbor felix«, als glücklicher Baum, der verhindern sollte, daß Blitze auf dem Hauptplatz Roms einschlugen. Vor allem aber war der Romularius oder Ruminal genannte Baum berühmt, weil er mit dem Feigenbaum in Verbindung gebracht wurde, unter dem die Kapitolinische Wölfin die Rom-Gründer Romulus und Remus gesäugt haben soll.

Johannes Irmscher (Hrsg.), Lexikon der Antike, Bayreuth 1985; Hans Widmer, Römische Welt, Biberstein 1994

Die Rose des kleinen Prinzen

Frauenmetapher

> Wenn einer eine Blume liebt, die es nur ein einziges Mal gibt auf Millionen und Millionen Sternen, dann genügt es ihm völlig, daß er zu ihnen hinaufschaut, um glücklich zu sein. Er sagt sich: Meine Blume ist da oben, irgendwo ... Der kleine Prinz

Außer in »Courrier Sud« (1928; dt. »Südkurier«) spielen Frauen in den Werken des Piloten und Schriftstellers Antoine de Saint-Exupéry (geb. 1900, vermißt seit einem Aufklärungsflug 1944) keine wichtigen Rollen und tauchen später nur noch als Metaphern auf. So auch in dem zum internationalen Kinderbuchklassiker avancierten »Le petit Prince« (1943; dt. »Der kleine Prinz«). Zielgruppe des Buches sind allerdings vermutlich eher Erwachsene mit einem nostalgischen Verhältnis zur Kindheit und Freude an schlichten, semiphilosophischen Botschaften.

Ziemlich zu Beginn der Geschichte wohnt der kleine Prinz auf dem kaum hausgroßen Planeten B 612 und kämpft gegen die Samen der **Affenbrotbäume**, die, wenn sie heranwachsen würden, einen so kleinen Planeten mit ihren Wurzeln leicht sprengen könnten. Ungefährlich sind hingegen die Blumen, die dort seit jeher gedeihen. Sie sind sehr einfach, aus einem einzigen Kranz von Blütenblättern, geformt und spielen keine große Rolle. Eine einzige aber, deren Blüte erst nach vielen Tagen aus ihrer Knospe bricht, sieht völlig anders aus. Der kleine Prinz liebt sie, obwohl sie »nicht allzu bescheiden« ist, sondern ihn wie eine Diva herumkommandiert, nach Frühstück (Wasser) verlangt und nach einem Wandschirm gegen Zugluft und einem Glassturz gegen die Kälte der Nacht.

Erst als der kleine Prinz den Planeten verläßt, entschuldigt sie sich bei ihm und gesteht ihm ihre Liebe, drängt ihn aber gleichzeitig zu gehen. Sie ist eine stolze Blume, die nicht will, daß er sie weinen sieht. Auf der Erde findet der kleine Prinz einen blühenden Rosengarten – 5000 Rosen, die alle genau wie seine Blume aussehen. Er weint, als er begreift, daß sie nicht einzig in ihrer Art, sondern nur eine gewöhnliche Rose ist. Erst ein Fuchs lehrt ihn, daß jemand, der einem vertraut ist, dadurch einzigartig unter vielen Gleichen wird, und daß es nicht genügt, 5000 Rosen in einem einzigen Garten zu züchten, um zu finden, was man sucht. Daß man das Wesentliche aber in einer einzigen Rose finden könne, wenn man nur mit dem Herzen sucht.

Antoine de Saint-Exupéry, Der kleine Prinz, Düsseldorf 1981; Monika Bosse, »Saint-Exupéry, Antoine de«, in: Lexikon der Kinder- und Jugendliteratur, Weinheim/Basel 1984

Rose von Georgia (Rose of Georgia)

Staatsblume

Wohl bräch ich Rosen, hätten Dorn sie nicht.
Walther von der Vogelweide

Auf Vorschlag der Frauenvereinigung von Georgia führte das Parlament des US-Staates 1916 eine weiße **Cherokee-Rose** (Rosa laevigta oder Rosa sinica) als offizielles florales Regionalsymbol ein. Dabei gingen Parlament und Frauen fälschlicherweise davon aus, daß die von ihnen ausgewählte, nach Gewürznelken duftende Rosenart eine einheimische amerikanische Blume sei. Tatsächlich stammt sie aber aus China und ist in der zweiten Hälfte des 18. Jahrhunderts über England in die Neue Welt gekommen. Den damals in Georgia noch die Mehrzahl der Bevölkerung bildenden Cherokee-Indianern gefiel die Importpflanze so gut, daß sie ihr einen Platz in ihren Stammeslegenden einräumten. Danach war die Rose ursprünglich ein Cherokee-Mädchen, das von feindlichen Indianern gefangengenommen worden war. Um sie zu schützen, verwandelte ein freundliches Zauberwesen das Mädchen in eine Rose mit – charakteristisch für die Cherokee-Blume – ungewöhnlich stacheligen Stengeln.

David Squire/Jane Nedwick, Das Rosenbuch, Köln 1992;
Benjamin Shearer, State Names, Seals, Flags, and Symbols, Westport, Conn. 1994

Rose von Lima (Santa Rosa de Lima)

Heilige

Seit dem 17. Jahrhundert verehren lateinamerikanische Christen eine fromme Peruanerin spanischer Herkunft, deren Leben und Nachruhm so wesentlich von Rosen beeinflußt worden ist, daß ihr der Ehrentitel »Erste Blume der Heiligkeit Südamerikas« verliehen wurde. 1586 kam sie in Lima zur Welt und sollte Isabella heißen. Da ihre Eltern aber eine imaginäre Rose über der Wiege schweben sahen, wurde sie nach der Blume der heiligen Maria auf den Namen Rosa getauft. Sie trat früh in einen Nonnenorden ein und führte ein so extrem kasteiungsfreudiges Leben, daß ihre Beichtväter – vergeblich – versuchten, sie zur Drosselung ihrer mutmaßlich gottgefälligen Selbstquälereien zu bewegen. Seit der Kindheit trug sie einen Kopfreif, in dem innen Stacheln steckten. Angeblich handelte es sich dabei um einen Kranz von Rosen, den sie von ihrer Mutter geschenkt bekommen hatte, und der sich zur Kopfmarter verwandelt hatte. 1617 starb die Mysterikerin. Ihr wurden zahlreiche Wunder zugeordnet, und sie wurde in ihrer Heimat sehr populär. Als Papst Clemens X. deshalb ihre Kanonisierung angetragen wurde, soll der Kirchenfürst in Unkenntnis ihrer ethnischen Zugehörigkeit empört ausgerufen haben: »Indianerin und Heilige! Das ist ja so, als ob Rosen vom Himmel regnen würden.« Daraufhin regnete es Rosen auf Rom, und Clemens stimmte kleinlaut der Heiligsprechung der Rose von Lima zu. Als erste Südamerikanerin bekam sie 1671 den Heiligenschein und wurde Schutzpatronin ihres Halbkontinents und Schutzheilige der Blumengärtner. Natürlich sind Rosen die Hauptattribute, mit denen sie auf frommen Abbildungen dargestellt wird.

Erna und Hans Melchers, Das große Buch der Heiligen,
München 1978

Rose von Stambul

Operetten-Schöne

Die türkische Schönheit Kondja Gül, genannt »Rose von Stambul«, ist die Titelheldin einer in den Jahrzehnten nach dem Ersten Weltkrieg überaus erfolgreichen, recht anspruchslosen Leo-Fall-Operette. Brammer und Grünwald, die Autoren des 1916 uraufgeführten musikalischen Schlichtstücks, schrieben Kondja Gül reformerische Ambitionen ins Libretto, die sich aber im wesentlichen auf die Forderung nach Freiheit der Ehepartnerwahl und dem Wunsch, Walzer tanzen zu dürfen, erschöpfen. Am Ende des Dreiakters heiratet sie ihren Liebsten und tanzt Walzer trotz des anfänglichen Widerstandes von seiten ihres Vaters, eines osmanischen Ministers namens Kemal Pascha. Aus Rücksicht auf die Empfindlichkeiten türkischer Patrioten wurde der Vater später in Kamek Pascha umgenannt. Der türkische Nationalheros Mustafa Kemal (ca.1881-1938) hatte 1916 den Titel »Pascha« erhalten und wurde, bis er 1934 den Ehrennamen »Atatürk« verliehen bekam, Kemal Pascha genannt. Er hatte überhaupt nichts mit dem behäbigen Sultansminister aus der Operette gemeinsam.

Opern- und Operetten-Führer, Locarno 1985; Dieter Gronau, Mustafa Kemal Atatürk, Frankfurt/M. 1995

Rose von Tokio (Tokio Rose)

Propaganda-Moderatorin

Die junge US-Journalistin japanischer Abstammung Iva Toguri arbeitete während des Zweiten Weltkriegs für die Auslandspropaganda des Tenno. Ihre seit 1943 im Stil amerikanischer Radioprogramme gestaltete Mischung aus populärer U-Musik und Agitprop, die die Moral der im Pazifik eingesetzten US-Soldaten unterminieren sollte, war bei der anvisierten Hörergruppe äußerst populär. Wegen ihrer blumigen Sprache und der anmutig-erotischen Stimme gaben ihr die GIs den Spitznamen »Tokio Rose«. Ihre mit makabren Späßen gespickten, recht plumpen Versuche, die amerikanische Wehrkraft zu zersetzen, glückten nicht, sondern haben möglicherweise sogar unabsichtlich zur Stärkung der antijapanischen Kampfmoral beigetragen. Vielleicht deshalb verurteilte ein amerikanisches Gericht die glücklose »Rose von Tokio« 1949 nur zu der nach damaligen Verhältnissen relativ milden Strafe von zehn Jahren Haft.

Ulrich Bauer, Propaganda im 2. Weltkrieg, Berlin 1991

Rose von Tralee

Irische Idealfrau

She was lovely and fair as the rose of the summer/
... That made me love Mary, the Rose of Tralee.
»Rose of Tralee«-Lied

Findige Ankurbler des Fremdenverkehrs haben 1959 einen alljährlichen Wettbewerb aus der Taufe gehoben, der die kleine südirische Stadt Tralee seitdem jeden August in Aufregung versetzt. Eine Woche lang feiern Einheimische und viele Gäste das Fest der »Rose of Tralee«.

Der Ursprung dieses Vergnügens ist traurig. Vor 150 Jahren verliebte sich ein junger Mann aus wohlhabender Familie namens William Mulchineck in das Dienstmädchen Mary O'Connor aus Tralee. Mulchineck schaffte es nicht, sich über den Standesdünkel seiner Familie hinwegzusetzen, und heiratete statt Mary eine andere Frau. Doch konnte er Mary nicht vergessen und schrieb ein zu Herzen gehendes seufzervolles Lied über seine unerfüllte große Liebe. Danach soll Mary nicht nur schön wie eine **Rose** gewesen sein, sondern auch rein, offen und ehrlich. Als Referenz an das so gelobte Mädchen wollen die Macher der »Rose of Tralee«-Veranstaltung ihren Wettbewerb verstanden wissen: Unter zahllosen jungen ledigen Frauen wird für ein Jahr diejenige ausgewählt, die dem Idealtypus der Rose von Tralee am nächsten kommt. Dabei ist gutes Aussehen nicht unwichtig, doch vor allem müssen die Kandidatinnen über angeblich typisch irische Qualitäten wie Redegewandtheit und tänzerisches Talent verfügen. Außerdem sollte die »Rose of Tralee« hervorragend singen können und zumindest entfernt von irischer Abstammung sein. Mittlerweile ist das Spektakel in der weltumspannenden, 70 Millionen Kopf starken irischen Gemeinde sehr beliebt. Ab Frühjahr werden diverse Vorentscheidungen in Irland, den USA, in Australien und überall wo Guinness-Trinker sonst noch leben, zum Anlaß genommen, um gesamtirische Identität zu zelebrieren. Die Frau, die es schließlich

schafft, den begehrten Titel einer Rose von Tralee zu gewinnen, wird mit Heiratsangeboten von Junggesellen ihrer Ethnie überschüttet.
In jüngster Zeit hat sich in Ballybunnion bei Tralee eine ähnliche Veranstaltung etabliert, allerdings mit männlichen Teilnehmern. Jeden Juli wird auf dem »Bachelor Festival« Irlands begehrenswertester Junggeselle ausgeguckt.

Petra Dubilski, Irland, Köln 1997

Rosen für den Staatsanwalt

Staudte-Film

Holland, Frühjahr 1945. Der deutsche Gefreite Rudi Kleinschmidt wird vor ein Feldgericht gestellt,weil er zwei Dosen Wehrmachtsschokolade »Scho-Ka-Kola« bei Schwarzhändlern gekauft hat. Kriegsgerichtsrat Schramm vertritt die Anklage und erwirkt eine Verurteilung zum Tode. Kleinschmidt kann jedoch bei einem Fliegerangriff fliehen. 14 Jahre später ist Schramm Oberstaatsanwalt in einer mittelgroßen Stadt und Kleinschmidt Straßenhändler mit einem Bauchladen für Krimskrams.
So beginnt der 1959 von Wolfgang Staudte gedrehte Spielfilm »Rosen für den Staatsanwalt«. Dem Stoff lag ein authentischer Fall zugrunde: Ein Wehrmachtsrichter, der kurz vor Kriegsende einen Soldaten wegen eines Bagatelldelikts zum Tode verurteilt hatte, war in Nachkriegsdeutschland zum Gerichtspräsidenten aufgestiegen.
Im Film ist der von Martin Held dargestellte Oberstaatsanwalt auf den ersten Blick ein sympathischer, konservativ-verschrobener und etwas unbeholfener Familientyrann. Doch unter seiner demokratischen Fassade steckt ein unverbesserlicher Nazi. Schramm mißbraucht seine Stellung und verhilft dem Studienrat Zirngiebel, der wegen antisemitischer Beleidigungen verhaftet werden soll, zur Flucht. Als Zeichen, daß die Flucht ihres Mannes geglückt ist, schickt Frau Zirngie-

bel einen Strauß Rosen an den Staatsanwalt. Aalglatt windet sich Schramm aus der aufsehenerregenden Affäre und wälzt die Schuld an Zirngiebels Verschwinden auf einen Untergebenen ab. Die Fassung verliert er erst, als er zufällig Kleinschmidt (Walter Giller) begegnet und der ehemaliger Todeskandidat und sein ehemaliger Ankläger einander erkennen. In einer Kurzschlußhandlung stiehlt Kleinschmidt kurz darauf zwei Dosen »Scho-Ka-Kola« (!) aus einem Geschäft. Vor Gericht vertritt wieder Schramm die Anklage. Und in einem Moment Freudscher Verwirrung verlangt er (wieder) die Todesstrafe für Kleinschmidt. Die alte Geschichte kommt ans Tageslicht.

Der Film, der streckenweise ein satirisches Bild der Wirtschaftswundergesellschaft der frühen BRD zeichnet, wurde nach seiner Uraufführung massiv kritisiert. Staudte wurde als »Nestbeschmutzer« beschimpft. Die Schwäche des Films ist aber eher die Verharmlosung. Er stellt den »Fall Schramm« nämlich als Ausnahme dar, während Landgerichtspräsident und Generalstaatsanwalt wahre Ausbünde von Political correctness sind, die Schramm schon lange auf dem Kieker haben, ohne ihm allerdings etwas nachweisen zu können. Diese Konzentration juristischer Rechtschaffenheit wurde angeblich nachträglich ins Drehbuch geschrieben, nachdem das Bonner Innenministerium eindringlich darum gebeten hatte, die möglicherweise das deutsche Ansehen im Ausland schädigende Tendenz des Films zu überdenken.

Der Spiegel, Nr. 36/1959; Enno Patalas, Mit und ohne Dornen, in: Filmkritik, November 1959; Jörg Friedrich, Die kalte Amnestie, Frankfurt/M. 1984; Manfred Messerschmidt/Fritz Wöllner, Die Wehrmachtsjustiz im Dienste des Nationalsozialismus, Baden-Baden 1987; Malte Ludin, Wolfgang Staudte, Reinbek 1996

Rosen und Rosenstöcke

Hautwarzen und Geweihteile

Wenig glaubhaft, wenn auch gut erzählt, ist die Geschichte des jagdbesessenen Barons von Münchhausen vom Kirsch-Hirschen. Danach hat der Baron einem Hirschen durch Kopfschuß Kirschkerne zwischen die Geweihstangen eingepflanzt. Dem kapitalen Tier soll binnen Jahresfrist ein früchtetragendes Obstbäumchen auf dem Schädel gewachsen sein.

Als ähnliche Münchhausiade werden die meisten Nicht-Waidmänner sicher auch die Behauptung abtun, daß Hirsche mit Rosenstöcken auf dem Kopf durch den deutschen Wald ziehen. Da irrt der Laie. In der Jägersprache werden nämlich die zwei Knochenzapfen des Stirnbeins, auf denen beim heimischen Hirschen und beim Rehbock die beiden Stangen des Geweihs bzw. des Gehörns sitzen, Rosenstöcke genannt. Diese blumige Bezeichnung bezieht sich auf das auf dem Knochenzapfen anschließende untere Stangenende, das von einer rosettenartigen Verbreiterung umgeben ist: der sogenannten Rose. Diese Rosen des Dam-, Rot-, Sika- und Rehwildes sollten nicht verwechselt werden mit den gleichnamigen warzenähnlichen Hautverdickungen über den Augen von Auerhahn und Rebhuhn.

Hermann Schulze, Der waidgerechte Jäger, Hamburg 1982

Rosenroman-Rose

Liebessymbol

> ...pflückte ich unter großem Entzücken die Blume vom Rosenbusch; und so erlangte ich meine rote Rose.
>
> »Roman de la rose«

Der im 13. Jahrhundert von Guillaume de Lorris und Jean de Meun geschriebene altfranzösische »Roman de la rose« gehörte zu den Bestsellern des Mittelalters und hat die Literatur weit über die frühe

Neuzeit hinaus beeinflußt. In den 4000 Versen des ersten Teils wird mit dem Mittel der Allegorie die Geschichte eines Traums erzählt, in dem der Erzähler in einem Garten zahlreichen allegorischen Gestalten begegnet. Zentrale Figur in diesem Garten ist eine schöne Rose als Symbol für den Gegenstand der Liebe. Sie wird unter anderem von »Verzicht«, »Scham« und »Verleumdung« bewacht, die der »Keuschheit« helfen, daß der in Leidenschaft entflammte Träumer die Blume nicht knickt. Auch »Vernunft« und »Eifersucht« mischen sich ein. Dieser erste, von Guillaume de Lorris in der Tradition höfischer Minne um 1230 zart gereimte Teil wurde in wesentlich profanerem, fast zynischem Ton von Jean de Meun 40 Jahre später fortgesetzt. Der sexuelle Aspekt steht jetzt in derber Symbolik im Vordergrund. Der Liebhaber erfüllt schließlich das Gebot der »Natur« und pflückt die zum Lustobjekt degradierte Rose.

Gerd Heinz-Mohr/Volker Sommer, Die Rose, München 1988

Rote Nelke

Sozialistische Blume Österreichs

Es naht der Tag der Tage, der Freiheit Banner fliegt –
weitauf, weitauf die Herzen, die rote Nelke siegt!
Josef Friedmann, 1909

Die österreichische Arbeiterbewegung griff in ihrer Frühzeit bewußt Symbole der Französischen Revolution auf. Neben der Freiheitsgöttin »Liberté« oder dem Motiv der ineinandergefügten Hände waren bei den Alpensozialisten Lichtzeichen wie Fackel oder Sonne besonders beliebt. Das Licht deuteten die Österreicher ähnlich wie ihre französischen Vorläufer als Symbol für die Ablösung der feudal-kapitalistischen Finsternis durch eine neue, lichte und gerechte Ordnung. Als florale Umsetzung des Lichtzeichens wählte die österreichische Sozialdemokratie Ende des 19. Jahrhunderts eine rote

Nelke, deren stilisierte Blüte wie eine aufgehende Sonne erscheint. Dabei störte es anscheinend nicht, daß um 1790 rote Nelken bei französischen Royalisten als Zeichen ihrer antirevolutionären Gesinnung in Mode waren. Die rote Nelke wurde und wird in Österreich massenhaft als Festblume bei Maiaufmärschen und Parteidemonstrationen eingesetzt. Seit der 1. Republik ist die Nelke zudem offizielles Parteiabzeichen der österreichischen Sozialdemokraten und noch heute Signet der SPÖ. Auch andere europäische Linksparteien übernahmen die revolutionäre Nelke, so hat zum Beispiel die Partito Sozialista Italiano (PSI) ein Buch mit einer roten Nelke im Parteiemblem, DDR-Demonstranten marschierten 40 Jahre lang mit der Nelke als sozialistischem Winkeelement in der Hand für Fortschritt und Frieden, und in Portugal wurde sogar eine Revolution nach der Proletarier-Blume benannt: die fast unblutige Ablösung des ultraautoritären Regimes Caetano 1974 durch linke Militärs ging als »Nelkenrevolution« in die Geschichte ein. Neben der Nelke etablierten sich weitere Blumen in der österreichischen Arbeiterkultur. Die 1887 gegründete sozialdemokratische Freidenkerbewegung wählte sich die shakespearesche Denkerblume, das **Stiefmütterchen**, und der sozialistische Touristenverein »Die Naturfreunde« wandert seit 1895 im Zeichen einer vom späteren Staatskanzler und Bundespräsidenten Karl Renner entworfenen rosa **Alpenrose**.

Stefan Zweig, Die Welt von Gestern, Stockholm 1947; Peter Diem, Die Symbole Österreichs, Wien 1995

Die Roten Rosen

Covernde Punk-Band

»Wir nehmen uns einfach so ein paar alte Singles mit guten Melodien und jagen die gnadenlos durch!«

Campino

1987 nannten sich die deutschen Musiker »Die Toten Hosen« kurzfristig in »Die Roten Rosen« um und gaben sich als Überraschungsprojekt ihrer eigenen Roadcrew aus. Sie spielten eine Platte mit Punkversionen von 60er-Jahre-Schlagern wie »Im Wagen vor mir« und »Alle Mädchen wollen küssen« voll, coverten auch noch das Cover der »Never Mind the Bollocks«-LP von den Sex Pistols und nannten das Ganze »Never mind The Hosen«. Es wurde die erste Hosen-LP, von der mehr als 100 000 Stück verkauft wurden. Letztes Musik-Werk der Roten Rosen ist »Wir warten auf's Christkind« (1998). Dort spielen sie ebenfalls »zum großen Teil anderer Leute Sachen nach« (Rosen-Frontmann Judas Innocenti), zum Beispiel den alten Weihnachtshit »Still, still, still«.

Bertram Job (Ordner), Bis zum bitteren Ende ... Die Toten Hosen erzählen IHRE Geschichte, München 1997; Media Markt Vision, Dezember 98

Roter Zweig

Irischer Sagenzyklus

Der irische Sagenkreis vom Roten Zweig, auch »Ulsterzyklus« genannt, gilt als die älteste nichtklassische Literatur Europas. In etwa 80 verschiedenen Einzelsagen wird ein heroisches Zeitalter geschildert, in dessen Mittelpunkt die vorchristliche aristokratische Kriegergesellschaft Irlands steht. Meistens geht es bei den Erzählungen, die nach jahrhundertealten mündlichen Überlieferungen schließlich im 7. Jahrhundert schriftlich festgehalten wurden, um Auseinandersetzungen vor dem Hintergrund des ewigen Kampfes zwischen den Königtümern Ulster und Connaught.

Rudolf Thurneysen, Die irische Helden- und Königssage bis zum siebten Jahrhundert, Halle 1921

Royal Oak

Königliches Versteck

Nach der Schlacht von Worcester, in der der englische König Charles II. am 3. September 1651 eine vernichtende Niederlage gegen die puritanischen Roundheads Oliver Cromwells erlitt, suchte der Stuart-Monarch sein Heil in der Flucht. Royalistische Parteigänger verbargen ihn zunächst im Jagdschloß Boscobel House (vom ital. »bosco belleo«: schöner Wald) in der Grafschaft Staffordshire. Als feindliche Suchpatrouillen am 6. September dem komfortablen Versteck zu nahe kamen, kletterten der König und sein Begleiter Major Careless auf eine große Eiche in der Nähe des Schlosses. Die suchenden Roundheads sollen der Sage nach nichts Verdächtiges bemerkt haben, weil die Vögel Charles nicht durch flatterndes Auffliegen verrieten, sondern ruhig auf den Ästen der Eiche sitzen blieben, als der hochadlige Flüchtling zu ihnen in die Wipfel stieg. Als Erinnerung an die asylgewährende Eiche, die bald den Ehrennamen Royal Oak bekam, werden alljährlich am 29. Mai – dem Tag, an dem Charles II. 1660 wieder auf seinen Thron zurückkehrte – zahlreiche Eichenbräuche im Land begangen. Die Royal Oak ist längst den Weg allen Holzes gegangen, doch wurde aus ihren Eicheln angeblich die Eiche gezogen, die heute neben Boscobel House steht.

Die königliche Eiche wurde auch dadurch geehrt, daß eine Reihe von Dickschiffen der britischen Marine nach ihr benannt wurden. Darunter das unglückliche Schlachtschiff HMS Royal Oak, das 1939 bei einer berühmt gewordenen deutschen U-Boot-Attacke auf den bis dahin als unangreifbar geltenden Flottenstützpunkt Scapa Flow versenkt wurde.

William H. Ainsworth, Boscobel or The Royal Oak, London 1890; H. J. Weaver, Nightmare at Scapa Flow, Peppard Common 1980; Quentin Cooper/Paul Sulivan, Maypoles, Martyrs & Mayhem, London 1994

S

Salbei

Hilfsbereites Kraut

Warum soll der Mensch sterben, dem Salbei im Garten wächst? Merkspruch, um 1300

Als die Soldaten des Herodes das Jesuskind suchten, um es zu töten, floh Mutter Maria der Legende nach mit dem kleinen Heiland in ein Blumenfeld. Verzweifelt bat sie alle Blumen, sie und ihr Baby zu verstecken. Doch keine Pflanze half. Nur der freundliche Salbei hatte Mitleid und versteckte Mutter und Kind unter seinen rötlichen Blättern. Die Fluchthilfe gelang, und Maria prophezeite dem hilfsbereiten Kraut aus der Familie der Lippenblütler, daß es bis in alle Ewigkeit eine Lieblingsblume der Menschheit sein werde. Aus Dankbarkeit gab sie dem Salbei die Fähigkeit zu heilen. Tatsächlich ist der **Gartensalbei** (Salvia officinalis – nicht zu verwechseln mit dem kaum heilkräftigen **Wiesensalbei**, Salvia pratensis) seit der Antike als vielseitige Heilpflanze bekannt. Die keltischen Druiden glaubten sogar, daß Salbei Tote zum Leben erwecken könnte. Damit übertrieben sie ein wenig. Das in den Blättern enthaltene ätherische Salbeiöl wirkt aber immerhin allgemein stärkend und beruhigend. Es fördert die Wundheilung und hemmt die Schweißbildung, insbesondere in den Wechseljahren. Außerdem ist es ein leckeres Grüngewürz zur Verfeinerung aller möglichen Gerichte. Salbei ist eigentlich an den sonnigen Trockenhügeln der Mittelmeergegend zu Hause, läßt sich aber mit etwas Geschick auch in geschützten Gärten Mitteleuropas heranziehen.

Günther Liebster, Heilkraft aus dem Garten, München 1985; Hans Schöpf, Zauberkräuter, Graz 1986; Waverly Root, Wachtel, Schokolade. Die Enzyklopädie der kulinarischen Köstlichkeiten, Frankfurt/M. 1994

Saure Gurke

Negativpreis für besonders frauenfeindliche Fernsehsendungen

Ihr Männer, liebet eure Weiber!
Epheserbrief 5,25

Seit 1980 vergeben die Teilnehmerinnen des »Herbsttreffens der Medienfrauen« alljährlich den aus einer »vieldeutigen Plastik« bestehenden Wanderpreis »Saure Gurke«. Ausgezeichnet werden herausragend frauenfeindliche deutsche TV-Beiträge, 1991 zum Beispiel »Tutti Frutti«. »Saure Gurken«-(Preis-)Träger waren unter anderen Mike Krüger (1986), Jochen Busse (1987), Werner Höfer (Trostpreis 1982) und Hans-Joachim Kulenkampff (Trostpreis 1980). Abgelehnt wurde der Preis bisher noch nicht.
Die »Sauregurkenzeit« hat nichts mit patriarchalischem Gehabe, sondern mit den einstigen Eßgewohnheiten der Berliner zu tun. Eingelegte **Gurken** (Cucumis sativus) gehörten nämlich zu den sommerlichen Lieblingsessen der Berliner, und die dortigen Kaufleute benutzten bereits im 18. Jahrhundert den scherzhaften Ausdruck für die weniger rege Geschäftszeit des Sommers. Etwa seit 1850 wurde der Begriff von der Tagespresse aufgenommen, die seitdem die journalistisch unergiebige Zeit der Hundstage(Juli/August) damit bezeichnet, in der meist nur geringe politische Tätigkeiten stattfinden. Auch im Englischen gibt es eine »cucumbertime« oder »season of the very smallest potatoes«.

Übrigens: Empfehlenswerte Sorten für den Anbau von Einlegegurken sind »Hokus« und der bekannte »Venlo Pickling«.

Heinz-Dietrich Fischer/Matthias Fley, Fernsehauszeichnungen in Deutschland, Frankfurt/M. 1998; Andreas J. Wiesond (Hrsg.), Handbuch der Kulturpreise 1986-94, Bonn 1994; Friedrich Kluge, Etymologisches Wörterbuch der deutschen Sprache, Berlin 1957

Schafgarbe (Josefskraut)

Robustes Heilkraut

Schafgarbe im Leib,/ tut wohl jedem Weib.
Altes Sprichwort

Gleichermaßen bei Frauen und Schafen beliebt ist die weißblühende Gemeine Schafgarbe (Achillea millefolium), die äußerst bescheidene Ansprüche an ihre Umwelt stellt und beinahe auf jedem Untergrund gedeiht. Schafe mögen die saftige Korbblütlerpflanze als Futter; kundige Frauen wissen, daß die angenehm duftende Schafgarbe ein altbewährtes Heilmittel bei weiblichen Unterleibsbeschwerden ist. Zudem soll sie das plötzliche Versiegen der Muttermilch verhindern. Daher rührt auch die Nebenbezeichnung »**Milchschelm**« für die nützliche Pflanze. Aber auch bei Männern und Kindern wirkt der heilende Inhaltsstoff, der sich im wesentlichen aus einem dem Kamillenblauöl ähnelnden ätherischen Öl in Verbindung mit den Bitterstoffen Achillein und Moschatin zusammensetzt. Insbesondere bei Verschleimungen der Atemwege wird das Inhalieren von Schafgarbendampf empfohlen. Umschläge mit dem Saft frisch zerquetschter Blüten, Blätter und Stengel fördern die Wundheilung. Angeblich soll bereits der Pro-forma-Vater von Jesus, der heilige Josef, die wundheilende Schafgarbe schätzengelernt haben. Als er sich bei einer Zimmermannsarbeit verletzt hatte, brachte ihm sein Ziehsohn eine Schafgarbe, die auf der Stelle die Blutung stoppte und die Wunde schloß. Auf diese Legende bezieht sich der französische Name der Achillea millefolium, »Herbe de Saint Joseph« (»Josefskraut«).

Günther Liebster, Heilkraft aus dem Garten, München 1985; Hans Schöpf, Zauberkräuter, Graz 1986; Wolfgang Dreyer, Die Wiese, Stuttgart 1994

Schöne Eiche von Harreshausen

Muttereiche

Die etwa 550 Jahre alte Pyramideneiche (Quercus pedunculata fastigiata) auf freiem Feld bei Harreshausen (etwa 30 Kilometer südöstlich von Frankfurt/Main) wirkt auf den unbefangenen Betrachter wenig spektakulär. Knapp 20 Meter hoch, mit einer alterszerzausten Krone, ist ihr nicht anzusehen, daß sie zu den aus Botanikersicht wertvollsten Naturdenkmälern Deutschlands gehört. Es gilt als sicher, daß alle Pyramideneichen Mitteleuropas von diesem Baum stammen. Wahrscheinlich bekam der Baum aufgrund einer Mutation seine charkteristische schlanke Krone, der er den Nebennamen »Italienische Pappel« verdankt. Bekannter war die seltene Holzpflanze unter dem Namen »Schöne Eiche«. Schön ist sie bis 1871 gewesen. Damals wurde einer ihrer beiden Hauptäste durch Blitzschlag verstümmelt.

Aloys Bernatzky, Leben mit Bäumen, Wiesbaden 1988

Schottlands Distel

Nordbritisches Nationalemblem

Der Sage nach haben Dänen in einer Nacht um das Jahr 1010 herum versucht, die wichtige schottische Festung Stain's Castle im Handstreich zu nehmen. Um beim Anschleichen keinen Lärm zu machen, hatten sich die Invasoren ihre Stiefel ausgezogen. Die arglose Festungsmannschaft wäre wohl im Schlaf überrascht worden, wenn nicht einer der barfüßigen Dänen auf eine Distel getreten und vor Schmerz geschrien hätte. Die Schotten wachten auf, schlugen die Dänen zurück und erhoben aus Dankbarkeit die stachelige Korbblütlerpflanze zu ihrem clanübergreifenden Gemeinschaftssymbol. Der um 1440 von James II. von Schottland gegründete »The Order of the Thistle«, der heute zweithöchste Orden des Vereinigten Königreichs, weist ebenso auf die schottische Distel hin wie unzählige stachelige Pub- und Whiskynamen im Sean-Connery-Land.

Georg Preble, The Symbols, Flags, and Banners of ancient and modern Nations, Winchester, Mass.1978

Die schwarze Tulpe

Buch von Dumas

Nach dem Zusammenbruch der hochspekulativen holländischen Tulpenwirtschaft im Jahr 1637 (→ **Semper Augustus**) verschwand die Blume Tulipan trotzdem nicht aus den niederländischen Gärten. Wenn auch nicht mehr so wahnwitzig überteuert wie während des ersten Tulpenbooms, wurden die hübschen Blumen in der Folgezeit bald wieder zu einem lukrativen Handelsgut. In dem ziemlich reißerischen französischen Abenteuerroman »La Tulipe Noire«, der 1850 mit großem Erfolg veröffentlicht wurde, erzählt Autor Alexandre Dumas der Ältere vor dem Hintergrund dieser Zeit die Geschichte des braven niederländischen Tulpenzüchters Cornelius de Baerle. De Baerle will eigentlich nur den 1672 von der Haarlemer Gartenbaugesellschaft ausgelobten Preis von 100 000 Gulden für die erste pechschwarze Tulpenzüchtung gewinnen, wird aber dabei beinahe zum Opfer machtpolitischer Intrigen. Nach vielen Abenteuern, bei denen Liebe, Neid und Wilhelm von Oranien wichtige Rollen spielen, behält de Baerle am Ende seinen Kopf und erhält für die welterste Tulipa nigra den begehrten Preis. Tatsächlich gelang es aber erst in den 1920er Jahren aus den aus Frankreich stammenden **Darwin-Tulpen** eine schwarze Tulpe in Holland zu ziehen, die Züchter Krelage in Anlehnung an den Dumas-Roman »La Tulipe Noire« nannte.

Nur sehr entfernt mit der Dumas-Tulpe hat der französische Film »La Tulipe Noire« (»Die schwarze Tulpe«) aus dem Jahr 1963 zu tun. Regisseur Christian-Jacque läßt Hauptdarsteller Alain Delon in einem Mantel-und-Degen-Film übers Zelluloid wirbeln, der durch Plot und Person des Regisseurs mit dem ein Jahrzehnt vorher gedrehten »**Fanfan la Tulipe**« (»Fanfan der Husar«, Frankreich 1952) verbunden ist. Der frisch-fröhliche Haudegen Fanfan mit dem Beinamen Tulipe, der in dem 50er-Jahre-Film von Gérard Philippe dargestellt wird, glaubt, durch das Geschenk einer Tulpe aus königlicher Hand zum Gemahl einer Prinzessin ausgewählt zu sein. Sachzwänge belehren ihn eines Besseren, aber es gibt trotzdem ein Happy-End.

Arend van der Horst/Jan Bader, Die Tulpe, Erlangen 1996; Georg Seeslen, Abenteuer. Geschichte des populären Films, Marburg 1996; Stanley Killingback, Tulpen, Köln 1997

Eine **Semper Augustus** für acht Pfund Gold

Spekulationsobjekt

> … ein Kerl, der spekuliert,/ Ist wie ein Tier auf dürrer Heide, / Von einem bösen Geist im Kreis herumgeführt, / Und rings umher liegt schöne, grüne Weide.
>
> Johann Wolfgang von Goethe, »Faust I«

Gegen Ende des 16. Jahrhunderts wurde die Tulpe, benannt nach dem türkischen Wort für Turban, aus Kleinasien nach Holland eingeführt. Züchter entwickelten aus den häufig auftretenden Mutationen dekorative neue Tulpensorten, und diese hübschen und seltenen Blumen erzielten ansehnliche Preise. Adlige, Kaufleute und Blumenhändler kauften sie als Augenweide für ihre Ziergärten oder auch einfach nur aus Prestigegründen. In den 20er Jahren des 17. Jahrhunderts mutierte die Gartenzierde zur Geschäftsidee. Wer auf Gewinn hoffte und einen Garten besaß, verwandelte ihn in ein Tulpenbeet. 1634 brach dann eine wahre Tulpenmanie los, die als »tulpenwoede« in die holländische Geschichte eingegangen ist. Jetzt wurde mit Tulpen spekuliert. Schneller und leichter als mit der Blumenzucht ließ sich im sogenannten Windhandel ein Vermögen machen. Hier bekamen die Tulpenmakler ihre für astronomische Summen erworbenen Blumenzwiebeln normalerweise gar nicht erst zu Gesicht und kauften sie nur, um sie für einen noch besseren Preis weiterzuverkaufen. Am begehrtesten waren die seltenen, gestreiften Sorten Semper Augustus und Viceroy. Eine einzige Zwiebel dieser botanischen Kostbarkeiten konnte bis zu 5500 Gulden (entsprach dem Wert von acht Pfund Gold) kosten. Als einmal bloß zwei Semper-Augustus-Zwiebeln in ganz Holland zum Verkauf standen, wurde die eine gegen 12 Morgen Bauland getauscht und die andere ging für 4600 Gulden, eine neue Kutsche und zwei Pferde weg. Kleine Kaufleute und Handwerker verkauften ihre Existenzgrundlagen, um in den Tulpenhandel einzusteigen und am großen Reibach teilzuhaben. Geistliche predigten wider diesen Sittenverfall. In Bildern und öffentlichen Pamphleten wurden die Tulpenverrückten, die den Wert dieser Blumen künstlich hochtrieben, verspottet. Was sie allerdings nicht bremste. Als die Preise nahezu unerschwinglich wurden, verkaufte man sogar Tulpenzwiebelanteile. Berechnungsgrundlage war die winzige Einheit »aas«. 9000 »aasen« entsprachen einem Pfund. Drei Jahre lang hielt die »tulpenwoede« an. 1637 zogen sich die ersten Investoren vom Spekulationsgeschäft zurück. Panikverkäufe folgten, und bald brach der Markt zusammen. Für viele Windhändler bedeutete das den Bankrott.

Wahn und Irrglauben, Time-Life Bücher, Amsterdam 1992

7000 Eichen

Beuys-Bäume in Kassel

Alle fünf Jahre ist das oft als Beamten-Strafkolonie verspottete Kassel der Nabel der Kunstwelt: Drei Monate lang feiern und schmähen sich Maler und Bildhauer, Performanceartisten und Installierungsmeister, Feuilletonisten und Sehleute auf der »Documenta«. Viele Künstler haben ihre Spuren in Kassel hinterlassen. Oldenburgs »Spitzhacke« und Borofskys »Himmelstürmer« haben die Kasseler als imagepflegende Sehenswürdigkeiten schnell akzeptiert. Auch das auf Dauer ausgelegte Documenta-Projekt, mit dem Joseph Beuys Kunstbetrieb und nordhessische Bevölkerung 1982 konfrontierte, ist mittlerweile teils gehaßt-geliebte, teils unbeachtete Selbstverständlichkeit im städtischen Bild geworden. Es begann mit einem mittleren Schock für die Kasseler. Beuys ließ 7000 kindsgroße Basaltblöcke vor dem Fridericianum aufschütten. Der Platz vor Kassels altehrwürdig-gepflegtem Vorzeigemuseum sah zum Entsetzen der Einheimischen aus wie eine schmuddelige Autobahnbaustelle. Der Mann mit dem weichen Hut konnte beruhigen: Der Steinhaufen sollte im Zusammenhang mit dem Projekt »7000 Eichen« peu à peu abgetragen werden. Beuys wollte 7000 Bäume in der ganzen Stadt pflanzen, und jedem Pflänzling sollte einer der Steinblöcke zugesellt werden. 7000 Bäume waren im Zweiten Weltkrieg und beim Wiederaufbau vernichtet worden, und mit seiner grünen »Sozialen Plastik« wollte Beuys mit einem Schlag diesen Verlust ausgleichen. »7000 Eichen« sollte laut Beuys, für den Bäume den Ausdruck einer höheren Vernunft darstellten, der Beginn einer weltumspannenden »Kulturhülle« werden. Pro Baum kostete die Aktion um 500 Mark. Sponsoren und Baumpaten brachten die Kosten von schließlich 4,3 Millionen Mark auf. Der erste Baum wurde am Eröffnungstag der 7. Documenta 1982 von Beuys vor dem Fridericianum gepflanzt, der letzte ein Jahr nach seinem Tod am Eröffnungstag der Documenta 1987 vom Künstlersohn Wenzel Beuys ebendort. Die übrigen 6998 Eichen, Linden, Kastanien, Eschen, Platanen und Robinien inklusive eines Tulpenbaums und eines Ginkgos wurden in den dazwischenliegenden fünf Jahren über das ganze Stadtgebiet verteilt. Genehmigt, und manchmal in Nacht-und-Nebel-Aktionen auch ohne stadtamtliche Erlaubnis, wurden Bäume auf wilden Parkplätzen, vor Schulen, in Siedlungen und in Gefängnishöfen gepflanzt. 1987 ging die Beuys-Pflanzung per Schenkung in den Besitz der Stadt über. Seit 1994 kümmert sich der Verein »7000 Eichen e.V.« um das vielstämmige Kunstwerk, das nach Meinung der Vereinsführung von der Stadtverwaltung vernachlässigt wird. Die sieht das anders. Tatsache ist aber, daß bei einer kürzlichen Bestandsaufnahme 269 Bäume und 324 Basaltblöcke als verschwunden abgehakt werden mußten. Für die einen ein alarmierendes Zeichen für die Zerstörung eines Kunstwerks, für die anderen lediglich natürlicher Schwund.

Peter Sager/Enver Hirsch, 7000 Eichen; in: Zeit-Magazin, Nr. 28/1997

Das siebte Kreuz

Kreuzigungsbaum

»Das siebte Kreuz«, dieses große literarische Kunstwerk, ist heute ein Roman gegen die Diktatur schlechthin.
Marcel Reich-Ranicki, 1962

Die sieben Kreuze stehen heute an der Mauer in Berlin.
Wolfdietrich Schnurre, 1962

Oktober 1937, KZ Westhofen. Sieben Gefangene können im Nebel fliehen. Der KZ-Kommandant läßt an sieben gekuppten Platanen, die in einer Reihe an der Lagerstraße stehen, Querbalken in Schulterhöhe anschlagen. Er kündigt an, daß die Entflohenen binnen einer Woche an diesen Kreuzbäumen angehängt sein werden. Tatsächlich hängen am fünften Tag sechs tote oder sterbende Häftlinge an den Kreuzen. Das siebte Kreuz bleibt aber leer. Dem Häftling Georg Heisler gelingt nach einer Odyssee durch das Gebiet zwischen Mainz und Frankfurt mit Hilfe vieler Antifaschisten die Flucht nach Holland. Er beschließt, sein gerettetes Leben für die gute Sache einzusetzen, und geht nach Spanien, um dort im Bürgerkrieg für die bedrohte Republik zu kämpfen. Anna Seghers hat diese Handlung in ihrem 1942 veröffentlichten Roman »Das siebte Kreuz« nicht als vordergründig realistische Darstellung einer Flucht geschrieben, sondern als literarische Verdichtung der durch Terror, Opportunismus und Denuziantentum, aber auch durch Widerstand und Anstand geprägten komplexen gesellschaftlichen Wirklichkeit im Deutschland der späten 30er Jahre. Dabei greift die Schriftstellerin auf zahlreiche reale Vorgaben zurück. Nahe dem Dorf Westhofen in ihrer rheinhessischen Heimat hat zwischen 1933 und 1934 das KZ Osthofen existiert, aus dem 1933 einem Gefangenen die Flucht gelang. Auch hat Anna Seghers bei der Recherche für ihren zwischen 1937 und 1939 im Exil geschriebenen Roman von einem Ex-KZ-Häftling gehört, daß dessen blasphemischer Lagerkommandant die Kreuzigungsstrafe angewandt hatte. In »Das siebte Kreuz« tauchen zahlreiche Elemente aus dem re-

ligiös-mythischen Bereich auf, wie die Zahl Sieben und das Kreuz. Für die Kommunistin Seghers ist aber nicht das Kreuz mit dem Schmerzensmann, das für Erlösung durch Leiden steht, das Sinnbild der Hoffnung, sondern das Befreiung durch Widerstand symbolisierende leerbleibende Baumkreuz.
»Das siebte Kreuz« ist der erfolgreichste Roman von Anna Seghers. Er wurde von Fred Zinnemann mit Spencer Tracy in der Hauptrolle verfilmt (»The Seventh Cross«, USA 1944). Es gibt zahlreiche Theater- und Hörspielbearbeitungen und sogar einen US-amerikanischen Comic strip (1942) zum Thema. Im Nachkriegsdeutschland ist »Das siebte Kreuz« sehr unterschiedlich aufgenommen worden. In der DDR hochgelobt, reichten die Meinungen der Kritiker in der BRD von »kommunistischer Heldenkitsch« bis »der Widerstandsroman schlechthin«.

Anna Seghers, Das siebte Kreuz, Darmstadt/Neuwied 1973; Sonja Hilzinger (Hrsg.), »Das siebte Kreuz« von Anna Seghers, Frankfurt/M. 1990; Christiane Zehl Romero, Anna Seghers, Reinbek 1993; Bernhard Spies, Anna Seghers. Das siebte Kreuz, Frankfurt/M. 1993

Siegfrieds Lindenblatt

Tödliches Laub

An einer einzigen Stelle ist Siegfried, der Held aus dem Nibelungenlied, verwundbar: zwischen den Schultern, dort, wo ihm bei seinem Bad im unverwundbar machenden Drachenblut ein Lindenblatt hingefallen ist. Die Linde bleibt der Schicksalsbaum des Nibelungen. Unter einer Linde stößt Hagen ihm später seinen eigenen Speer in den Rücken.

Herbert Grabe/Hubert Weinzierl, Lindenzeit, Amberg 1991

Silberne Zitrone

Negativauszeichnung des ADAC

Liebe Autofahrerin, lieber Autofahrer, der ADAC macht sich große Sorgen um Sie, denn Sie fuhren soeben ohne Sicherheitsgurt ...
Auszug aus dem Anhängertext der »Silbernen Zitrone«, 1977

In den 70er Jahren vergab der Allgemeine Deutsche Automobil-Club die »Silberne Zitrone« für das schlechteste, das heißt, am lausigsten verarbeitete und pannenanfälligste Auto des Jahres. Bepreist wurden nicht Hersteller oder Automarken, sondern einzelne (neu erworbene) Fahrzeuge, deren Macken ADAC-Mitglieder ihrem Club schriftlich mitgeteilt hatten. Hintergrund der Aktion war das Phänomen der sogenannten Montagsautos. Autos, die montags vom Band liefen, zeigten sich im Durchschnitt schlechter verarbeitet als Autos, die an anderen Tagen gefertigt wurden. Der Preis bestand aus einer versilberten und in Plexiglas eingegossenen Zitrone, und obwohl er nur drei Jahre lang vergeben wurde, gibt es bis heute Bewerbungen dafür.
1977 wurde die »Silberne Zitrone« noch einmal belebt. Als in Westdeutschland die allgemeine Gurtpflicht (ohne Bußgeldandrohung) eingeführt wurde, überreichten ADAC-Mitarbeiter Autofahrern, die sich nicht angeschnallt hatte, eine (ganz normale, gelbe) Zitrone mit einem silber-schwarzen Anhänger, der auf der Vorderseite die »Silberne Zitrone« abgebildet hatte und auf der Rückseite auf die Gefahren des gurtlosen Fahrens hinwies.
Bei den **Goldenen Zitronen** handelt es sich nicht um die schlechtesten Autos des Jahrhunderts, sondern um eine Hamburger Musikgruppe.

Pressestelle ADAC München

Silbernes Lorbeerblatt (Silberlorbeer)

Höchste bundesdeutsche Sportauszeichnung

Im Gegensatz zu anderen Staaten ist die BRD auf Bundesebene bisher ausgesprochen zurückhaltend bei der Stiftung von Orden und Ehrenzeichen gewesen. Neben dem in etlichen Stufen verliehenen Verdienstorden (Bundesverdienstkreuz) gehört das Silberne Lorbeerblatt zu dem wenigen vom zuständigen Bundespräsidenten genehmigten Ehrenmetall. 1950 wurde es von Theodor Heuss gestiftet, um den »fördernden Anteil des Bundes am sportlichen und musischen Leben« der Republik feierlich zum Ausdruck bringen zu können. Die Verbindung von Athletik und Muse ist dem humanistisch gebildeten Bundespräsidenten möglicherweise in Anlehnung an das idealisierte Bild vom antiken Sport als »Kampf der Wagen und Gesänge« in den Sinn gekommen. Tatsächlich wurde das Ehrenzeichen aber nur zweimal für musische Leistungen vergeben. Ebenfalls an antikem Vorbild orientierte sich die Entscheidung, dem Ehrenzeichen die Form eines Lorbeerblattes (→ **Lorbeer**) zu geben. Ursprünglich war das eigentliche Ehrenlaub ein zwölf Zentimeter langes und zwei Zentimeter breites, leicht gewelltes Blatt aus Silber; zum Anstecken gab's die verkleinerte Form als Nadel oder Brosche. Seit 1964 ist die Ansteckware das Ehrenzeichen und das Großlaub nur noch Beigabe. Jährlich bekommen etwa 20 Spitzensportler bzw. Mannschaften die vom Bundespräsidenten auf Vorschlag des Deutschen Sportbundes verliehene Auszeichnung. Sie kann pro Person nur einmal verliehen werden. Lorbeerwürdige Sportler, die das Silberblatt schon einmal erhalten haben, bekommen lediglich einen warmen Händedruck und ein Foto des gerade amtierenden Staatsoberhaupts im Silberrahmen (mit Widmung). Und etwas später oft ein Bundesverdienstkreuz. Nicht nur hervorragende sportliche Leistungen, sondern auch eine damit verbundene »vorbildliche menschliche und charakterliche Haltung« sind Voraussetzung für die hohe

Ehrung. Schlechte Chancen also für sportliche Stinkefingerzeiger und Trainerbeschimpfer.

Johannes Ottinger, Orden und Ehrenzeichen in der Bundesrepublik Deutschland, Herford 1977; Heinz Kirchner/Hermann-Wilhelm Thiemann, Deutsche Orden und Ehrenzeichen, Köln/Berlin/Bonn 1985

Die Spray-Banane

Kunst

Das winzige, triviale Objekt Spray-Banane ist sowohl Projektionsfläche als auch Spiegelung einer Gesellschaft, die Kunst als Gebrauchsartikel betrachtet. Der Kunstbetrieb erhält in dieser Gesellschaft sein Zeichen.

Thomas Baumgärtel

Über 3000mal hat Thomas Baumgärtel (geb. 1960) seit 1986 Kunstorte mit dem Schablonengraffito einer Banane markiert. Die meisten sprühte er in Europa, aber man begegnet der Spray-Banane auch in Moskau und New York. Durch diese Vernetzung schuf Baumgärtel die »größte ständige Ausstellung in der Kunstgeschichte außerhalb von Museen und Galerien« (T. B.). Eine Ausstellung, die einen Assoziationsreflex zwischen einem Stück Obst und Kunst auslöst und gleichzeitig die Vorstellungen von normaler Kunst in Frage stellt. Waren Galeristen und Museumsdirektoren anfangs manchmal noch über die Sachbeschädigung empört, so verstehen sie die Banane inzwischen als Auszeichnung und fragen immer häufiger nach, ob auch ihr Haus damit geehrt wird. Erste Fälschungen, die in Köln auftauchten, wurden mit dem Schablonengraffito »ungültig« übersprüht. So wird auch mit echten Spray-Bananen verfahren, wenn eine damit markierte Galerie schließt. Thomas Baumgärtel erweiterte seine Kunst durch Fotomontagen verschiedener Spray-Bananen und dem Be-

sprühen anderer Dinge, wie etwa der Skulptur »Ruhender Verkehr«, die dessen Schöpfer allerdings wieder entfernen ließ.
Außerdem begann Baumgärtel, neue Graffiti wie Fischgräten und **Die deutsche Eiche** herzustellen. Die ebenfalls aufgetauchten **Schablonengurken** sind allerdings nicht von ihm.

Graffiti Lexikon, Internet; Internet:
http://www. Galerienetz.de/banane/konzept.htm

Sprechende Tigerlilie

Märchenwesen aus einem Kinderbuch von Lewis Carroll

»... ich spreche nur, wenn es sich lohnt.«
Die Tigerlilie

Der gehemmte Kinderfreund Lewis Carroll (1832-1898) schrieb 1872 die Erzählung »Through the looking-glass« (dt. »Alice im Spiegelreich« u. a. Titel), eine Fortsetzung von »Alice's adventures in wonderland« (dt. »Alices Abenteuer im Wunderland« u. a. Titel), das zu den berühmtesten Kinderbüchern der Welt gehört. In beiden Geschichten gelangt die Hauptfigur, das Mädchen Alice, von der Wirklichkeit in eine Phantasiewelt, die von grotesken, krankhaft selbstbewußten Märchenwesen bevölkert wird, die lange, manchmal unzusammenhängende und absurde Reden führen. In »Alice im Spiegelreich (oder Spiegelland)« hat das Mädchen es unter anderem mit sprechenden Blumen zu tun. Das große Wort führt dabei eine Tigerlilie (Lilium lancifolium). (Nach anderer Übersetzung handelt es sich um eine **Feuerlilie** [Lilium bulbiferum].) Sie hält Alice ebenfalls für eine Art Blume und bemängelt ihre herunterhängenden Blütenblätter. Die Fähigkeit der Spiegelland-Blumen, zu sprechen, erklärt die Tigerlilie mit der Härte des Bodens. Eigentlich könnten alle Blumen sprechen, bloß seien die Beete in den anderen Gärten zu weich – bettweich –, so daß die Blumen die ganze Zeit schliefen. Es mischen sich noch eine **Rose** (rosa), ein **Rittersporn** (Delphinium), ein unverschämtes → **Veilchen** und ein → **Gänseblümchen** in das Gespräch. Das Gänseblümchen gibt einen schlechten Kalauer über ausschlagende Bäume zum besten.

David Wallechinsky/Irving & Amy Wallace, Rowohlts Bunte Liste, Reinbek 1983; Lewis Carroll, Alice im Wunderland und was Alice hinter dem Spiegel fand, Hamburg 1991; Klaus Doderer (Hrsg.), Lexikon der Kinder- und Jugendliteratur, Weinheim/Basel 1984

Springwurz (Sprengwurz, Spechtwurzel)

Schlosserpflanze

Berufseinbrecher und Schlüsseldienst-Mitarbeiter würden sich glücklich schätzen, wenn sie im Besitz der Springwurz wären. Diese Pflanze, von der man nicht weiß, ob sie als Einzelstück oder zu mehreren existiert, besitzt nämlich die Gabe, alle Schlösser und Türen öffnen zu können. Ferner soll die Springwurz ihren Besitzer vor Messerstichen schützen und kugelfest machen. Die botanischen Daten sind ungeklärt. Einige Autoren bringen die schloßöffnende Pflanze mit der **Echten Weißwurz** (Salomonssiegel) (Polygonatum officinalis) in Verbindung, andere vermuten eine Identitätsübereinstimmung mit dem **Weißem Diptam** (Dictamnus albus). Auf jeden Fall sollen Spechte wissen, wo die Springwurzel zu finden ist. Wenn man einem Specht die Baumhöhle mit einem Keil versperrt, holt sich der pflanzenkundige Waldvogel angeblich die Sprengwurz und öffnet damit seine verrammelte Wohnung. Trickreiche Menschen könnten in dieser Situation dem Specht die Pflanze abjagen und damit ihr Glück machen. Diese wenig überzeugende Geschichte wird schon von Plinius ((23-79 n. Chr.) in seiner »Naturalis historia« erzählt und ist seitdem in immer neuen Variationen fester Bestandteil der europäischen Sagenwelt.

Hans Biedermann, Handlexikon der magischen Künste, München/Zürich 1976; Hans Schöpf, Zauberkräuter, Graz 1986

Stadionbanane

Yellow Movement

Nenn nie Chiquita nur Banane!
Werbeslogan

Knallgelbe Solidarität mit dem farbigen Kicker Imre Varadi bewiesen die Fans des Fußballvereins Manchester City. Als Varadi Ende der 80er Jahre von Anhängern der National Front als »bananenfressender Affe« beschimpft wurde, reagierten die Manchester-City-Fans, indem sie mannshohe, aufblasbare Chiquita-Bananen ins Stadion mitbrachten und hochhielten. Die Idee kam von dem Fußballfreund Frank Newton. Er war der erste, der mit einer Riesen-Chiquita im Stadion von Manchester aufkreuzte. Daraus entwickelte sich das sogenannte »Yellow Movement«. Das Fußballpublikum wurde zuneh-

mend gelber. Die aufblasbare Solidaritätsbezeugung konnte vor den Stadioneingängen erworben werden.
Die Bananeneuphorie schwappte in andere Stadien und Länder über. Auch ohne politische Motivation. Einfach weil man mit einer Riesenbanane im Arm selbst im dichtesten Stadiongewimmel noch auszumachen ist.
Ausgestorben ist hingegen die Bananenflanke, die nach eigenen Angaben der ehemalige HSV-Spieler Charly Dörfel erfunden hat und für die auch der Hamburger Manfred Kaltz berühmt war. Die »langsamen, bananenförmig gekrümmten Flanken« werden heute »schon bei der Ballannahme empfindlich gestört« (Rainer Moritz).

Krummer Protest, in: Tempo, Nr. 3/1989, Rainer Moritz, Immer auf Ballhöhe. Ein ABC der Befreiungsschläge, München 1997

Stammbaum

Bildliche Verwandtschaftsdarstellung

Ich bin, gottlob! altadelig,/ jedoch mein Sohn, das ärgert mich,/ Zählt einen Ahnen mehr als ich.
Johann Christoph Friedrich Haug

Für Hobby-Familienforscher, die den Drang verspüren, sich und anderen zu zeigen, von welchen Ahnen sie abstammen, bietet der Papierwarenhandel hübsche Stammbaumvordrucke an. Da jeder Mensch zwei Eltern hat und vier Großeltern, acht Urgroßeltern usw., ergibt sich bei der graphischen Darstellung des Ahnenverhältnisses ein symmetrischer Aufbau, der an einen sich regelmäßig nach oben verbreiternden Baum erinnert. Einfallsreiche Zeichner pflegen dieses pflanzliche Bild gern naturalistisch auszuschmücken, so daß ein Stammbaum entsteht. Dabei nehmen nur wenige daran Anstoß, daß die jüngste Generation unlogischerweise im Wurzelbereich und die ältesten Generationen als junge Blätter in luftiger Höh' erscheinen.

Die ernsthafte Genealogie, die sich als historische Hilfswissenschaft mit den biologischen Zusammenhängen und verwandtschaftlichen Verflechtungen der Menschen in der Geschichte beschäftigt, vermeidet den Begriff »Stammbaum« und beschränkt sich auf die Fachbezeichnungen »Ahnentafel« und »Nachfahrentafel« sowie »Stammtafel«. Unter Stammtafel werden Nachfahrentafeln verstanden, bei denen nur die Nachkommen entweder der männlichen oder der weiblichen Linie berücksichtigt werden.
Nichts mit Genealogie hat ein anderer sprachgebräuchlicher Stammbaum zu tun, nämlich der als Kommunikations- und Notdurftstation jeweilige Lieblingsbaum von Haushunden.

A.von Brandt, Werkzeug des Historikers. Eine Einführung in die historischen Hilfswissenschaften, Stuttgart 1971;
Peter Bahn, Familienforschung und Wappenkunde, Niedernhausen/Ts. 1990

»Sub Rosa«-Rose

Verschwiegenheitssymbol

Lerne schweigend lächeln wie die Rose.
Persisches Sprichwort

Wenn bei einem Gastmahl der alten Römer eine Rose an der Decke hing, war allen Beteiligten klar, daß das hier unter der Rose (»sub rosa«) Gesagte vertraulich zu behandeln war. Zum Symbol der Verschwiegenheit wurde die Rose wohl wegen ihrer Blütenform, die mit den äußeren Blättern ihr Inneres verhüllt. Ferner gab es eine römische Legende, nach der Liebesgott Amor den Gott der Stille, Harpokrates, eine Rose schenkte mit der Bitte, Stillschweigen über die Liebeshändel der Venus zu bewahren. Die Funktion der Rose als Vertraulichkeitssymbol geriet auch im Mittelalter – nicht nur im Zusammenhang mit amourösen Affären – nicht in Vergessenheit und fand sogar Eingang in den Bereich kirchlicher und amtlicher Geheimniskrämerei. Gemalte und geschnitzte Rosen an den Decken von hanseatischen Ratssälen oder über den Beichtstühlen katholischer Kirchen erinnern noch an diesen speziellen, heute kaum noch bekannten Rosenbrauch.

Gerd Heinz-Mohr/Volker Sommer, Die Rose. Entfaltung eines Symbols, München 1988

Syrinx

Panflöten-Nymphe

Musik ist auch nur ein Surrogat ... aber das wahre, das Glück selbst doch immer nicht.

Paul Heyse

Das **Schilfrohr** (Phragmites communis) gilt zwar als sehr zerbrechlich, doch ist seine Biegsamkeit ebenso sprichwörtlich. Ähnliche Attribute hatte auch Syrinx, eine zarte arkadische Nymphe, die sich den grobschlächtigen Nachstellungen des sexgierigen Hirtengottes Pan nicht beugen wollte. Statt sich dem Lüstling hinzugeben, ließ sie sich vom Flußgott Ladon in ein Schilfrohr verwandeln. Der enttäuschte Gott brach das Syrinx-Rohr und fertigte daraus durch Aneinanderreihung von Stengelstücken unterschiedlicher Länge ein Blasinstrument: die welterste Panflöte. Heute werden die Flöten mit dem melancholisch-süßlichen Klang statt aus Schilfrohr eher aus dem dickeren **Riesenschilf-** oder **Pfahlrohr** (Arundo donax) hergestellt.

Michael Grant/John Hazel, Lexikon der antiken Mythen und Gestalten, München 1980

T

Die tätowierte Rose

Schauspiel von Tennessee Williams

»In seinem Haar hat er Rosenöl! – Und wenn ich in der Nacht aufwache – die Luft um mich – das dunkle Zimmer – ganz voll Rosen. Jedesmal ist es wie das erste Mal mit ihm.« Serafina delle Rose

»The Rose Tattoo« wurde am 29.12.1950 in Chicago uraufgeführt. Es geht um die sizilianische Schneiderin Serafina delle Rose (!), deren Lebensinhalt ihr Mann, der Lastwagenfahrer und Gelegenheitsschmuggler Rosario (!!) ist. Rosario benutzt nicht nur Rosenöl (!!!) zur Haarpflege, sondern hat sich auch noch eine Rose (!!!!) auf die Brust tätowieren lassen, die für Serafina Symbol ihrer vor allem auch körperlichen Liebe ist. »In der täglichen körperlichen Vereinigung erfüllt sich für Serafina, in der Trieb, Gefühl und Religiosität auf fast mystische Weise eins sind, auch die Hingabe an Gott.« (H. Kei) Entsprechend groß ist ihre Trauer, als Rosario stirbt. Bis Serafina von seiner Untreue erfährt. Da zerschmettert sie die Urne mit seiner Asche und erhört den linkischen Lastwagenfahrer Alvaro, der sich als Rosario-Imitator versuchen möchte und sich deswegen ebenfalls eine Rose (!!!!!) auf die Brust tätowieren läßt.
Williams Absicht war es, das dionysische Element des Lebens in all seinen Facetten, seiner Schönheit und Bedeutung darzustellen. Die Kritik warf ihm jedoch vor, er habe Sex als Ausweg aus allen Problemen propagiert und das Stück zudem mit sexuellen Symbolen überfrachtet. (Die Rose kommt tatsächlich häufiger vor.) Die Verfilmung

(USA 1955, Regie: D. Mann) mit Anna Magnani in der Hauptrolle, auf die Tennessee Williams das Schauspiel auch zugeschnitten hatte, wurde trotzdem – oder gerade deswegen – ein großer Erfolg.

Kindlers Literatur Lexikon, München 1974: Gerd Heinz-Mohr/Volker Sommer, Die Rose. Entfaltung eines Symbols, München 1988

Der Tannenbaum

Märchen von Hans Christian Andersen

> ... und mit dem Baum war es auch vorbei, und mit der Geschichte ist es auch vorbei; vorbei, vorbei, und so geht es mit allen Geschichten.
> Hans Christian Andersen, »Der Tannenbaum«

Die Märchen von Hans Christian Andersen (1805-1875) handeln nicht nur von Prinzen, Prinzessinnen, Seejungfrauen und armen kleinen Mädchen, sondern auch von Tieren, Pflanzen und Gegenständen, die ganz ähnlich wie Menschen empfinden und reden. Zu seinen bekannteren Pflanzenmärchen gehören »**Das Gänseblümchen**«, »**Die Blumen der kleinen Ida**«, »**Der Buchweizen**« und »**Der Flachs**«. Aber das berühmteste ist sicherlich »Der Tannenbaum«, das 1844 herauskam.

Dem kleinen Tannenbaum (Abies) ist nichts so wichtig wie das Wachsen. So groß wie die anderen möchte er werden. Der Sonnenschein, die Wolken und Vögel interessieren ihn nicht. Er möchte ein Schiffsmast werden und die Welt sehen oder als Weihnachtsbaum herausgeputzt sein. Der letzte Wunsch erfüllt sich. Der Baum erlebt das Fest seines Lebens, wird dabei jedoch arg gerupft und landet dann auf dem Speicher. Schließlich wird er verbrannt und denkt dabei voller Reue an alles Schöne, was sein Leben ausgemacht hat. »Hätte ich mich doch gefreut, als ich es noch konnte.«

Märchen zu schreiben war zu Andersens Zeiten nicht die Ausnahme,

sondern beinahe schon Mode. Daß ausgerechnet seine Märchen solchen Erfolg hatten, lag außer an Andersens Talent möglicherweise daran, daß er sein eigenes Leben wie ein Märchen lebte und in vielen seiner Märchen sein eigenes Schicksal beschrieb. Armut, Versagen, Demütigung – und dann doch noch: Erhöhung, Ruhm und Glanz. Auch die pessimistische Geschichte vom ehrgeizigen Tannenbaum, dem es nicht gelingt, ganz entspannt im Hier und Jetzt zu leben, ist großenteils eine solche verbrämte Autobiographie. Zwar schafft es die Tanne nicht, Schiffsmast zu werden, während der Däne Andersen einer der am weitesten gereisten Europäer seiner Zeit ist, aber beide setzen Reisen und Leben gleich, beide sind hoch aufgeschossen (Andersen war so groß, daß die Leute mit Fingern auf ihn zeigten), beide haben es mit Miesepetern zu tun, die die Geschichten, die sie erzählen, madig machen (beim Weihnachtsbaum sind es bezeichnenderweise Ratten), beide betreten den »strahlenden Weg«, und beiden wird das Fest ihres Lebens als ein Lichterfest beschert. 23 Jahre nach dem Märchen vom Tannenbaum wurde Andersen zum Ehrenbürger seiner Geburtsstadt Odense ernannt. Anläßlich dieses Festes, das Andersen als das schönste Fest seines Lebens bezeichnete, wurde die ganze Stadt illuminiert.
Im Gegensatz zum Tannenbaum wurde Andersen danach nicht in einem dunklen Winkel vergessen, sondern blieb weiterhin ein Gast von Königen und Fürsten und erfreute oder nervte seine ehrfürchtigen oder bloß höflichen Zuhörer damit, daß er bei jeder sich bietenden Gelegenheit eines seiner 156 Märchen vorlas. Der Weihnachtsbaum kannte bloß eine Geschichte, nämlich die von Klumpe-Dumpe, der die Treppe herunterfiel und doch erhöht wurde und die Prinzessin erhielt. Erhöht – ja.
Aber eine Prinzessin oder auch nur eine bürgerliche Ehefrau oder auch nur eine Geliebte erhielt der keusche Andersen nie.

Erling Nielsen, Hans Christian Andersen in Selbstzeugnissen und Bilddokumenten, Hamburg 1958; Irving Wallace/ Amy Wallace/David Wallechinsky/Sylvia Wallace, Rowohlts indiskrete Liste, Reinbek 1981

Tanzkastanie von Hitzacker

Die 300 Jahre alte Riesenkastanie von Hitzacker an der Elbe ist sonderbar gewachsen. In nicht allzu großer Höhe streben ihre dicken Hauptäste waagerecht nach allen Seiten und biegen sich erst an ihren Enden wieder gen Himmel. Ein ambitionierter Gärtner hat den Baum in diese Form gezwungen, damit ein Tanzboden in den Ästen installiert werden konnte. Die Musikanten saßen eine Etage höher, wo noch einmal Äste waagerecht vom Stamm wegführen, dünnere diesmal, die sogleich und beinahe rechtwinklig wieder zum Himmel streben. Unbelaubt sieht die Kastanie aus, als handele es sich bei Stamm und Ästen um das Wurzelwerk und der ganze Baum stecke verkehrt herum in der Erde. Wofür – nach der dazugehörigen Sage – eine Hexe die Verantwortung trägt.
1890 wurde die Kastanie zum letzten Mal betanzt. Danach war sie zu schwach. Jetzt ist sie mit Stützen und Krücken versehen, als wär's ein Bild von Dalí.

GEO, Nr. 5/1980

Tashjians Seychellennuß

Urahne des Menschen

Weg mit den Affen, her mit den Nüssen.
Slogan von E. Tashjian

Oh, keiner denkt je über Nüsse nach,
Nüsse sind, recht betrachtet, ja so herrlich.
Erste Strophe der Hymne
»Nuts are Beautyful« von E. Tashjian

Elizabeth Tashjians Nußmuseum steht in Old Lyme im amerikanischen Bundesstaat Connecticut. Außer 40 verschiedenen Nußarten beherbergt es auch noch von Frau Tishjian selbst verfertigte Nußgemälde, Nußsouvenirs, Nußplastiken, Nußketten und Nußmasken

aus Schaumstoff. Prunkstück und Zentrum der Sammlung ist eine 35 Pfund schwere **Seychellennuß** (Lodoicea seychellarum), die auf einem antiken majestätischen Sessel ruht. Meereskokosnüsse wachsen ausschließlich auf den Seychelleninseln Praslin und Curieuse im Indischen Ozean und haben die größten Samen aller Pflanzen. Diese biologischen Sensationen werden bis zu 18 Kilogramm schwer. Aber nicht nur wegen ihrer Größe hat diese Nuß eine Vorrangstellung im Museum. Der Anblick einer Seychellennuß ist es nämlich gewesen, was Elizabeth Tashjian 1977 auf die existentielle Frage brachte, ob zuerst der Mensch oder die Nuß dagewesen sei. Sie kam zu der Überzeugung, daß es die Nuß war, und arbeitete eine umfassende Theorie darüber aus. Schon bald folgte die nächste Erkenntnis: Darwins Evolutionstheorie enthält einen eklatanten Fehler. Der Mensch stammt nicht vom Affen ab, sondern von der Seychellennuß. Man muß sich ja nur die Ähnlichkeit dieser Doppelnuß mit dem weiblichen Körper anschauen. Ein weiterer Beweis: Die gleichnamige Inselgruppe, von der die Seychellennuß stammt, soll nach Auffassung mancher Leute einmal das Paradies gewesen sein.
Mit dieser Theorie und weiteren Gedanken über Nüsse tingelt die weißhaarige Sammlerin und Künstlerin durch Talkshows, wo sie auch gern eines ihrer Nußlieder zum besten gibt.

Von Sonderlingen und Exzentrikern, Time-Life Bücher, Amsterdam 1992; Das Guinness Buch der Rekorde, Frankfurt/M. 1995

Tausendjähriger Rosenstock

siehe **Hildesheimer Rosenstock**

Tee

Getränk aus Augenlidern

Abwarten und Tee trinken.
Sprichwörtliche Redensart

Der Legende nach soll Bodhidarma, dritter Sohn des indischen Königs Kaisawo und erster Missionar des Buddhismus in China, neun Jahre lang vor einer Felswand meditiert haben. Als er schließlich vor Erschöpfung einschlief, wurde er deswegen so wütend auf sich, daß er sich beide Augenlider abschnitt. Aber dort, wo Bodhidarma die Augenlider hingeworfen hatte, schlugen sie Wurzeln, und aus jedem Lid wuchs ein grüner Strauch. Bodhidarma brühte sich aus den Blättern einen Aufguß, und als er davon trank, verschwand seine Müdigkeit. So soll der Tee (Thea sinensis/Thea assamica) entdeckt worden sein. Buddhistische Mönche schätzen ihn noch immer als Stärkung nach einer Meditation, und im Japanischen haben »Tee« und »Augenlid« dasselbe Schriftzeichen.
Diese Legende von der Entdeckung des Tees ist jedoch im 6. Jahrhundert angesiedelt. Da kannte man das Getränk in China aber schon längst. Seit 400 v. Chr. war es als Genußmittel in Mode und wurde zuvor schon seit Jahrhunderten als Heilmittel genommen. Nach einer anderen Legende entdeckte der chinesische Kaiser Chen Nung 2737 v. Chr. den Tee, als ihm ein Blatt von einem wilden Teestrauch in seine mit heißem Wasser gefüllte Trinkschale fiel.

Cornelia Teufl, Tee. Die kleine Schule, München 1996

Teebaum

Lieferant eines alternativen Heilmittels

Als Captain Cook 1770 nach Australien kam, beobachtete er Einheimische dabei, wie sie die papierartige Rinde und die schmalen

fedrigen Blätter eines Baumes verarbeiteten. Er ließ ebenfalls Blätter ernten, daraus einen Sud kochen und behandelte damit erfolgreich seine von Skorbut und Grind geplagte Schiffsbesatzung. Der ebenfalls anwesende Botaniker Joseph Banks taufte den heilenden Baum wegen dieser Zubereitungsart »Teebaum«, obwohl Melaleuca alternifola mit dem »echten« **Teestrauch** (Thea sinensis), aus dem das englische Nationalgetränk hergestellt wird, natürlich überhaupt nicht verwandt ist. Aus dem Teebaum gewinnt man ein Öl, das ein wahres Allheilmittel zu sein scheint. Es desinfiziert, wirkt entzündungshemmend und beschleunigt die Heilung von Wunden, hilft gegen Mundgeruch, Fußpilz, Mücken und Neurodermitis.
Die Aborigines, die Ureinwohner Australiens, kennen die Heilwirkung der Teebaumsubstanzen seit Jahrhunderten, wenn nicht Jahrtausenden. Der medizinischen Fachwelt wurden sie erst zu Beginn des 20. Jahrhunderts bekannt. In den 30er Jahren war Teebaumöl weltweit verbreitet und wurde haupsächlich in der Zahnmedizin und gegen Hautkrankheiten eingesetzt. Die Entdeckung des Penicillins ließ es in den 50er Jahren jedoch wieder in Vergessenheit geraten.
Nach der Rückbesinnung auf natürliche Heilmittel entstanden in den 80er Jahren Teebaumplantagen, und als die wißbegierige Menschheit auf der ständigen Suche nach neuen, alternativen Heilmethoden es leid war, mit Eigenurin zu gurgeln, setzte ein wahrer Run auf das Teebaumöl ein. Es findet sich inzwischen in Shampoos, Cremes, Zahnpasta, Duschgels und in der Stallapotheke von Freizeitreitern.

Carl-Michael Diedrich/Anne Simons, Das Teebaumöl Praxisbuch, Bern/München/Wien 1996

Tempolinsen

DDR-Schnellgericht

Vorgegartes Rauchfleisch mitkochen lassen. Den Eintopf mit Tomatenketchup sowie Paprika pikant würzen.

Zubereitungsvorschlag auf der Tempobohnen-Packung

In den 60er Jahren bemühte sich die DDR-Regierung, Frauen die Berufstätigkeit schmackhaft zu machen. Es galt, die durch Westflucht und extensive Industrialisierungspolitik entstandene Arbeitskräfteknappheit auszugleichen. Geboten wurden nicht nur Geld und Statusgewinn. Zusätzlich sollten Haushaltserleichterungen der kommenden Doppelbelastung den Schrecken nehmen: Krippen und Kindergärten, eine angekurbelte Waschmaschinenproduktion, Dienstleistungskombinate und – Tempolinsen.
Tempolinsen waren chemisch aufgespaltene Hülsenfrüchte, die weder gewaschen noch aufgeweicht werden mußten und nach zehn Minuten Kochzeit »und 5 Minuten ziehen lassen! « bereits gar waren. Außer Tempolinsen (blau-gelbe Packung) stellten die VEB Nahrungsmittelwerke Suppina auch noch Tempobohnen (rot-gelbe Packung) und Tempoerbsen (Packung grün-gelb) her.

Andreas Ludwig, Sensibilität für die Alltagskultur, in: Tempolinsen und P2 ... Alltagskultur der DDR, Berlin-Brandenburg 1996; Georg C. Bertsch/Ernst Hedler/Matthias Dietz, SED – Schönes Einheits Design, Köln 1990

Thimmamma Marrimanu

Baum mit der flächenmäßig größten Krone

Die Herren dieser Art blend't oft zu vieles Licht,
Sie sehn den Wald vor lauter Bäumen nicht.
Christoph Martin Wieland, Musarion

Daß man den Wald vor lauter Bäumen nicht sieht – dieses Problem stellt sich beim **Banyan** (Ficus bengalensis) nicht. Der Banyan-Wald besteht nur aus einem einzigen Baum. Seine Zweige treiben Luftwurzeln, die zum Boden wachsen und dort selber Wurzeln treiben. Die Luftwurzeln verholzen zu Stämmen, bilden Zweige, die wiederum Luftwurzeln treiben, und so wuchert ein einzelner Baum zu einem Hunderte oder gar Tausende von Stämmen großen Wald. Der Hauptstamm kann dabei zehn Meter dick werden, während die Nebenstämme sich mit vier bis sechs Metern begnügen. Alexander von Makedonien soll mit 5000 Kriegern in einem solchen Banyan Platz gefunden haben. Diese Ausmaße erreicht der heilige Baum der Hindus und Buddhisten aber meist nur in Menschenobhut. Sein Laub wächst nämlich so dicht, daß es kaum Regen durchläßt. Deswegen trocknet die Erde um die Stämme herum aus und wird hart. Die Luftwurzeln können dann nur noch schwer eindringen. In Indien, wo der Banyan neben fast allen Tempeln wächst, lockern Tempeldiener den Boden, düngen und pflegen den Baum, so daß er dort in ganzer Pracht und Größe zu bestaunen ist. Im Botanischen Garten von Kalkutta steht ein über 200 Jahre alter Banyan mit 1775 Stützwurzeln, dessen Krone eine Fläche von 1,2 Hektar einnimmt. Noch größer soll der 550 Jahre alte Banyan mit dem Namen »Thimmamma Marrimanu« sein, der in dem indischen Dorf Gutibayalu 2,1 Hektar überdacht.

Das Guinness Buch der Rekorde, Frankfurt/M. 1995; Igor Akimuschkin, Launen der Natur, Leipzig/Moskau 1988; Der große Brockhaus, Wiesbaden 1954

Tollkirsche

Schönheitsmittel und Hexendroge

Es gibt allerdings Schriftsteller, die der Hexen Ausfahrt und Buhlschaft bezweifeln und sich vermessen zu behaupten, es sei dieses Alles nur eine Einbildung unglücklicher Weiber, die deßhalb nicht zum Scheiterhaufen zu verurtheilen seien.
Johann Christian Frölichs de Frölichsburg »Peinliche Hals-Gerichts-Ordnung«, Ausgabe von 1714

Die Tollkirsche (Atropa belladonna), auch **Schlafbeere**, **Schlafkraut**, **Tollbeere**, **Teufelskirsche** oder **Wolfsbeere** genannt, ist ein Nachtschattengewächs. Die staudige Pflanze mit den schwarzglänzenden, Kirschen ähnelnden Beeren wächst in Mittel- und Südeuropa und in Kleinasien. Ihren Gattungsnamen »Atropa« entlehnte der Naturforscher Linné der griechischen Mythologie. Schicksalsgöttin Atropos schnitt die Lebensfäden durch. Und tödlich giftig können auch die Blätter, Blüten und süß schmeckenden Früchte der Tollkirsche sein. Ihre Inhaltsstoffe, besonders l-Hyoscyamin und (das sich beim Trocknen der Blätter bildende) Atropin, erregen das zentrale und lähmen das periphere Nervensystem. Auf übersteigerte Lebhaftigkeit mit Mitteilungsdrang und unmotivierten Lachanfällen folgen geistige Verwirrtheitszustände mit erotischen Halluzinationen von großer Wirklichkeitsnähe. Danach wird der Tollkirschenesser allmählich ruhiger und schläft ein. Sollte er sich in der Dosis vertan haben, sinkt seine Körpertemperatur jetzt stark ab, und er stirbt schließlich an der Lähmung des Atemzentrums.
Wegen der erotischen Halluzinationen gehörte die Tollkirsche zu den Bestandteilen der berüchtigten Hexensalbe. Hexen rieben sich angeblich mit einer Salbe aus **Alraune**, **Bilsenkraut**, **Stechapfel** und **Tollkirsche** die Genitalregion, die Achselhöhlen und die Stirn ein und erlebten daraufhin exzessive Sex-Halluzinationen, in denen auch der Teufel mit von der Partie war. Geht man also davon aus, daß die Aussagen in den Hexenprozeßakten nicht ausschließlich von der

Folter, dem Fragenkatalog der Richter und überlieferten Vorstellungen über den Hexensabbat bestimmt waren, so könnten auch gebeichtete Rauscherlebnisse zu Verurteilungen geführt haben.
Die pupillenerweiternde Wirkung des Atropins machte die Tollkirsche, in gering dosierter Flüssigkeit ins Auge geträufelt, zum Schönheitsmittel der Italienerinnen. Daher stammt vermutlich auch der Artname Belladonna (= schöne Frau).
Noch heute wird dieser Effekt in der Augenheilkunde genutzt.

Gerd Haerkötter/Marlene Haerkötter, Hexenfurz und Teufelsdreck, Frankfurt/M. 1986

La Tourmentine (Kraut des Vergessens)

Gedächtnisschwund auslösendes Grasbüschel

Der Spaziergänger, der in französischen Laubwäldern auf kleine, mit Grasbüscheln bewachsene Erdhügel tritt, kann nie sicher sein, daß es sich dabei wirklich um kleine, mit Grasbüscheln bewachsene Erdhügel handelt. Wenn er Pech hat, hat er unbeabsichtigt La Tourmentine (»Quälgeist«) getreten. Zur Strafe wird er von Tourmentine mit dem Zauber des Vergessens belegt. Er kann sich weder an den Weg noch an sich selbst erinnern und irrt für immer orientierungslos durch den Forst, es sei denn, eine gute Fee nimmt den Zauber von ihm. Die etwa 20 Zentimeter hohe pflanzliche Waldbewohnerin Tourmentine gehört zur bösartigen Fraktion des Kleinen Volkes. Selbst unter den Zwergen, Gnomen, Elfen und Nymphen des Waldes fällt sie durch ihr bizarres Aussehen auf. Ihr Oberkörper besteht aus borstigem, grünlichem Grasfilz, in dem vier kleine Stecknadelaugen so verteilt sind, daß die nachtragende Pflanze einen 360-Grad-Sichtwinkel hat. Sie hat zwar eine Art Nase, aber keinen Mund. Meistens hockt sie versteckt auf dem Boden. Sie kann sich aber zur Not auch fortbewegen, und zwar mit acht spiddeligen Armbeinchen, die eigentlich die Funktion von Wurzeln haben.

Pierre Dubois/Claudine und Roland Sabatier, La Grande Encyclopedie des Lutins, Paris 1992

Tudor-Rose

Englisches Kompromißwappen

> Ich prophezeie hier: der heutige Zank, der zur Parteiung ward im Tempelgarten, wird zwischen roter Rose und der weißen in Tod und Todesnacht tausend Seelen reißen.
> William Shakespeare, »Heinrich IV.«; Erster Teil, zweiter Akt, vierte Szene, Lord Warwick

Der Ausdruck »Rosenkrieg« bezeichnet im heutigen Sprachgebrauch einen erbitterten familiären Streit, meist zwischen Ehepartnern, der manchmal sogar buchstäblich bis aufs Messer ausgetragen wird. Ihren Ursprung hat diese blumige Konfliktbenennung in einer blutigen verwandtschaftlichen Auseinandersetzung des britischen Spätmittelalters. Von 1455 bis1487 wurde etwa die Hälfte des männlichen englischen Adels in Schlachten getötet, die sich die zwei königlichen Linien York und Lancaster und ihre Anhänger beim Kampf um die Krone lieferten. Am Ende des über vier Generationen gehenden Gemetzels heiratete Henry Tudor aus einer Lancaster-Nebenlinie Elizabeth von York, verband so beide Häuser und bestieg als Henry VII. den Thron. Sinnbild des Friedens und der neuen Dynastie war die Tudor-Rose, in deren weißen und roten Blütenblättern die Blumensymbole der beiden ehemals verfeindeten Familien vereinigt werden sollten. Yorks Wappenblume war und ist seit 1235 die **Weiße Rose** (Rosa alba semi-plena), oft auch mit → **Englands Rose** gleichgesetzt. In der Wappengeschichte der Lancasters taucht zwar auch seit dem 13. Jahrhundert eine Rose, eine rote **Apothekerrose** (Rosa galica officinalis), auf, doch hat sie für die Lancaster-Partei bei weitem nicht den gleichen Stellenwert gehabt wie die weiße Rose für die Yorks. Erst Henry VII. hat die rote Rose bildpropagandistisch aufgewertet, um sein griffiges Kompromißwappen zu begründen, das sich seitdem in jedem englischen Königswappen findet und eines der wichtigsten nationalen Embleme geworden ist. Zahlreiche Anekdoten ranken sich um die Rosen dieser Erbfolgekriege, die erst einige Zeit nach Friedensschluß als Rosenkriege bezeichnet wurden. Shakespeare läßt einen Streit zwischen den verfeindeten Fürsten an einem Rosenstrauch, der sowohl rote wie auch weiße Blüten trug, zum Auslöser der Kriege werden. Nach einer Sage sind nach der blutigsten Schlacht der Kriege 1461 bei Boxworth, die Edward VI., die »**Rose von Rouen**« (so nach seinen Geburtsort genannt), gewann, weiße und rote Rosen auf dem Schlachtfeld gewachsen. Eine Art Tudor-Rose ist auch die rotweiße Rosa damascena versicolor, seit 1551 **York and Lancaster Rose** genannt.

Roy Genders, Die Rose, Zürich 1978; Andreas Kalckhoff, Richard III., Herrsching 1989; Desmond Seward, The Wars of The Roses, London 1995

Tulip – die singende Tulpe

So trau doch gar ein einz'ges Mal, dem Rhythmus deines Herzens leicht.
Tulip

Ich versuche einfach, diese Figur zu sein. Trage ich das Kostüm, fühle ich mich sogleich total vertulpt.
Holger Steen

Die Hamburger Band »Tulip – die singende Tulpe« besteht aus einem trommelnden Glühwürmchen, einem Fliegenpilz an Keyboard, Klavier oder Gitarre und einer melancholischen Singtulpe. Nach Aussage von Fliegenpilz Gregor Hartz macht Tulip Popmusik – sofern man ein etwas weiter gefaßtes Verständnis von Popmusik zugrunde legt. Musikkritiker sprechen von mittelalterlichen Weisen, Tanzkapellen-Pop mit Walzer- und Bossa-Nova-Anleihen, von Samba-, Rumba-, Swing- und Flamencoklängen, von poppigen Schlagern mit leicht dadaistischer Note, von Jazz, Chanson, Zirkuslied, Kopfstimmengesang, Mamborhythmen, schwermütiger russischer Volksmusik oder Märchencore.

Jedenfalls intoniert Tulpe Holger Steen die Lieder mit Herzblut und unverstärkter Stimme. Er zwitschert, brummt, wimmert und jubiliert, rollt mit den Augen, läßt die Arme – also die Blätter – seines türkisgrüngewandeten Körpers flattern und neigt die Blüte zum Licht. Die Blüte ist eine aus Karton ausgeschnittene zackig-gelbe Tulpenblütensilhouette, in die er seinen Kopf gesteckt hat. Wenn die Tulpe ein böses Lied singt, dreht sie die Rückseite ihrer Blüte nach vorn, und die ist dann schwarz. Meistens jedoch geht es in den poetischen deutsch-englischen Texten um die Bejahung des Lebens und den Willen zum großen Gefühl. Glühwürmchen Axel Jansen begleitet das mit einem sehr reduziert und zurückgezogen gespielten Schlagzeug. Das Glühwürmchen-Outfit besteht aus Sonnenbrille, Perlenkette und Fühlern auf dem Kopf. Das Fühlerkäppchen ist ein Überbleibsel aus einer Kindervorführung. Extra für die Auftritte hergestellt wurde nur das Fliegenpilzkostüm. Gregor Hartz trägt ein pilzstielfarbenes Schlauchkleid und eine so große Tupfenkappe, daß er außer der Tastatur seines Instruments vermutlich nicht viel sieht. Kleid und Kappe wurden auf Anregung von Pilzfreundin Heidrun Tuchenhagen angeschafft.

Es gibt zwei Tulip-CDs: »Eden auf Erden« und die Maxi »Im heiligen Land/In the Holy Land«.

Diverse Zeitungsartikel; Telefongespräch mit Gregor Hartz

Tutti Frutti

TV-Früchtchen

Wer im Glashaus sitzt, sollte sich im Dunkeln ausziehen.
Hugo-Egon Balder

Dann wurden die Rollen verteilt. Ich habe gebetet, daß ich nicht die Kiwi werde. Aber ich hatte Glück. Ich wurde die Erdbeere.
Ex-Cin-Cin-Mädchen Elke Jeinsen

Im selben Jahr, in dem das Bundesverwaltungsgericht das Verbot von Peep-Shows für zulässig erklärte, sorgte ein Fernsehsender dafür, daß nacktfleischinteressierte Hingucker einen Ausgleich für die verwaltungsrechtliche Beschränkung erhielten. 1990 hatte die Game-Show »Tutti Frutti« auf dem Privatsender RTL Premiere, der in Journalistenkreisen wegen seiner damals besonders ausgeprägten Ausrichtung auf bestimmte Themen als »Rammeln-Titten-Lallen«-Kanal geschmäht wurde. Die Regeln von »Tutti Frutti« (»Alle Früchte«), bisher im deutschen Sprachraum mit Obstsalat- und Eisvarianten in Verbindung gebracht, hat kein Mensch je richtig begriffen. Zwei Kandidaten, jeweils ein Mann und eine Frau, versuchten möglichst viele Punkte zu bekommen, indem sie Fragen nach Schillers »Glocke« oder der Dauer des Dreißigjährigen Krieges beantworteten, einfache Kartenspiele machten und tippten, welche Mädchen des Cin-Cin-Balletts unter ihrem knappen Oberteil was auf der Brustwarze kleben hatten. »Cin, cin!« Die sieben attraktiven, sanfte Wehmut und Heiterkeit ausstrahlenden Ballettdamen waren in ihren textilarmen Kostümchen, die jeweils eine andere Obstsorte von Ananas bis Kiwi andeuten sollten, die Personifizierungen des Show-Namens. Im Grunde ging es bei der ganzen von Moderator und »Herrn der Möpse« Hugo Egon Balder mit reichlich Zotigem garnierten Show allein darum, die Kandidaten dazu zu bringen, ihren Punktestand durch einen hausbackenen Striptease zu verbessern. Alle Hüllen fielen zum Glück nicht, der Schambereich blieb bedeckt. Dabei war das Ausziehen des Mannes bis auf die Unterhose zweitrangig, es ging in erster Linie darum, so Balder, daß die weiblichen Kandidatinnen dem zu 80 Prozent männlichen Fernsehpublikum ihre Busen visuell zur Verfügung stellten. Kandidaten für die in Italien als »Colpo Grosso« erfundene und von RTL in Mailand im Fließbandverfahren billig abgenudelte Schmuddelshow gab es genug. Zur Politik der Macher gehörte es, bevorzugt exibitionistische Normalo-Typen mit Rettungsringen und etwas Wellfleisch auf die Strip-Bühne zu holen, um das Häme-Bedürfnis des Zuschauers zu bedienen.

Stubenhocker-Voyeurismus und empörter Dauerprotest aus der politisch korrekten Ecke verschafften der Show eine Zeitlang gute Einschaltquoten. 1992 hatte sich das Konzept totgelaufen, die Ratings sanken, und RTL, mittlerweile auf der Suche nach einem neuen Image, stellte die »Tutti Frutti« ein.

Stern, Nr. 26/1990; Der Spiegel, Nr. 52/1990, 41/1992;
Playboy, Nr. 8/97,
http.//www.wdr.de/tv/parlazzo/a-comedy.html, 13.1.1999

Tyburn Tree
(Tyburn Cross)

Galgen von London

In der Nähe des Londoner Paddington-Bahnhofs erinnert eine Tafel an den Tyburn Tree, der in dieser Gegend vom Ende des 17. Jahrhunderts bis zu seinem Abriß 1783 seinen gruseligen Schatten warf. Der Tyburn Tree war ein riesiger Galgen, an dem bis zu neun arme Seelen zugleich aufgehängt werden konnten. Sein Name leitete sich von zwei früher an dieser Stelle zusammenfließenden Bächen (two Burns) ab. Dem damaligen Zeitgeist entsprechend waren die öffentlichen Hinrichtungen jahrmarktsähnliche Spektakel. Die Straßen um den Galgen herum entwickelten sich zu einem regelrechten Amüsierviertel, das der Volksmund »Tyburnia« nannte. Alljährlich am

27. April gedenken fromme Christen durch den »Tyburn Walk« katholischen Märtyrern, die ihr Leben an diesem traurigen Ort ließen.

Quentin Cooper/Paul Sulivan, Maypoles, Martyrs and
Mayhem, London 1994

U

Uhland-Ulme

Lyrischer Schwarzwaldbaum

Angeregt durch Lessings Aufsätze über das Kloster Hirsau bei Calw im Schwarzwald verfaßte Ludwig Uhland (1787-1862) seine Ballade »Die Ulme zu Hirsau«. In dem neunstrophigen, 1829 veröffentlichten Gedicht vergleicht Uhland den energisch aus der Ruine des Klosters in die Höhe wachsenden Laubbaum mit dem »Geist der Welt«, der sich aus der Gruft überkommener Zustände zum Licht empor erhebt. Der Dichter, einer der führenden Köpfe der »Schwäbischen Romantik«, Universitätsprofessor und liberaler Parlamentarier, hatte bereits 1811 ein Gedicht über das Hirsauer Benediktinerkloster geschrieben (»Hirsau«) und es 1818 besichtigt. Die Bergulme, die er in dichterischer Freiheit beschrieb, wuchs allerdings nicht in den Klostermauern heran, sondern in der Ruine eines benachbarten, 1692 zerstörten Jagdschlosses. Hier war der mittlerweile über 35 Meter hohe und schätzungsweise 300 Jahre alte Baum noch bis vor kurzem zu besichtigen. 1991 mußte er jedoch wegen Pilzbefall auf einen sechs Meter hohen Stumpf zurückgesägt werden.

Walter Scheffler (Hrsg.), Ludwig Uhland, Stuttgart 1963; Peter Schille/Wilfried Bauer (Fotos), Deutschlandbilder 3/ Grüne Patriarchen – Von den ältesten Bäumen der Bundesrepublik Deutschland, Stuttgart 1985; Hermann Bausinger (Hrsg.), Ludwig Uhland. Ausgewählte Werke, Darmstadt 1987; Doris Laudert, Mythos Baum, München/Zürich 1998

Uthlanga
(Uhlanga)

Zulu-Ursprungsschilfrohr

Das südafrikanische Volk der Zulu kennt einen allgegenwärtigen und allgewaltigen Schöpfergott namens Umvelinqangi, der als Verkörperung der Natur gilt. Umvelinqangi hat unter anderem alle Pflanzen geschaffen, darunter auch das Schilfrohr Uthlanga (»Der Anfang«). Aus dem im Wasser stehenden Schilfrohr gingen die ersten Menschen hervor: Unkulunkulu und seine Frau. An diese Ursprungslegende anknüpfend werden bei den Zulu die Väter heute im Sinne von »Seins ihrer Kinder« respektvoll Uthlanga genannt.

Werner Bonin, Die Götter Schwarzafrikas, Graz 1979

V

Van Goghs Sonnenblumen

Berühmteste Blumenstücke der neueren Malerei

Der holländische Maler Vincent van Gogh (1853-1890) gilt, neben Cézanne und Gauguin, als einer der bedeutendsten Überwinder des Impressionismus und Wegbereiter der modernen Malerei.
Eine unbestimmte Sehnsucht nach reinerem Licht führte van Gogh 1888 nach Arles in die Provence. Im Jahr seiner Ankunft malte er unter anderem eine Reihe von Sonnenblumenbildern, die er als Einheit ansah, mit der man ein Zimmer wie mit Lampen erhellen könne, und die er zu seinen gelungensten Werken zählte. In einem dicken Farbauftrag aus geknetetem, gekerbtem und geflochtenem Goldocker hat van Gogh die Blumen auf diesen Bildern mit unruhig züngelnden und flackernden Blüten und mit klauenartig gespreizten Blättern versehen.

Gerhard Ulrich, Blumen im Bild, München o.J.; Axel Schenck, Künstlerlexikon, Reinbek 1973; Der große Brockhaus, Wiesbaden 1954

Vater der Wälder

Ehemals höchster Baum der Welt

Bevor ein Sturm ihn fällte, galt er als höchster Baum der Welt. Danach lag der Vater der Wälder mit dem größten Teil seiner vollen Stammlänge von 120 Metern auf dem Boden des amerikanischen Sequoia-

Nationalparks in der Sierra Nevada. Sein Alter wurde auf 1200 bis 1800 Jahre geschätzt. In der Höhlung des noch stehenden Stumpfes konnte man wie in einer Manege in der Runde reiten. In einem danebenliegenden Baum wurde eine 23 Meter lange Kegelbahn installiert. Bei beiden Baumriesen handelte es sich um immergrüne (Eibennadlige) **Mammutbäume** (Sequoia sempervirens), auch Sequoias genannt. Sie werden nicht so dick wie **Riesenmammutbäume** (Sequoiadendron giganteum/ → **General Sherman**), wachsen aber höher. Der Rang des höchsten Baumes der Welt wurde dem Vater der Wälder zu seiner Zeit allerdings von zwei australischen **Eukalypti** (Eucalyptus regnans) streitig gemacht, die 133 und 143 Meter hoch gewesen sein sollen – Zahlen, die möglicherweise übertrieben waren. Der höchste lebende Baum ist jetzt wieder eine Sequoia. Sie steht im Redwood-Nationalpark im Humbold County, Kalifornien, und war bereits 1991 111,25 Meter hoch. Eine andere gigantische Sequoia, die **Mutter der Wälder**, wurde in dreimonatiger Arbeit bis zu einer Höhe von 60 Metern entrindet. Die numerierten Stücke transportierte man nach San Francisco, wo aus der Rinde ein Gebäude errichtet wurde, in dem 100 Menschen Platz hatten. Danach stellte man das Rindenhaus in New York aus und schließlich in England, wo es im Kristallpalast zu sehen war. Dort wurde es von einem Feuer zerstört.
Sequoias sind immergrüne Nadelbäume. Benannt wurden sie nach dem Cherokeehäuptling Sequo-Ya, der ein indianisches Alphabet entwickelte und die Schrift bei den Indianern einführte. Die Wissenschaft entdeckte die eigentlich nicht zu übersehenden Sequoias erst 1850. Zählungen der Jahresringe ergaben, daß einige von ihnen über 2000 Jahre alt sind.

Igor Akimuschkin, Launen der Natur, Moskau/Leipzig 1988; Reinhardt Höhn, Seltsames aus dem Reich der Pflanzen, Leipzig 1976; Das Guinness Buch der Rekorde, Frankfurt/M. 1995

Veilchen

Blaues Auge
Symbol für Liebe und Schönheit im Verborgenen

Ein Veilchen auf der Wiese stand/ Gebückt in sich und unbekannt,/ es war ein herzig's Veilchen.
Johann Wolfgang von Goethe

Ein Veilchen im Gesicht sieht dann schon weniger herzig aus. Durch Gefäßzerreißung tritt Blut in das Gewebe um das Auge herum ein, so daß sich die Haut dort zunächst bläulichviolett (veilchenfarben) verfärbt, bevor sie durch den Abbau des Blutfarbstoffs allmählich gelbgrünlich wird. Da der Mensch in direktem Kontakt mit seinen Mitmenschen primär über das Gesicht kommuniziert (Sprache/Mimik) und sein Kopf in einer günstigen Schlaghöhe angebracht ist, ist das Gesicht ein häufiges Angriffsziel für körperliche Gewalt. Davon zeugt auch das Sprichwort »Das paßt wie die Faust aufs Auge«.

Die arabischen Dichter, die die Augen der Geliebten mit einem Veilchen verglichen, dachten dabei aber natürlich nicht an ein Hämatom, sondern an die artenreiche Gattung der Veilchengewächse, speziell an das hochgeschätzte **März-** oder **Duftveilchen** (Viola odorata), das eine der ersten Frühlingsblumen ist. Die kräftige blaulila Farbe seiner Blüten nennt man nach dem lateinischen Namen des Veilchens violett. Seit Jahrtausenden hat es als Zierde, Arznei und Symbol seinen Platz in der menschlichen Geschichte. Die alten Griechen legten regelrechte Veilchengärten an. Ganz unumstritten ist das allerdings nicht, denn mit dem griechischen Wort »ion« wurde nicht nur das Veilchen, sondern auch die **Levkoje** (Matthiola incana) oder der **Goldlack** (Cheiranthus Cheiri) bezeichnet.

Jedenfalls schickte aber bereits im 6. Jahrhundert der Bischof Fortunatus aus Gallien Veilchen an seine Königin Radegunde. Besonders gepflegt wurde das bescheidene Blümlein auch in Syrien und der Türkei. Dort brauchte man es, um das Nationalgetränk Scherbet zu verfeinern. Bis heute ist ein Veilchenstrauß das Mitbringsel eines heimlichen Verehrers, der sich nicht unverblümt zu erkennen geben möchte. Dürers **Veilchenstrauß** gehört zu seinen bekanntesten Kunstwerken und schmückt gediegene Glückwunschkarten.
Dem Mythos zufolge war das Veilchen ursprünglich eine schöne Tochter des Atlas, die vom Sonnengott verfolgt wurde und Zeus um Hilfe anflehte. Das Oberhaupt der olympischen Götter verwandelte das Mädchen in eine Viola, die fortan als Symbol versteckter Schönheit (und Liebe) im Verborgenen blühte.
Nach einer wendischen Sage wurde die Tochter des Götzen Tschernebog in ein Veilchen verwandelt, daß alle zehn Jahre einmal in der Walpurgisnacht blüht. Wer es dann pflückt, erlöst die Jungfrau und kriegt sie mit allen Schätzen ihres Vaters.

Friedrich Jantzen, Amors Pflanzenkunde, Stuttgart 1980; Karl Heinrich Meyer, Pflanzen der Heimat erzählen, Hannover 1969; Der große Brockhaus, Wiesbaden 1979; Hanns Bächtold-Stäublin, Handwörterbuch des deutschen Aberglaubens, Berlin/New York 1927/1986

Venusfliegenfalle

Fleischfressende Pflanze

Als der Engländer John Ellis 1769 in einem Brief an den schwedischen Botaniker Carl von Linné zum ersten Mal eine Venusfliegenfalle (Dionaea muscipula) beschrieb, schenkte ihm kaum jemand Glauben. Fleischfressende Pflanze – so ein Unsinn! Dabei gibt es etwa 400 Pflanzenarten, die gelernt haben, die Defizite ihrer nährstoffarmen Standorte durch die Aufnahme von tierischem Eiweiß auszu-

gleichen. Die bekannteste von ihnen ist die Venusfliegenfalle. Sie ist in Nordamerika beheimatet und gehört zur Familie der Sonnentaugewächse. Während die meisten Karnivoren einfach bloß darauf warten, daß ein Insekt an ihnen klebenbleibt, fängt die Venusfliegenfalle ihre Beute regelrecht ein. Dazu hat sie Doppelblätter ausgebildet, die außen grün und innen tiefrot sind und an die Schalen einer Muschel erinnern. Berührt nun ein Tier die Tastborsten im Inneren, schlägt das Blatt wie ein Fuchseisen zu und die langen Dornen seiner Ränder greifen ineinander. Eine wissenschaftlich bisher noch nicht überzeugend erklärte Leistung, denn diese Pflanzen haben weder Nerven noch Muskeln. Um Fehlalarm durch Regentropfen oder aufgewirbelte Sandkörner zu vermeiden, müssen mindestens zwei der drei Tastborsten angetippt oder eine Borste mehr als einmal berührt werden, bevor die Blatthälften um ihr Scharnier schwingen. Es dauert nämlich hungrige 24 Stunden, bis ein irrtümlich geschlossenes Blatt sich wieder geöffnet hat. Einmal gefangen, bleibt dem Opfer noch eine halbe Stunde Zeit zu entwischen, aber nur wenn es klein genug ist (etwa eine Ameise, für die sich der Verdauungsaufwand nicht lohnen würde). Sonst wird es bei lebendigem Leib von Sekreten aufgelöst, was etwa acht bis vierzehn Tage dauert.

Die Venusfliegenfalle jagt nur, wenn sie hungrig ist, sonst klappen die Blätter so langsam zu, daß die Beute mit Leichtigkeit entkommt. Meist handelt es sich dabei um Fliegen und andere Insekten. Selten erwischt es einmal einen kleinen Frosch. Für Menschen werden fleischfressende Pflanzen nur in Tarzan- und Horrorfilmen gefährlich (→ **Biollante**, **Audrey II**).

Uta Henschel, Tod durch die Blume, in: GEO, Nr. 3/1980;
Reinhardt Höhn, Seltsames aus dem Reich der Pflanzen, Leipzig 1976

Viola Tricolor

Novelle von Storm

»O, Ines, sind nicht auch dir die Toten heilig?«
Rudolf

Die Heirat mit Dorothea Jensen 1866 ein Jahr nach dem Tod seiner ersten Frau Constanze stürzte Theodor Storm in eine Gefühlsverwirrung, die seine neue Ehe stark belastete. Als Befreiungsakt schrieb er die Novelle »Viola Tricolor«, die er erst 1873 beendete. Darin heiratet die junge Ines den Gelehrten Rudolf, einen Witwer mit Kind. Ihre Ehe leidet unter den verklärten Erinnerungen an Rudolfs verstorbene Frau, denen Vater und Tochter anhängen. Erst als Ines selbst Mutter wird, wendet sich die Familie wieder hoffnungsvoll der Zukunft zu.
Die Geschichte wurde 1958 von Veit Harlan unter dem Titel »Ich werde dich auf Händen tragen« frei verfilmt.
Storms Titel »Viola Tricolor« ist der botanische Name des **Wilden Stiefmütterchens** oder **Feldstiefmütterchens**, das zu den Veilchengewächsen gehört und sowohl die Treue als auch den Neid (der Stiefmutter) symbolisiert. Der Name »Stiefmütterchen« wird manchmal so gedeutet, daß die beiden oberen, eng zusammenstehenden Blütenblätter den Sitz der Stiefmutter bedeuten und die beiden seitlichen Blütenblätter Platz für jeweils eine der beiden eigenen Töchter

lassen, während sich die beiden Stieftöchter mit dem Sitz auf dem untersten Blütenblatt begnügen müssen. Trotz dieser himmelschreienden Ungerechtigkeit gehört die kultivierte Version, das **Gartenstiefmütterchen** (Viola wittrockiana-Hybriden), zu den beliebtesten Gartenpflanzen.

Kindlers Literatur Lexikon, München 1974, Marianne Bernard (Hrsg.), Theodor Storm Hausbuch, Bayreuth 1981; Hanns Bächtold-Stäubli, Handwörterbuch des deutschen Aberglaubens, Berlin/New York 1927/1986

W

Wales-Lauch

Nationalporree

Alljährlich am 1. März stecken sich die Bewohner von Wales Lauchstangen an die Mütze oder ins Knopfloch und zeigen sich so in der Öffentlichkeit. Dieser auf Uneingeweihte zumindest exzentrisch wirkende Brauch geht auf St. David, den walisischen Nationalheiligen, zurück, dem der 1. März als Feiertag gewidmet ist. Der fromme David oder Devi hat im 6. Jahrhundert Wales christianisiert. David war für seine fast ausschließlich aus **Porree** (Allium porrum) bestehenden Mahlzeiten bekannt. Einige Jahrzehnte nach seinem Tod soll er walisischen Truppen in einer Schlacht erschienen sein und den Vorschlag gemacht haben, sich als Erkennungszeichen sein Lieblingsgemüse an den Hut zu stecken. Bei welchem Gemetzel diese frühe Uniformierung stattgefunden haben soll, 633 gegen den König von Northumbria oder 640 gegen die Sachsen, ist strittig. Jedenfalls haben die Waliser gewonnen und verehren seitdem Porree als Zeichen des Sieges und als Nationalemblem. Dieser militärisch begründeten Tradition entsprechend tragen heute die Welsh Guards, die Soldaten des walisischen Garderegiments, als Unterscheidung zu den ansonsten fast identischen Uniformen der anderen britischen Garderegimenter zu Fuß einen weiß-grün-weißen Stutz an der Bärenfellmütze und eine stilisierte Lauchstange am Kragenspiegel. Ungern wird in Wales die irische Legende zur Kenntnis genommen, daß angeblich der heilige Patrick den »Spargel des armen

Mannes« durch die Verwandlung von Binsen in Lauch geschaffen haben soll.

The Changing of the Guard, London 1971; Waverly Root, Wachtel, Trüffel, Schokolade, Frankfurt/M. 1994

Wasa (Vasa)

Skandinavische Ähre

Nicht alles was Wasa heißt, ist Knäckebrot, hat aber immerhin im weitesten Sinne mit Brotgetreide zu tun. Das altschwedische Wort »Wasa(n)« bedeutet Kornähre oder auch Korngarbe. Eine solche Ähre ist Namensgeberin und Wappensymbol des von 1523 bis 1654 in Schweden regierenden Adelsgeschlechts Wasa. Auch das nach dieser Königsdynastie genannte berühmte Kriegsschiff, das 1628 bei seiner Jungfernfahrt im Stockholmer Hafen sang- und klanglos unterging, trug eine Getreidegarbe als Heckdekoration.

Salmonsens Konversations Leksikon, Kopenhagen 1928; Gerhard Austrup, Schweden, München 1988; Günter Lanitzki, Die Vasa. Das Schiff der Könige, Herford 1993

Weihnachtsbaum (Christbaum)

Festlicher Nadelbaum

> O Tan-ne-baum, o Tan-ne-baum, wie treu sind deine Blätter!
> Volksweihnachtslied

Bei dem Stichwort »Deutsche Weihnacht« mögen Skeptikern Völlerei und Geschenketerror einfallen, andere verbinden mit Weihnachten Schneeflöckchen-Weißröckchen, Frieden auf Erden und dem Himmel ein Wohlgefallen, wieder andere weisen hin auf die sprunghaft steigende Rate von Familienstreitigkeiten an den Feiertagen und auf die x-te Fernsehwiederholung von »Ist das Leben nicht wundervoll?«.

Doch fast alle assoziieren mit Weihnachten auch den Festbaum als allgegenwärtiges Symbol für das Christfest. Der geschmückte Nadelbaum in der Wohnung, in Betrieben, Geschäften, öffentlichen Gebäuden, Kirchen, auf Fabrikschornsteinen, an Schiffsmasten, vor Kasernen und Justizvollzugsanstalten ist so selbstverständlich für die Weihnachtszeit geworden, daß er manchem als Element aus Vorzeiten erscheinen mag. Dabei ist der Brauch, einen Baum zu Christi Geburtstag in die gute Stube und in den öffentlichen Raum zu stellen, erst seit einigen Generationen allgemein üblich. Der Weihnachtsbaum als allgemeines Festelement ist eine bürgerlich-städtische Errungenschaft der Neuzeit. Allerdings ist der Brauch, sich zu Weihnachten Tannenwerk oder anderes Grün ins Haus zu holen, wesentlich älter. Die antiken Römer schmückten zum Jahresende ihre Villen mit Lorbeerblättern, und auch bei Kelten und Germanen gehörten diverse Zweige in Stall und Hütte als Glücksbringer und zur Geisterabwehr zum Jahresabschluß. Trotz etlicher Verbote durch die Kirche überdauerte die Tradition des Grünschmucks auch das Mittelalter und die frühe Neuzeit und wurde mit der Zeit vereinzelt mit dem christlichen **Paradiesbaum** und schließlich auch mit Christi Geburt in Verbindung gebracht. Über den Umweg der Zunftstuben, in denen bei Weihnachtsfeiern seit dem 16. Jahrhundert mit Obst und Süßigkeiten geschmückte »**Weihnachtsmeien**« für die Kinder üblich wurden, gelangte der Weihnachtsbaum in die Bürgerstuben. Dabei war man noch nicht wie heute auf Fichte oder Tanne fixiert, auch Eibe, Wacholder oder Buchsbaum wurden gern genommen. Allerdings blieb der Brauch bis in die zweite Hälfte des 19. Jahrhunderts im wesentlichen auf wohlhabend-bürgerliche und aristokratische Kreise beschränkt. Der höfische Adel sorgte dafür, daß der mitteleuropäische Weihnachtsbaum sich über ganz Europa ausbreitete. Die Übernahme dieser Weihnachtssitte durch die mittleren und unteren Schichten ließ lange auf sich warten. Die ärmliche Mehrheit der Bevölkerung bevorzugte statt teurer Bäume pyramidenähnliche Holzgestecke, in denen Kerzen einen stilisierten Lichterbaum bildeten. Den Durchbruch als das Weihnachtsfestsymbol der Deutschen schlechthin brachte die Kriegsweihnacht 1870/71. Auf allerhöchsten Befehl waren die deutschen Unterstände, Lazarette und Kommandanturen mit Weihnachtsbäumen geschmückt. Seitdem ist der Baum, um den sich ein geradezu liturgisches Zeremoniell entwickelt hat, aus der Weihnachtsstube nicht mehr wegzudenken. Die Rituale des Tannenkaufs und des Baumschmückens, des Kerzenanzündens und des Geschenke-unter-den-Baum-Legens haben sich im Kern seit hundert Jahren kaum geändert und sind in der üblichen Zwei-Generationen-Familie Ausdruck der gleichzeitigen Abgrenzung und Verbundenheit von Eltern und Kindern. Daran haben auch Moden und technische Neuerungen wie (singende) Kunststoffbäume und elektrische Kerzen nur wenig verändert.

Wie und wann die Weihnachtsbäume entsorgt werden, ist regional und individuell unterschiedlich. Im Zeitalter von Gas- und Ölheizungen enden die meisten ausrangierten Bäume nicht mehr als Heizmaterial, sondern gefleddert und vertrocknet am Straßenrand. Einige werden durch den privaten Gartenhäcksler gejagt oder neu eingepflanzt. Praktizierende Katholiken entfernen den Baum nach dem Fest »Taufe Jesu« (Sonntag nach dem 6. Januar und Ende des Weihnachtsfestkreises). Der Rest orientiert sich an der Menge der abgefallenen Tannennadeln.

Anneliese Ratzenböck, Der Christbaum, Linz 1985; Ingeborg Weber-Kellermann, Das Weihnachtsfest, München 1987

Weihrauch und Myrrhe

Geschenke für das Jesuskind

> Sie traten in das Haus ein und sahen das Kind bei seiner Mutter Maria, fielen vor ihm nieder und huldigten ihm; dann taten sie ihre Schatzbehälter auf und brachten ihm Geschenke dar: Gold, Weihrauch und Myrrhe. Matthäus 2,11

Es war kein Zufall, daß die drei Weisen aus dem Morgenland ausgerechnet Gold, Weihrauch und Myrrhe als Huldigungsgabe für den Messias mitbrachten. Zum einen hatten die Geschenke eine tiefe symbolische Bedeutung: Gold stand für das Königtum, Weihrauch symbolisierte Heiligkeit und Myrrhe (von arab. »murr« = bitter) das Leiden. Zum anderen handelte es sich um die drei wertvollsten Substanzen ihrer Zeit. Obwohl Myrrhe und Weihrauch spendende Bäume reichlich wuchsen, wurden beide Harze wegen ihrer langen Reise durch Wüsten, den in den Oasenstädten zu entrichtenden Zöllen und der aufwendigen Transportverpackung zu teurer Handelsware.

Weihrauch (= geweihter Rauch; auch **Olibanum** genannt) besteht aus den gelben Öl-Gummi-Harzkörnern von **Boswellia**-Arten, unscheinbaren dornigen Bäumen, die in Somalia und Arabien wachsen und zur Familie der Burseraceae gehören.

Bäume, die Myrrhenharze liefern, gehören zur Gattung Commiphora. Wie kompliziert die Botanik der Myrrhenbäume ist (manche Bäume haben Dornen, andere nicht; manche haben gelbe Blüten, andere rote oder sogar grün-weiße; manche haben dreifingrige Blätter, andere einfache), läßt sich vielleicht daraus ersehen, daß eine Art als Commiphora confusa klassifiziert wurde. **Myrrhenbäume** wachsen in ganz Südarabien.

Bereits in der Antike waren die aromatischen Gummiharze beider Pflanzen hochgeschätzt. Sie werden verwendet bei profanen und religiösen Feierlichkeiten, in der jetzt wiederentdeckten Aromatherapie und zur Herstellung von Arzneien, Salben und Parfüms. Moderne

Parfüms, die Myrrhe enthalten, sind zum Beispiel »Opium« von St. Laurent und »Fidji« von Guy Laroche. Weihrauch findet sich aber auch in dem klassischen und ältesten modernen Parfüm »Jicky«, das 1889 von Guerlain auf den Markt gebracht wurde, und außerdem in vielen Herrendüften wie »Giorgio« von Giorgio Armani und dem guten alten »Old Spice« von Shulton. Soviel zum Profanen.

Beim zeremoniellen Verbrennen entwickelt Weihrauch ebenfalls einen betörenden (balsamisch-narkotischen) Wohlgeruch. Es gibt kaum eine Kultur von hohem Entwicklungsstand, die ihn nicht in religiösen oder mystischen Zeremonien verwendet hat. Die alten Ägypter benutzten ihn auch zum Einbalsamieren. Nach dem ägyptischen Totenbuch ist Weihrauch der auf die Erde gefallene Schweiß der Götter. Dem (nicht ganz seriösen) antiken Klatschmaul Sueton zufolge verbrannte Nero bei der Bestattung seiner Gemahlin Poppäa mehr Räucherwerk, als Arabien in zehn Jahren produzieren konnte. In der Bibel findet Weihrauch mindestens 22mal Erwähnung. Trotzdem wird er im christlichen Gottesdienst erst seit dem 4./5. Jahrhundert verwendet. Der handelsübliche Weihrauch für kultische Zwecke ist eine Mischung verschiedener Harze (Weihrauch, Myrrhe, Benzoe, Storax und Tolu-Balsam) mit Zusätzen wie getrockneten Lavendelblüten und Zimtrinde. Unbotmäßige Meßdiener schwenken das Rauchfaß schon mal so heftig, daß Kirchenbesucher in der ersten Reihe ohnmächtig von den Bänken kippen.

Myrrhe hat keine solchen Begleiterscheinungen. Ihr Duft ist warm und süß, würzig und aromatisch. Wenn sie frisch ist, riecht sie scharf und stechend. Die Ägypter haben die Schädel ihrer Leichen nach dem Entfernen des Gehirns und vor dem Einbalsamieren mit Myrrhe ausgespült.

Einem griechischen Mythos zufolge war Myrrha ein hübsches Mädchen, dessen Mutter herumposaunte, ihre Tochter sei schöner als Aphrodite, die ja immerhin die Göttin der Schönheit war. Aphrodite spann aus Rachsucht eine Intrige, die darauf hinauslief, daß das hübsche Mädchen unerkannt im Bett ihres Vaters landete. Nach Ent-

deckung des wahren Sachverhalts brachte sich der Vater um. Myrrha wurde schwanger und in einen Myrrhenbaum verwandelt. Die Mond- und Geburtsgöttin Diana spaltete den Baum, aus dem daraufhin der schöne Adonis heraussprang, der für weitere Turbulenzen in der griechischen Mythologie sorgte.
Mehrfach tauchen Myrrhe und Weihrauch in den Legenden um den sagenhaften, aus der Asche wiederauferstehenden Vogel Phönix auf. Möglicherweise verbreiteten südarabische Händler diese Geschichten, um so ganz nebenbei für ihre Handelsware zu werben. Bereits dieser Mythos brachte Weihrauch und Myrrhe mit Tod und Wiederauferstehung in Verbindung.

Wanda Sellar,/Martin Watt; Weihrauch und Myrrhe, München 1997; Der große Brockhaus, Wiesbaden 1979

Weiße Nelke

Bürgerliches Parteisymbol

Bei den konstituierenden Sitzungen des Wiener Gemeinderats hat es sich eingebürgert, daß die Mitglieder der gemäßigt rechten Österreichischen Volkspartei stets weiße Nelken im Knopfloch tragen. Damit soll blumensymbolisch die Verbundenheit mit einigen Werten der ÖVP-Vorgängerpartei CSP ausgedrückt werden. Die Christlichsoziale Partei, von deren Antisemitismus sich die ÖVP ausdrücklich distanziert, war in der k.u.k. Doppelmonarchie und der 1. Republik das Sammelbecken konservativ-katholischer Kräfte in Österreich, die sich sowohl von der Sozialdemokratie als auch von der deutschnationalen Bewegung abgrenzten. Als Gegenstück zur sozialistischen → **Roten Nelke** wurde das Parteisymbol »Weiße Nelke« kreiert. Die Wahl wurde nicht allein durch die Opposition zur Sozialdemokratie begründet, sondern auch durch die Bedeutung der Nelke als christliches Zeichen für die Passion Christi. Die Farbe Weiß steht ferner für die Reinheit der Parteimotive und die Nähe der CSP zur katholischen Kirche.

Peter Diem, Die Symbole Österreichs, Wien 1995; Gerd Heinz-Mohr, Lexikon der Symbole, München 1998

Weiße Rose

Studentische Widerstandsgruppe

Ihr sollt nicht umsonst gestorben sein!
Thomas Mann über die »Weiße Rose« in einer BBC-Radiosendung für deutsche Hörer am 27.6.1943

Im Lichthof der Münchner Universität steht eine Marmorplastik, die eine weiße Rose darstellt. Sie soll an die Mitglieder der Widerstandsgruppe »Weiße Rose« erinnern, die bei ihrem Kampf gegen das Hitler-Regime ihr Leben verloren. Viele aus dieser Widerstandsgruppe waren Angehörige der Universität München, aber auch der Denunziant, dessen Anzeige zur Zerschlagung der »Weißen Rose« geführt hat, gehörte zur Hochschule. Hausmeister Jakob Schmid hatte am 18. Februar 1943 beobachtet, wie zwei junge Leute Flugblätter im Lichthof der Universität verteilten: die Geschwister Hans und Sophie Scholl. Schmid nahm die beiden fest und brachte sie ins Büro von Uni-Rektor Wüst. Hier wurden sie von herbeigerufenen Gestapo-Beamten abgeholt. Damit war das Ende einer Gruppe, nach der die Gestapo seit über einem halben Jahr gefahndet hatte, besiegelt. Den Kern dieses studentischen Kreises bildeten, neben den Geschwistern Scholl, Alexander Schmorell, Willi Graf und Christoph Probst sowie der Musikwissenschaftler Professor Kurt Huber. Sie waren keine festgefügte, konspirativ geschulte Organisation, sondern eher ein Freundeskreis von zwei, drei Dutzend Seelenverwandten und Gleichgesinnten, die sich aus sittlicher Entrüstung gegen das Regime auflehnten. Zwischen Juni 1942 und Februar 1943 verteilten die Widerständler insgesamt sechs Flugblätter mit einer Auflage von jeweils einigen hundert Exemplaren. Gezielt wurde die bildungsbürgerliche Mittel- und Oberschicht angesprochen, der die Verfasser selbst zuzurechnen waren. Auf einem hohen Sprachniveau, das sich von dem vieler Flugschriften anderer Widerstandsgruppen unterschied, wurde an christliche Wertvorstellungen appelliert und zum Widerstand gegen das NS-Regime aufgefordert. Die beiden letzten Flugblätter, die im Gegensatz zu den vorausgehenden »Flugblättern der Weißen Rose« mit »Flugblätter der Widerstandsbewegung in Deutschland. Aufruf an alle Deutsche« überschrieben waren, richteten sich an einen größeren Empfängerkreis. In einer klareren, eindeutig politischeren Sprache wurden der Sturz Hitlers gefordert und konkrete Pläne für ein Nachkriegsdeutschland vorgestellt. Daneben malte die »Weiße Rose« nach der Niederlage von Stalingrad in riskanten Nachtaktionen Freiheitsparolen an Wände im Münchner Uni-Viertel. Dieser Widerstand war vornehmlich auf die bayerische Hauptstadt begrenzt. Es gab aber auch einige Aktionen der Gruppe in Ulm, Stuttgart und anderen Städten sowie Kontakte zu Angehörigen des militärischen Widerstandes um die Berliner Harnack-Gruppe, ohne daß deshalb von einem reichsweiten Organisationsnetz der »Weißen Rose« gesprochen werden kann. Die Nationalsozialisten haben den Geschwistern Scholl und Christoph Probst durch Blutrichter Roland Freisler am 22. Februar 1943 den Prozeß gemacht. Die drei Angeklagten wurden wegen Hochverrats zum Tode verurteilt und noch am selben Tag in Stadelheim geköpft. In den folgenden Monaten kam es zu weiteren Verhaftungen und Verurteilungen: Auch Willi Graf, Kurt Huber und Alexander Schmorell wurden hingerichtet. Andere Angeklagte kamen mit Haftstrafen davon. In Hamburg verteilte eine Gruppe, die sich der »Hamburger Zweig der Weißen Rose« nannte, auch nach Zerschlagung des Münchner Kerns weitere Flugblätter. Zehn Angehörige dieser Gruppe wurden ebenfalls von den Nationalsozialisten umgebracht.

Die Herleitung des Gruppennamens ist immer noch umstritten. Vielleicht wurde er von den Migliedern der »Weißen Rose« nicht übereinstimmend begriffen, sondern ließ Raum für individuelle Assoziationen. In Frage kommende Ableitungen sind

1. die weiße Rose als Sinnbild des Todes;
2. die weiße Rose – entsprechend der christlichen Ikonographie – als Bild für die mystische Reinheit im Zusammenhang mit Mutter Maria;
3. die weiße **Himmlische Rose** aus Dantes »Göttlicher Komödie«;
4. der Traven-Roman »**Die weiße Rose**« und
5. das Rosenabzeichen der bündischen Gruppe »dj.1.11.«, der Hans Scholl eine Zeitlang angehört hatte.

Inge Jens, Die »Weiße Rose«. Biographische und kulturelle Traditionen,in: Wilfried Breyvogel (Hrsg.), Piraten, Swings und Junge Garde. Jugendwiderstand im Nationalsozialismus, Bonn 1991; Monika Mayr, Die Weiße Rose; in: Wolfgang Benz (Hrsg.), Lexikon des deutschen Widerstandes, Frankfurt/M. 1994; Anette Dumbach/Jud Newborn, Die Geschichte der Weißen Rose, Freiburg i.B. 1994; Michael Kaufmann, Die Ethik des Widerstandes im Falle der Weißen Rose, München 1995; Hartmut Mehringer, Widerstand und Emigration, München 1997

Weißer Lotos (Pailien-sheh)

Chinesische Geheimsekte

Typisch für die chinesische Geschichte ist, daß sich die Opposition der unteren Schichten in der Regel in Geheimbünden organisierte, die oft stark religiösen Charakter hatten. Geheimbündler waren auch die Träger des als »Boxer-Aufstand von 1900« berühmt gewordenen gewälttätigen Aufbegehrens gegen die europäische, japanische und US-amerikanische De-facto-Kolonialherrschaft über China. Die wegen falscher Übersetzung »Boxer« genannten Angehörigen der

Ende des 19. Jahrhunderts gegründeten »Gesellschaft der Fäuste der gerechten Harmonie« standen zumindest zu einem großen Teil in der direkten Tradition eines uralten Bundes namens »Weißer Lotos«. Bereits im Jahr 402 hatten buddhistische Mönche eine Weißlotos-Gesellschaft als Vereinigung von Geistlichen und Laien zum Zweck der spirituellen Kollektivverlösung durch ein keusches und reines Leben gegründet. Schon damals hatten sich politische Oppositionelle dem Orden angeschlossen. In den folgenden Jahrhunderten entstanden weitere Gruppen gleichen Namens, die sich oft erheblich voneinander unterschieden. Der Weiße Lotos tauchte seit dem 5. Jahrhundert immer wieder als treibende Kraft bei Aufständen gegen die konfuzianisch ausgerichtete Staatsführung oder gegen Fremdherrschaft in Erscheinung. Das Symbol des am → **Buddha-Lotos** angelehnten weißen Lotos versinnbildlicht die Entfaltung strahlender Reinheit aus einem Untergrund von Schlamm und Schmutz.

Werner Eichborn, Die Religionen Chinas, Stuttgart/Berlin/Köln 1973; Richard O. Connor, Der Boxer-Aufstand, München 1980; Joseph W. Esherick, The Origins of the Boxer Uprising, Berkeley/London 1987

Wilde Erdbeeren (Smultronstället)

Film von Ingmar Bergman

Der 1957 gedrehte schwedische Spielfilm »Wilde Erdbeeren« (»Smultronstället«) gilt als das Hauptwerk von Ingmar Bergmans mittlerer Periode. In dem episodenhaft aufgebauten Film zieht der 78jährige Professor Isaak Borg (Victor Sjöström) schmerzliche Lebensbilanz. Während einer Autofahrt von Stockholm nach Lund besucht er die Stätten seiner Jugend und wird in Gedanken und Alpträumen in seine Vergangenheit zurückversetzt. Richtig glücklich war er in seinem Leben nur in einer kurzen Kindheitsphase: als er am elterlichen

Sommerhaus wilde Erdbeeren (Fragaria vesca) sammelte. Verzweifelt erkennt Borg am Ende der Fahrt, daß er aus Angst und Egoismus sein Leben in Selbstisolation verplempert hat und die beiden Menschen, die er liebt, Sohn und Schwiegertochter, mit seiner Kälte quält. Regisseur Bergman läßt den düsteren Film hoffnungsvoll enden. Borg begleicht als Zeichen seines Willens, seine Gefühlsstarre zu beenden, die Geldschulden seines Sohnes. Danach hat Borg zum ersten Mal einen glücklichen Traum.
»Regisseur und Drehbuchautor Ingmar Bergman sah das Glück hier noch in der Offenheit für die Welt und in der Begegnung mit dem Mitmenschen« (Reclams Filmführer). Eine Ansicht, die er in seinen späteren Filmen so nicht mehr vertrat.

Eckhardt Weise, Ingmar Bergman, Reinbek 1987; Hauke Lange-Fuchs, Ingmar Bergman. Die großen Kinofilme, Lübeck 1988; Dieter Krusche, Reclams Filmführer, Stuttgart 1991

Wilde Orchidee

Erotikfilm

Der Film »9½ Wochen« war so gut gelaufen, daß Regisseur Zalman King, Drehbuchautorin Patricia Lusianne Knop und Darsteller Mickey Rourke es mit einem zweiten Aufguß probieren wollten. 1989 wurde »Wilde Orchidee« (»Wild Orchid«, USA 1990) in Rio de Janeiro und Bahia abgedreht.
Handlung: Die junge und selbstverständlich attraktive Anwältin Emily Reed lernt gleich bei ihrem ersten Job den mysteriösen Millionär Wheeler (M. Rourke) kennen. Wheeler verleitet Emily zu frivolen Gedankenspielen und bringt sie in schlüpfrige Situationen. Nach der Logik des Drehbuchs kann die Anwältin sich der sexuellen Faszination des voyeuristischen Millionärs nicht entziehen und verliert dabei beinahe die Kontrolle über sich selbst. Erst im letzten Viertel der Geschichte kommt Wheeler zur Sache, und es gibt viel mensch-

liches Fleisch zu sehen, zubereitet in einer aus der Werbung bekannten Ästhetiksoße.

Wie üblich nahm die Presse die geschickt gestreuten Gerüchte gern auf und spekulierte, daß die Hauptdarsteller die Sexszenen nicht nur gespielt hätten. An den Erfolg von »9 1/2 Wochen« konnte »Wild Orchid« trotzdem nicht anschließen. Übrigens hatten 49 Schauspielerinnen die Rolle der Emily dankend abgelehnt, bis sich das Fotomodell Carré Otis bereit erklärte, das Opfer zu sein, und prompt auch im wirklichen Leben dem Schauspieler Rourke verfiel.

Auf die Orchidee als Namensgeber für den Film war man wohl gekommen, weil die Orchideenblüten durch Farbe, Form und die mannigfaltigsten Besonderheiten wie Haare, Wülste, »Lippen«, Fortsätze oder lange herabbaumelnde Teile zu sexuellen Assoziationen verleiten und gleichzeitig als edel und kostbar gelten.

Armand Dupont, Die 100 besten erotischen Filme, München 1993; Anthony Huxley, Das phantastische Leben der Pflanzen, Hamburg 1977

Willow Tree

Massachusetts-Münze

Als Nordamerika noch englisch war, beklagte sich die heimische Wirtschaft ständig, daß Kleinmünzen für den täglichen Handelsverkehr nicht in ausreichender Menge vom Mutterland zur Verfügung gestellt wurden. Nicht als Ausdruck eines frühen Unabhängigkeitsstrebens, sondern schlicht aus ökonomischer Notwendigkeit mißachteten die Einwohner von Massachusetts das königliche Münzmonopol und prägten Mitte des 17. Jahrhunderts auf eigene Faust zusätzliche Geldstücke. Die ersten Exemplare hatten lediglich ein schlichtes »NE« für »New England« und den Nominalwert eingeprägt. Die folgenden Auflagen waren schon etwas einfallsreicher gestaltet. Diese später »Baumtypen«-Münzen genannten Shilling- und Pence-

Stücke tragen alle das Prägedatum 1652, sind aber in den Jahren zwischen 1653 und 1674 hergestellt worden. Auf der ersten der Baumtypen-Münzen ist ein Weidenbaum abgebildet, der der Münze den Namen gab. Dem »Willow Tree« folgten entsprechend gestaltete Münzen mit der Bezeichnung »**Oak Tree**« und »**Pine Tree**«. Ende des 17. Jahrhunderts machte die englische Krone dem illegalen Prägebetrieb ein Ende und zog die Münzen ein.

Tyll Kroha, Lexikon der Numismatik, Gütersloh 1972; Elvira und Vladimir Clain-Stefanelli, Münzen der Neuzeit, München 1978

Die Windbuchen auf dem Schauinsland

Meistfotografierte Bäume des Schwarzwaldes

Auf dem Schauinsland, dem Freiburger Hausberg, stehen, in 1284 Meter Höhe, mehrere vereinzelte **Buchen** (Fagus). Sie sind fast 300 Jahre alt und die letzten Überlebenden des einstigen Mischwaldes, der als Bauholz für die früher zahlreichen lokalen Silber-, Blei- und Kupfergruben verwendet oder verfeuert wurde. Ohne den Schutz der anderen Bäume waren die Buchen Wind und Wetter preisgegeben und nahmen im Laufe der Zeit eine gebeugte und zerzauste Form an, so daß sie auch bei völliger Windstille aussehen, als würden sie gerade von einer heftigen Sturmböe gepeitscht.

Wolf Hockenjos, Begegnung mit Bäumen, Stuttgart 1978, Peter Schille/Wilfried Bauer (Fotos), Deutschlandbilder 3/Grüne Patriarchen – Von den ältesten Bäumen der Bundesrepublik Deutschland, Stuttgart 1985

WPN-114

Ältester Baum

Mit 5100 Jahren war eine **Bristleconekiefer** (Pinus longaeva) mit der Bezeichnung WPN-114, die in 3275 Meter Höhe am Nordosthang des Mount Wheeler in Nevada (USA) wuchs, der älteste bekannte Baum der Welt, als sie gefällt wurde. Baumkundler schätzen, daß Bristleconekiefern 5500 Jahre alt werden und **Riesenmammutbäume** (Sequoiadendron giganteum) es sogar auf 6000 Jahre bringen können.

Das Guinness Buch der Rekorde, Frankfurt/M. 1995

Y

Yggdrasil (Yggdrasil askr, Läradr, Mimameidr)

Germanischer Weltenbaum

> Die Esche Yggdrasil duldet Unbill/ Mehr als Menschen wissen./ Der Hirsch weidet oben, hohl wird die Seite/ Unten nagt Nidhögg.
>
> Grimnismál-Gedicht in der Saemundar-Edda, Island, 9. Jahrhundert

Der Baum Yggdrasil (»Odins Pferd«) war die zentrale, gleichermaßen bildhafte wie abstrakte Konstruktion der germanischen Religion. Im Bild dieses Weltenbaums wurden kosmologisches Wissen, Götterglaube, Alltagsweisheiten und tiefenpsychologische Urbilder vereint. Die Germanen stellten sich die diesseitige und die transzendente Welt als detailliert ausgestaltete Einheit in Form eines riesigen Baumes vor. Ob mit diesem Baum eine **Esche** (Fraxinus excelsior), wie meist behauptet, oder doch eine **Eibe** (Taxus baccata) gemeint wurde, ist strittig. Yggdrasil verband als Mittelachse die Welten des Universums. Nach einen grob vereinfachten Schema gliederte sich der komplizierte Germanenkosmos von oben nach unten: In den oberen Welten, in der hellen Krone, wohnten die Götter und Lichtelfen, an den dunklen Wurzeln lauerten die bösartigen Zwerge, Schwarzelfen und Riesen der Unterwelten. Hier war auch Hel, die altgermanische Hölle. Im Wurzelbereich sorgten drei Quellen für die Versorgung des Baumes. An einer dieser Quellen, Urdaborn, hatten die Schicksalsnornen Urd, Werdandi und Skuld ihr Zuhause. Dazwischen lag Midgard, die Sphäre der Menschen. Diese insgesamt neun

Welten waren nicht hermetisch voneinander abgeschottet, sondern standen im ständigen Kontakt miteinander. So kamen rechtschaffene Germanenkrieger nach ihrem Heldentod nach Walhall, einem 540torigen Bauwerk nahe der Götterresidenzen im Himmel Asgard. Seher und Schamanen konnten bis zu einem gewissen Grade zwischen den Welten reisen. Sleipnir, das achtfüßige Pferd von Obergott Odin, war ständig von einer Kronenregion Yggdrasils in die nächste unterwegs. Ebenso unablässig sauste das Eichhörnchen Ratastöskr (»Nagezahn«) den Stamm auf und ab. Das intrigante Nagetier versuchte mit Erfolg den Dauerstreit zwischen dem im Wipfel wachenden Habicht Wderfölnir und dem an einer der drei Wurzeln nagenden Neiddrachen Nidhögg am Kochen zu halten. Die auf den ersten Blick so starke Weltesche (oder Welteibe) war wie das ganze Germanenuniversum vom Untergang gezeichnet. Unablässig nagten der Drache, mehrere Schlangen und vier Hirsche an ihr. Zwar konnte sich der immergrüne Baum vorübergehend immer wieder regenerieren, doch war er zum Teil morsch, und es war sein Schicksal, daß sein Zittern die Götterdämmerung ankündigen und der Baum heulend vom Feuerdämon verschlungen werden würde.

Hans-Peter Hasenfratz, Die religiöse Welt der Germanen, Freiburg i.B. 1992; Friedrich Sander, Hoch und Heilig, Königsbach-Stein 1993; Ralph Metzner, Der Brunnen der Erinnerung. Von den mythologischen Wurzeln unserer Kultur, Braunschweig 1994; Rudolf Simek, Lexikon der germanischen Mythologie, Stuttgart 1995

Ylang-Ylang

Kosmisches Blütenöl

Der Ylang-Ylang-Baum (Ilang-Ilang/Cananga odorata) wird auch Tagalog genannt und ist mit den Magnoliengewächsen verwandt. Aus seinen Blüten wird ein lieblich duftendes Öl gewonnen, das in vielen

Duftkompositionen Verwendung findet. Ylang-Ylang bedeutet »Blume der Blumen«. In den Hinduklöstern Indiens wurde es bei religiösen Ritualen benutzt. Der Duft, den das ätherische Öl beim Verdampfen aus den Duftschalen abgab, sollte überirdische Helfer herbeirufen und verhindern, daß Botschaften zwischen Himmel und Erde verlorengingen.

Man sagt, die Sieben Weisen, die Rishis, hätten den Samen des Baums aus dem Weltall nach Indien heruntergeholt.

Das Ylang-Ylang-Öl gehörte auch zum geheimen Rezept der Ölmischung, mit der sich brahmanische Priester salbten. Angeblich macht Ylang-Ylang den Menschen, der es verwendet, für andere anziehend, weswegen die gesalbten Priester geradezu magnetisch gewirkt haben sollen.

Stephanie Faber, Geheimnisse der Heilkosmetik, München 1993; Der große Brockhaus, Wiesbaden 1979

Z

Zeder des Libanon

Staatssymbol

Der Gerechte ... wird wachsen wie eine Zeder auf dem Libanon. Psalter 92,13

Die dickstämmige Zeder in der Fahne des Libanon versinnbildlichte einige Jahrzehnte die sich im nachhinein als trügerisch erweisende Stabilität eines Landes, das bis zum Beginn des blutigen Bürgerkriegs

1975 als »Schweiz des Nahen Ostens« gelobt wurde. Die Libanon-Zeder (Cedrus libani) ist seit dem Altertum eng mit Wirtschaft und Symbolik des kleinen Landstrichs an der östlichen Mittelmeerküste verbunden. Die einheimischen exportorientierten Phönizier und ihre Nachkommen sowie römische und venezianische Besatzer schafften es im Laufe der Jahrhunderte, die einst dichtbewaldeten Hänge des Libanon-Gebirges fast zedernfrei zu schlagen. Zedernholz ist besonders hart und widerstandsfähig und seit Jahrtausenden außerordentlich begehrt bei Haus- und Schiffsbauern, ferner wurde es oft bei kultischen Handlungen verschiedener Religionen verwendet. Stärke, Langlebigkeit und Größe des Nadelbaums waren sprichwörtlich und fanden auch Eingang in den Bibeltext. Für die im Libanon stark vertretenen Maroniten, Angehörige eines Zweiges der christlichen Orientalischen Kirche, symbolisierte die Zeder Heiligkeit, Ewigkeit und Frieden. Auf diese Symbolik der lange im Libanon politisch dominierenden christlichen Bevölkerungsgruppe geht auch die Wahl der Zeder als Nationalsymbol zurück. Im Ersten Weltkrieg kämpften libanesische Freiwillige mit der Zeder im Verbandsemblem als Angehörige der französischen Armee gegen die Türken. Nach Zusammenbruch des Osmanischen Reiches, zu dem auch der Libanon gehörte, wurde das Gebiet französisches Völkerbundsmandat, und die Zeder wurde Teil der Mandatsflagge. Nachdem der Libanon 1941 selbständig geworden war, wurde die traditionelle Zeder in der 1943 offiziell eingeführten Staatsfahne als Hauptelement geführt.

Whitney Smith, Flags through the Ages, Maidenhead 1975;
Aloys Bernatzky, Leben mit Bäumen, Wiesbaden 1988

Zonen-Gabys erste Banane

Geschälte Gurke

»Zonen-Gaby (17) im Glück (BRD): Meine erste Banane«

stand im Wendemonat November 1989 auf dem Titel des Satiremagazins »Titanic«, und zu sehen war eine junge Frau mit lockiger Kurzhaarfrisur, die eine verwaschene Jeansjacke und sonderbare orange Ohrclips trug. In der linken Hand hielt jene Zonen-Gaby eine auf Bananenart zur Hälfte geschälte **Salatgurke** (Cucumis sativus).
Fotomodell war die Wormser Arzthelferin Dagmar Bleier (inzwischen 38), die der damalige »Titanic«-Chef Bernd Fritz vom Tischfußballspiel her kannte. Vor dem Fototermin in Frankfurt kaufte man gemeinsam ein Kilo Gurken und eine Jeansjacke, und Dagmar Bleier bekam die scheußliche Dauerwelle verpaßt. Ihr Honorar bestand aus den übriggebliebenen Gurken und der Rifle-Jeansjacke, die die in einer orthopädischen Klinik in Mannheim arbeitende Wormserin heute noch trägt (Stand 1996).

Das Foto mit der verhohnepipelten **Banane** (Musa), die stellvertretend für all jene Güter stand, die man in der DDR nur selten und dann erst nach langem Schlangestehen bekam, während sie in Deutschland-West billig, ständig und unbegrenzt zu haben waren, wurde ein großer Erfolg für die »Titanic«. Postkarten und Poster von Zonen-Gaby verkauften sich hunderttausendfach. Denn tatsächlich wurde die Banane in den letzten beiden Monaten des Jahres 1989 zur deutschen Symbolfrucht. Mit Begeisterung kauften sich Ostdeutsche vom Begrüßungsgeld Bananenbündel, und (noch) enthusiasmierte westdeutsche Obsthändler akzeptierten kurzfristig auch Ost-Mark als Bananenwährung oder setzten günstigere Bananenpreise für DDR-Bürger an. Gleichzeitig wurden an einem geöffneten Grenzposten die ins Konsumland strömenden DDR-Bürger von einigen Westdeutschen zur Begrüßung mit Bananen beworfen. Und als der heutige Innenminister Otto Schily seinerzeit in einer Fernsehdiskussion nach den Gründen für die Wiedervereinigung gefragt wurde, zückte er eine Banane.

Titanic, Nr. 11/1989; Andreas Schmidt, Was macht eigentlich Dagmar Bleier, in: Stern, Nr. 8/1996

Zweigeteilte Eibe von Balderschwang

Ältester Baum Deutschlands
(Taxus baccata)

15 Kilometer nordwestlich von Oberstdorf stehen in 1150 Meter Höhe auf der Alpe Unterbalderschwang zwei Eiben. Zwei Eiben? Ein lokaler Amateurdendrologe behauptet, daß die beiden Stämme die gespaltenen Restteile eines vormals gemeinsamen Stammes seien, dessen Mitte morsch ist. Dafür spricht, daß die Stämme gemeinsam treiben, ihre Nadeln exakt dieselbe Form, Farbe und Länge haben, die Zweige gleichartig angeordnet sind und beide Bäume eine Höhe von 610 Zentimetern erreichen und eine gemeinsame Krone bilden.